Messung und Analyse des ökonomischen Wechselkursrisikos aus Unternehmenssicht: Ein stochastischer Simulationsansatz

Forschungsergebnisse der Wirtschaftsuniversität Wien

Band 21

PETER LANG
Frankfurt am Main · Berlin · Bern · Bruxelles · New York · Oxford · Wien

Martin Rietsch

Messung und Analyse des ökonomischen Wechselkursrisikos aus Unternehmenssicht: Ein stochastischer Simulationsansatz

PETER LANG
Internationaler Verlag der Wissenschaften

Bibliografische Information der Deutschen Nationalbibliothek
Die Deutsche Nationalbibliothek verzeichnet diese Publikation in der Deutschen Nationalbibliografie; detaillierte bibliografische Daten sind im Internet über <http://www.d-nb.de> abrufbar.

Umschlaggestaltung:
Atelier Platen, nach einem Entwurf der Werbeagentur Publique.

Universitätslogo der Wirtschaftsuniversität Wien:
Abdruck mit freundlicher Genehmigung der Wirtschaftsuniversität Wien.

Gefördert durch die Wirtschaftsuniversität Wien.

ISSN 1613-3056
ISBN 978-3-631-57052-4

www.peterlang.de

Vorwort

Diese Publikation basiert auf Forschungsarbeiten, die ich während meiner dreijährigen Tätigkeit als wissenschaftlicher Mitarbeiter am Institut für Betriebswirtschaftslehre des Außenhandels an der Wirtschaftsuniversität Wien durchgeführt habe. Die Ergebnisse habe ich abschließend in meiner Dissertation zusammengeführt, die im März 2006 im Bereich der Wirtschafts- und Sozialwissenschaften an der Wirtschaftsuniversität Wien angenommen wurde.

In der vorliegenden Arbeit werden zunächst die Grundlagen zur Messung und Analyse des ökonomischen Wechselkursrisikos aus Unternehmenssicht mit Hilfe der stochastischen Simulation präsentiert. Darauf aufbauend wird ein konkretes Simulationsmodell mit seinen Komponenten detailliert dargestellt. Schließlich wendet sich die Arbeit basierend auf einer umfassenden Simulationsstudie eines hypothetischen Unternehmens der Frage nach der Anwendung dieses Simulationsmodells zu.

Die stochastische Simulation wurde als Methodik bislang nur sehr spärlich diskutiert. Eine konkrete Umsetzung eines Simulationsmodells für diese Problemstellung ist – nach Kenntnis des Autors – in der Literatur noch nicht dargestellt worden. Die vorliegende Veröffentlichung versucht hier einen Anstoß und Beitrag für eine fruchtbare Diskussion zu liefern.

Danksagung

Mein aufrichtiger Dank gilt meinem Doktorvater Herrn Professor MMag. Dr. Reinhard Moser; seine stets freundlichen, jedoch in der Sache kritischen Anmerkungen sowie wertvollen Diskussionsbeiträge haben zum Gelingen der Arbeit beigetragen. Bei Herrn Professor Dr. Gerhard Derflinger möchte ich mich für die Übernahme des Zweitgutachtens sowie seine zahlreichen Hinweise und Verbesserungsvorschläge bedanken. Alle Ungenauigkeiten in der Darstellung bzw. verbleibenden Fehler sind natürlich mir anzulasten.

Bei meiner Frau Pilar, die während der Dissertationserstellung vor allem die sozialen und emotionalen Kosten zu tragen hatte, möchte ich mich für ihre Geduld und ihr Verständnis bedanken. Ferner hat sie diese Publikation – durch ihren Elan und ihre Ausdauer bei der Umformatierung der Arbeit – erst ermöglicht.

Ganz besonders herzlicher Dank gebührt meinen Eltern Petra und Achim, die mich stets in meiner Ausbildung gefördert und mich auch sonst in jeglicher Hinsicht unterstützt haben. Ihnen ist diese Arbeit gewidmet.

New York, den 31.Juli 2007

Martin Rietsch

Inhaltsverzeichnis

Abbildungsverzeichnis

Tabellenverzeichnis

Abkürzungsverzeichnis

Aufl.	Auflage
bzw.	beziehungsweise
CHF	Schweizer Franken
d.h.	das heisst
et al.	et alii (und andere)
etc.	et cetera (und weitere)
f.	folgende
FASB	Financial Accounting Standards Board
ff.	fortfolgende
IAS	International Accounting Standards
IFRS	International Financial Reporting Standards
GBP	Britisches Pfund
JPY	Japanischer Yen
Kap.	Kapitel
PPP	Purchasing Power Parity
S.	Seite
u.ä.	und ähnliche
u.U.	unter Umständen
USD	US-Dollar
Vgl.	Vergleiche
z.B.	zum Beispiel

1
Einleitung

1.1 Einführung und Problemstellung

Die mit den Schlagwörtern der *Internationalisierung* bzw. *Globalisierung* umschriebenen bedeutsamen und nachhaltigen Entwicklungen, wie das Zusammenwachsen von nationalen Güter- und Dienstleistungsmärkten zu globalen Wirtschaftszweigen sowie die durch den Abbau von Handelshemmnissen fortschreitende Bedeutung von *Außenhandelsgeschäften* und *Direktinvestitionen*, veranlassen Unternehmen sich in verstärktem Maße mit *Finanzpreisrisiken* und deren *Risikomanagement* zu beschäftigen.

Seit dem Zusammenbruch des Systems der festen Wechselkurse von Bretton Woods am Anfang der 70ziger Jahre, sind die Wechselkurse der im Welthandel wichtigsten Währungen – US-Dollar, Euro, Japanischer Yen, Britisches Pfund sowie Schweizer Franken – nicht mehr an vorgegebene Paritäten gebunden, sondern bestimmen sich frei durch Angebot und Nachfrage auf den Devisenmärkten. Diese durch die Marktkräfte bestimmten Kurse haben dazu geführt, dass sich die durchschnittliche Schwankungsbreite – häufig mit dem Ausdruck Volatilität bezeichnet – der Wechselkurse um ein Vielfaches erhöht hat. Das *Wechselkursrisiko*, das auf einer unerwarteten Veränderung des Wechselkurses – sprich der Austauschrelation zweier Währungen – basiert, nimmt nunmehr unter den Finanzpreisrisiken eine besondere Stellung für *Industrie- und Handelsunternehmen* ein.

Diese Kombination aus fortschreitender Globalisierung und dem rasanten Anstieg der Volatilität der im Welthandel wichtigsten Wechselkurse haben in der Folge zu einer deutlichen Intensivierung des *Risikofaktors Wechselkurs*, der zuvor nur eine geringe Bedeutung inne hatte, insbesondere für multinationale Unternehmen geführt. Aus betriebswirtschaftlicher Sicht sind von den mitunter erratischen Veränderungen der Wechselkurse hauptsächlich Unternehmen betroffen, die in irgendeiner Form im *Auslandsgeschäft* tätig sind. Jedoch können auch Unternehmen, die keine Auslandsaktivitäten aufweisen, in den unterschiedlichsten Wettbewerbskonstellationen einem – sogar existenzbedrohenden – Wechselkursrisiko ausgesetzt sein.

Die Relevanz des Risikofaktors Wechselkurs zeigt sich vor allem in Studien zum finanzwirtschaftlichen Risikomanagement in der Unternehmenspraxis[1] und den beispielsweise durch Wechselkursveränderungen hervorgerufenen unternehmerischen Misserfolgen.[2] Auf der anderen Seite können Wechselkursveränderungen, abhängig von der Struktur der Herkunft der Zahlungsströme eines Unternehmens sowie der Konkurrenzsituation, ebenso Wettbewerbsvorteile mit sich bringen. Vor diesem Hintergrund besteht heutzutage ein bereits immenses Interesse an Fragestellungen des *unternehmerischen Risikomanagements* von Wechselkursrisiken sowohl in theoretischer Auseinandersetzung, als auch an der praktischen Umsetzung.

Nun kann sich bei einer genaueren Betrachtung ein Wechselkursrisiko – d.h. die Unsicherheit über den zukünftigen Wechselkurs – auf verschiedene Weisen auf ein Unternehmen auswirken. Aus diesem Grund haben sich im Laufe der Zeit unterschiedliche Konzepte zum Wechselkursrisiko herausgebildet.[3] Die vorliegende Arbeit befasst sich ausschließlich mit einer Problemstellung aus dem Themenkomplex *ökonomisches Wechselkursrisiko,* welches unter den Wechselkursrisiko-Konzepten mitunter als das „wahre" und das umfassendste Konzept des Wechselkursrisikos bezeichnet wird.

Der nicht mehr triviale Komplexitätsgrad und die Zukunftsorientierung des Konzepts des ökonomischen Wechselkursrisikos führen dann unmittelbar zu der *Problemstellung,* die sich kurz und prägnant in der Schwierigkeit der Messung – sprich in der *Risikoquantifizierung* – und der *Risiko-*

[1] Vgl. beispielsweise *Glaum* (2000), oder *Bodnar/Marston/Hayt* (1996, 1998).
[2] Vgl. etwa *Srinivasulu* (1981).
[3] Siehe dazu die Ausführungen in Kapitel 2.1.4.

analyse des ökonomischen Wechselkursrisikos aus Unternehmenssicht begründet. Ferner umfasst diese Problemstellung die Schwierigkeit in der Evaluierung von zur Reduzierung dieses Risikos möglichen Maßnahmen bzw. eines ganzen Maßnahmen-Mixes und dessen Auswirkungen auf die Zahlungsströme des Unternehmens.

Vor dem Hintergrund der zuvor aufgerissenen Problemstellung lässt sich nun eine Positionierung der vorliegenden Arbeit anhand der Ansätze in der Literatur vornehmen. Für die zuvor dargelegte Problemstellung ist bereits eine Vielzahl an Arbeiten zum Ansatz der mikroanalytischen Modellbetrachtung von *Levi* (1994) bzw. zum Regressionsanalyse-Ansatz von *Adler/Dumas* (1982) bis dato in der Literatur auffindbar. Wenngleich die wissenschaftstheoretischen sowie praktisch verwertbaren Beiträge dieser Ansätze zur Behandlung der Problemstellung außer Zweifel stehen, so ist doch im Rahmen einer kritischen Würdigung hervorzuheben, dass diese Ansätze meist für die im Risikomanagement wichtige Aufgabe der Risikoquantifizierung mit anschließender Risikoanalyse sowie der Evaluierung von real- und finanzwirtschaftlichen Strategien in der Unternehmenspraxis wenig geeignet erscheinen. So kommt *Levi* (1994) in kritischer Würdigung des zuvor genannten Ansatzes der Regressionsanalyse und den in seiner Studie meist insignifikanten Exposure-Koeffizienten für diese Problemstellung zu folgender Schlussfolgerung:

> *„[...]the intrinsic variability in a firm's exposure as described in this paper suggests that simulation is probably the best route to follow."*[1]

Gerade aus diesem Grunde widmet sich die vorliegende Arbeit dieser so wichtigen Problemstellung aus einem anderen Blickwinkel, der zu großen Teilen auf dem *Corporate-Modelling-Ansatz* von *Moser* (1985) aufbaut. Es wird versucht, den Corporate-Modelling-Ansatz von *Moser* (1985) zu einem *stochastischen Simulationsansatz,* um sodann die Problemstellung in Form einer umfassenderen *Risikoquantifizierung und -analyse* behandeln zu können, umzulegen. Das ein solcher Ansatz durchaus eine Diskussion

[1] *Levi* (1994), S. 45.

verdient, wird bereits in der Aussage von *Jacque* (1981), der für das Economic Exposure Konzept konstatiert:

> *„[...] this theoretically attractive concept of economic exposure is difficult to turn into an operational index of exposure to exchange risk which could be readily used for Foreign Exchange Risk Management purposes"*[1],

deutlich. Mit dem in dieser Arbeit beschrittenen Weg soll gerade ein operational leicht einsetzbares Werkzeug zur Behandlung dieser Problemstellung geschaffen werden. Vor diesem Hintergrund erfolgt im nächsten Abschnitt die Formulierung der Forschungsfrage sowie der Zielsetzung der Arbeit.

1.2 Forschungsfrage und Zielsetzung

Aus dem obigen Problemaufriss und der dort vorgenommenen Abgrenzung des Analysefeldes besteht die Forschungsfrage sodann in

der Entwicklung eines stochastischen Computersimulations-Modells als Lösungsansatz für die vorliegende Problemstellung, wobei die Forschungsfrage in die drei Teilkomplexe

(1) Modellierung und Implementierung auf der Unternehmensseite;

(2) Modellierung und Implementierung auf der Umweltseite; sowie

(3) Modelleinsatz in einem Probelauf mit Ergebnisanalyse

untergliedert werden kann.

Der erste Teilkomplex der Forschungsfrage wird dazu zunächst einen prägnanten Überblick über das von *Moser* (1985) entwickelte *Corporate Model*, welcher die Anführung der einzelnen Modellgleichungen inkludiert, präsentieren. Darauf aufbauend erfolgt eine Diskussion über ausgewählte Modifikationen, die sich im Zuge einer Implementierung in einem Computerprogramm anbieten. Für den Bereich der Modellierung

---

[1] *Jacque* (1981), S. 90.

wird dann noch der Aspekt der Dynamisierung diskutiert, bevor die Darstellung der konkreten Implementierung in Matlab® diesen Teilkomplex abschließt.

Im Anschluss daran widmet sich der nächste Teilkomplex der Diskussion zur Modellierung und Implementierung auf der Umweltseite, wobei hier naturgemäß der Fokus auf den Wechselkurs gerichtet sein wird. Vor diesem Hintergrund wird vor allem das Augenmerk auf die Modellierung von sowohl statischen als auch dynamischen Abhängigkeiten und deren Implementierung in Matlab® gelegt.

Abschließend zielt der dritte Teilkomplex der Forschungsfrage auf die Erörterung zu Themen der Anwendung des Computersimulations-Modells ab. Dazu wird zunächst die Frage nach den Möglichkeiten der Verifikation der Implementierung sowie der Validierung des vorliegenden Computersimulations-Modells behandelt. Zuletzt wird dann, um die den Einsatz eines derartigen stochastischen Simulationsansatzes und die damit verbundenen Vorteile aufzuzeigen, ein demonstrativer Probelauf anhand eines hypothetischen Unternehmens durchgespielt.

Nachdem die Forschungsfrage mit ihren einzelnen Unterfragen für diese Arbeit abgesteckt ist, kann nun die konkrete *Zielsetzung* dieser Arbeit abgeleitet werden. Diese Zielsetzung formuliert sich – eng der Forschungsfrage folgend – wie folgt:

> *Ein hypothetisches Unternehmen – zum Beispiel in Form einer Direktinvestition oder Projektgesellschaft – soll zur Messung und Analyse eines möglichen ökonomischen Wechselkursrisikos mit den dafür wesentlichen betriebswirtschaftlichen Bereichen und Aktivitäten*
>
> *(1) auf Basis des Corporate Models von Moser (1985) in einem komplexen dynamischen System (Dynamic Corporate Model Simulator) abgebildet und implementiert; und*
>
> *(2) in einer modellierten und implementierten stochastischen Umwelt (Szenarien Simulator)*
>
> *eingebettet werden. Anschließend sollen*

(3) mit Hilfe einer Simulationsstudie verschiedene risikopolitische Maßnahmen und damit die Einsatzfähigkeit dieses Computersimulations-Modells zur Messung und Analyse des ökonomischen Wechselkursrisikos aus Unternehmenssicht

demonstriert werden.

Die soeben formulierte Zielsetzung mit den einzelnen Sub-Zielen spiegelt sich im Gang der Untersuchung bzw. Aufbau der Arbeit, dessen Darstellung sich der letzte Abschnitt dieses Kapitels verschreibt, wider.

1.3 Methodologischer Bezugsrahmen und Methodik der Arbeit

Dieser Abschnitt versucht den wissenschaftstheoretischen Bezugsrahmen sowie die Methodik für die vorliegende Arbeit in integrativer Weise abrissartig darzulegen. Dabei wird die grundlegende erkenntnistheoretische Fragestellung nach der Möglichkeit von wissenschaftlicher Erkenntnis und dem wissenschaftlichen Verallgemeinerungsanspruch für die Ergebnisse aus dieser Arbeit ausgelotet. Das Ziel dieses Abschnitts besteht jedoch nicht in der Aufnahme einer philosophischen Paradigmendiskussion; auf eine Schilderung und umfassende Diskussion verschiedener wissenschaftstheoretischer Konzepte wird deshalb verzichtet.

Die Bearbeitung der vorliegenden Problemstellung „Messung und Analyse des ökonomischen Wechselkursrisikos aus Unternehmenssicht" durch einen stochastischen Simulationsansatzes kann, um einen wissenschaftlichen Verallgemeinerungsanspruch der Ergebnisse zu bekräftigen, nach Ansicht des Autors nur durch die wissenschaftstheoretische Position des *Kritischen Rationalismus* erfolgen. Der Kritische Rationalismus besticht durch seinen strikten Ablauf des Forschungsprozesses und der allgemeinen und breiten Akzeptanz des Falsifikationsprinzips in der Wissenschaft.

Nachfolgend sollen die wesentlichsten Eckpfeiler dieses wissenschaftstheoretischen Paradigmas für die vorliegende Arbeit vorgestellt werden. Der Forschungsprozess basiert auf einem systematischen Stufenaufbau von Aussagen: die Hypothesen, Gesetze und Theorien. Am Anfang stehen die Hypothesen, die nach einem Begründer des Kritischen Rationalismus Karl Popper als 'allgemeine Sätze' bezeichnet werden. Die Generierung von Hypothesen stellt nach Ansicht Poppers ein rein erkenntnispsychologisches Problem dar, wobei hier vor allem die Induktion zum Aufstellen von Hypothesen genutzt werden sollte. In der vorliegenden Arbeit besteht die Hypothese ('allgemeiner Satz') in Form eines mathematisch formulierten und in einer Programmiersprache codierten Computersimulations-Modells. Nach der Formulierung einer Hypothese wird versucht, mit Hilfe von bestimmten Methoden – beispielsweise Beobachtung, Messung oder Experiment – aus dem 'allgemeinen Satz' nach Popper so genannte 'besondere Sätze' abzuleiten. Diesen Vorgang bezeichnet Popper allgemein als „deduktiven Schluss induktiver Richtung". Die Umkehrung, d.h. die Ableitung von Hypothesen ('allgemeinen Satz') aus einem 'besonderen Satz', hält Popper hingegen für nicht zulässig.[1]

Für die vorliegende Arbeit wird die *Methodik* der stochastischen Simulation in Form der Monte-Carlo-Simulationstechnik, bei der hier auf dem Weg von Berechnungsexperimenten besondere Sätze abgeleitet werden, angewendet. Diese methodische Vorgangsweise wird sodann durch einen Probelauf eines hypothetischen Unternehmens mittels des Computersimulations-Modells veranschaulicht.[2]

Die aus der Hypothese ('allgemeinen Satz') abgeleiteten 'besonderen Sätze' können schließlich mit schon bekannten „wahren" besonderen Sätzen verglichen oder anhand des Falsifikationsprinzips – basierend auf direkter Erfahrung – bestätigt oder verworfen (falsifiziert) werden. Kann ein 'besonderer Satz' nicht falsifiziert werden, so steigen der Bestätigungsgrad und die Wahrscheinlichkeit, dass es sich bei dem 'besonderen Satz' um einen „wahren" Satz handelt sowie das die zugrunde liegende Hypothese „wahr" ist. Daraus ist im Umkehrschluss zu folgern, dass bei einer Vielzahl von aus dem Computersimulations-Modell auf dem Wege der sto-

[1] Vgl. hiezu *Koller* (1969), S. 17ff.

[2] Vgl. zur Methode der Simulation die Ausführungen in Kapitel 2.2.

chastischen Simulation abgeleiteten 'besonderen Sätzen', die nicht falsifiziert werden können, eine hohe Validität des Computersimulations-Modells resultiert.

Im Rahmen dieser Arbeit wird zusätzlich zum Aufzeigen des Einsatzes zur Generierung von besonderen Sätzen ebenso eine Vorgangsweise zur – zumindest teilweisen – Validierung umgesetzt, um ein höheres Vertrauen in die durch das Computersimulations-Modell abgeleiteten 'besonderen Sätze' aufzubauen. Für den strengen wissenschaftlichen Verallgemeinerungsanspruch der Hypothese, müssten die 'besonderen Sätze' – sprich die Simulationsergebnisse – anhand empirischer Daten nach dem Falsifikationsprinzip überprüft werden. Dieser Brückenschlag zwischen Theorie, Hypothese als Modell und der Empirie steht jedoch nicht mehr im Fokus der vorliegenden Arbeit.[1]

1.4 Gang der Untersuchung und Aufbau der Arbeit

Die im zweiten Abschnitt dieses Kapitels formulierten Sub-Ziele in der Zielsetzung bilden zugleich das Strukturierungsmuster für den Gang der Untersuchung und widerspiegeln das Grundgerüst im Aufbau der Arbeit. In dem nun beschließenden Abschnitt des Einleitungskapitels erfolgt ein prägnanter Überblick zum Aufbau der Arbeit, sowie darin eingebettet, ein jeweils kurzer Vorgriff auf die thematische Auseinandersetzung. Grundlegend ist die vorliegende Arbeit in sechs Kapitel, wie nachstehende Abb. 1 zeigt, untergliedert.

Zum Aufbau der Arbeit sind zunächst zwei zentrale Bemerkungen explizit voranzustellen: Zum einen widmet sich jedes Kapitel jeweils einem eigenständigen für die Arbeit zentralen Themenkomplex, wobei natürlich zahlreiche Querverweise in der Darstellung, um Doppelgleisigkeiten zu vermeiden, durchaus beabsichtigt sind. Für den Aufbau der Arbeit folgt daraus zum anderen ein Stufenbau, der mit dem ersten sowie zweiten Kapitel als theoretischen Überbau seinen Anfang findet. Darauf aufbauend

[1] Vgl. *Koller* (1969), S. 17ff.

schließt – als zweite Stufe – eine in zwei parallel verlaufenden Schienen erfolgte Diskussion im dritten und vierten Kapitel an. Letztendlich wird versucht im Rahmen des fünften und sechsten Kapitels – als dritte Stufe – den Brückenschlag zurück zur ersten Stufe zu schaffen, um so einen Bogen über die gesamte Arbeit zu spannen.

Betrachtet man nun den Gang der Untersuchung im Detail, so steht zu Beginn der Arbeit das Einführungskapitel (*erste* Kapitel) mit einer Einleitung und Problemstellung in Kap. 1.1, woran dann unmittelbar die Formulierung der Forschungsfrage und Zielsetzung (Kap.1.2) anknüpft. In dem darauf folgenden Abschnitt (Kap 1.3) wird der methodologische Bezugsrahmen sowie die Methodik kurz skizziert, bevor im letzten Abschnitt (Kap. 1.4) nun der Gang der Untersuchung und Aufbau der Arbeit vorweg reflektiert werden.

Im *zweiten* Kapitel wird dann das Fundament sowie der theoretische Überbau, indem die für das Verständnis erforderlichen Grundlagen und Abgrenzungen präsentiert werden, gelegt. Hierzu erfolgt zunächst – auf Basis einer Durchsicht der Literatur – das Aufrollen des Analysefeldes ökonomisches Wechselkursrisiko. Neben der Darstellung der Begriffe und Definitionen zu diesem Themenkomplex in den Abschnitten 2.1.1 bis 2.1.3 findet insbesondere die Diskussion über die einzelnen Ausprägungsformen des Wechselkursrisikos (Kap. 2.1.4), die Identifikation eines ökonomischen Wechselkursrisikos (Kap. 2.1.5) sowie – wenn auch in verdichteter Form – über die Ansätze zur Messung und Quantifizierung ihren Niederschlag (Kap. 2.1.6). Zudem wird im Kapitel 2.1.7 die interessante Diskussion zu den ökonomischen Erklärungsansätzen für ein unternehmerisches Wechselkurs-Risikomanagement aus der Sicht der Anteilseigner eines Unternehmens reflektiert. Nach der Beleuchtung dieser theoretischen Motive schließt sich dann unmittelbar eine Übersicht über konkrete Maßnahmen für das Management des ökonomischen Wechselkursrisikos im Kap. 2.1.8 an. Neben dem Analysefeld dient das Kapitel der Darstellung der für das Verständnis notwendigen Grundlagen, die auf Basis von ausgewählten Literaturstellen aufbereitet werden, zur Untersuchungsmethode 'stochastische Simulation'. Den Einstieg in diese Thematik bildet das

Kapitel 2.2.1, das sich mit den Begriffen, Definitionen und Abgrenzungen befasst. Eine Skizzierung von Begriffspaaren in Kap. 2.2.2 fungiert dann als Ansatzpunkt zur Erörterung der Simulationsarten.

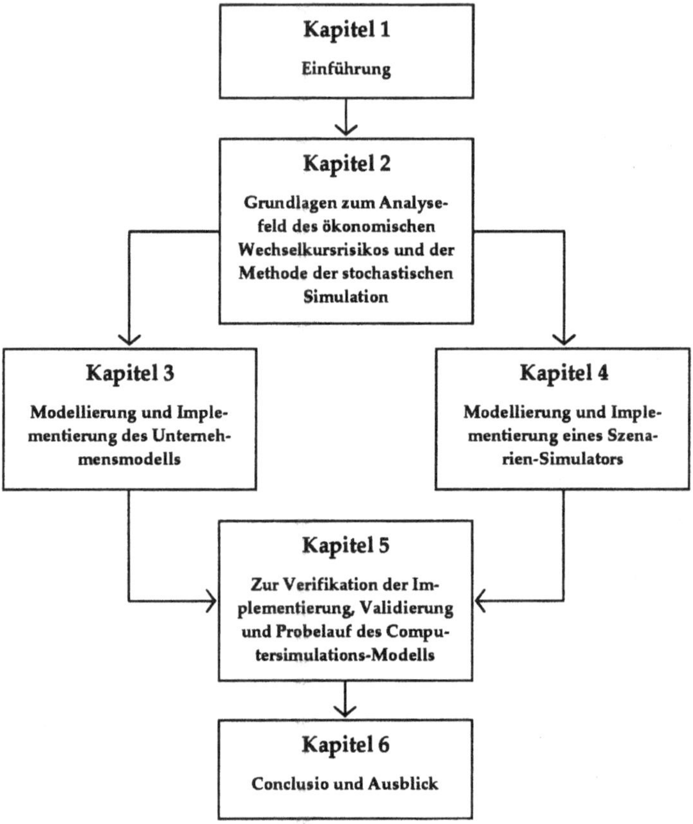

Abb. 1: Schematischer Überblick über den Aufbau der Arbeit

Im Zentrum des Abschnittes 2.2.3 steht der idealtypische Ablauf eines Simulationsprojektes bevor im Abschnitt 2.2.4 einige Vor- bzw. Nachteile dieser Methode gegenübergestellt werden. Dennoch wird in diesem Teil auf Ausführungen, die über eine allgemeine und prägnante Einführung zu dieser Thematik hinausgehen, verzichtet. Ein Zwischenresümee in Abschnitt 2.3 fasst abschließend die zentralen Aspekte des Kapitels nochmals zusammen.

Das *dritte* Kapitel greift den Themenkomplex der Modellierung und Implementierung des Unternehmensmodells auf, wobei sich der erstere Teil ausschließlich mit Fragestellungen der Modellierung beschäftigt. So liegt das Hauptaugenmerk auch zunächst auf der Darstellung des Corporate Models von *Moser* (1985) in Kapitel 3.2.1, worauf dann unmittelbar Ausführungen zu Modifikationen (Kap. 3.2.2) und zum Versuch der Dynamisierung anhand des Klassifikationsansatzes von *Naylor* (1979) in Abschnitt 3.2.3 folgen. Die daran anschließenden Abschnitte des Kapitels verpflichten sich dann ausschließlich den Fragestellungen zur Implementierung des Unternehmensmodells in der Programmierumgebung von Matlab®. Demzufolge wird nach einigen Vorbemerkungen die grundlegende Architektur des Computerprogramms (Kap. 3.3.2) – unterstützt durch eine schematische Darstellung – erläutert, worauf anschließend in den Kapiteln 3.3.3 bis 3.3.7 die einzelnen Module zusammengefasst werden. Die Aufarbeitung der wichtigsten Eckpfeiler des Kapitels erfolgt wiederum in einem Zwischenresümee in Kap. 3.4.

Wie in Abb. 1 ersichtlich, widmet sich das *vierte* Kapitel – in einer parallelen Schiene zum dritten Kapitel – ausgesuchten Themenkomplexe der Modellierung und Implementierung eines Szenarien-Simulators als zweite Hauptkomponente im gesamten stochastischen Computersimulationsmodell. Nach kurzen Vorbemerkungen (Kap. 4.1) erfolgen zunächst ein Überblick sowie einige nach Ansicht des Autors wesentliche und für besonders wichtig erachtete Grundlagen und Vorteile zur stochastischen Input-Modellierung (Kap. 4.2). Daran anschließend versucht das Kapitel 4.3 einen Einstieg zur Modellierung und Simulation der Dynamik von stochastischen Größen durch Zeitreihenmodelle zu geben, wobei nach einem kurzen Einstieg in Kapitel 4.3.1 ein komprimierter Überblick über Zeitreihenmodelle (Kap. 4.3.2) sowie die Vorstellung grundlegender Theoriezusammenhänge, die bei der Modellierung möglicherweise hineinspielen, in Kapitel 4.3.3 erfolgen. Danach präsentiert das Kapitel 4.4. den Themenkomplex der Modellierung von statischen stochastischen Abhängigkeiten

(Kap 4.4.1) und der Simulation von abhängigen Zufallsvektoren mit dem Copula-Ansatz (Kap. 4.4.2) in verdichteter Form. Das nächste Kapitel 4.5 ist dann der Darstellung einer beispielhaften Modellierung (Kap. 4.5.1) und anschließender Implementierung (Kap. 4.5.2) eines Szenarien-Simulators verpflichtet. Ein Zwischenresümee fasst die wesentlichen Erkenntnisse des Kapitels zusammen (Kap. 4.6).

Im *fünften* Kapitel erfolgt überschrieben mit Verifikation der Implementierung, Validierung und Anwendung des Computersimulations-Modells zunächst die Erörterung der Fragestellungen zur Überprüfung der Umsetzung des Modells in ein Computerprogramm und dessen Validierung. Dazu werden zunächst im Kap 5.1 vorweg allgemeine theoretische Überlegungen anhand der Literatur erarbeitet, bevor dann die konkrete Vorgangsweise zur Überprüfung der Implementierung in Kapitel 5.2 sowie die Bemühungen zur Validierung in Kapitel 5.3 im Rahmen der vorliegenden Arbeit gelegt werden. Ein Schwerpunkt stellt das Kapitel 5.4, welches sich dann ganz in den Dienst eines demonstrativen Probelaufs stellt und in der Folge die Funktionsfähigkeit als auch die Vorteile dieses Ansatzes verdeutlichen soll, dar. Auf Basis einer Messung und Analyse des ökonomischen Wechselkursrisikos in einer Ausgangssituation (Kap. 5.4.1 und Kap. 5.4.2) werden sodann finanzielle Maßnahmen (Kap 5.4.3) als auch operative Maßnahmen (Kap 5.4.4) und deren Auswirkungen evaluiert. Abschließend wird dann ein möglicher Maßnahmenkatalog für das hypothetische Unternehmen ebenso im Kapitel 5.4.4 vorgeschlagen. Ein Zwischenresümee im letzten Abschnitt (Kap. 5.5) rundet dann durch die Zusammentragung der zentralen Aussagen dieses Kapitel ab.

Das *sechste* Kapitel bereitet den Untersuchungsverlauf zusammenfassend auf, arbeitet dabei die wesentlichen Erkenntnisse heraus und gibt basierend auf den Ergebnissen aus dieser Arbeit ferner einen knappen Ausblick auf etwaige zukünftige Forschungsthemen.

2
Grundlagen zum Analysefeld des ökonomischen Wechselkursrisikos und der Simulationsmethodik

2.1 Vorbemerkungen

Das zweite Kapitel versucht für das in der Problemstellung identifizierte Analysefeld ökonomisches Wechselkursrisiko aus Unternehmenssicht die notwendigen Grundlagen sowie eine prägnante Darstellung zu dem im Rahmen der Zielvorstellung vorgeschlagenen Lösungsansatzes stochastische Simulation zu geben. Dazu untergliedert sich dieses Kapitel in zwei Teile: Der *erste* versucht, einen für diese Arbeit hinreichenden Zugang zum Analysefeld des ökonomischen Wechselkursrisikos aus Unternehmenssicht zu ermöglichen. Dazu werden unter anderem Begriffsbestimmungen, eine Systematik zu den einzelnen Wechselkursrisiko- und Exposure-Konzepten, wesentliche Fragestellungen zur Identifikation, ökonomische Motive sowie Maßnahmen für ein unternehmerisches Wechselkurs-Risikomanagement und eine kurze beschließende Übersicht über die verschiedenen Ansätze zur Messung des ökonomischen Wechselkursrisikos und Exposure erörtert.

Nach dem Aufzeigen des Analysefeldes erfolgt im *zweiten Teil* eine grundlegende Einführung zu der in dieser Arbeit herangezogenen Analysemethode. Hierzu werden im Rahmen der Darstellung von ausgewählten Grundlagen wesentliche Begriffsbestimmungen und Abgrenzungen, Simulationsarten, der Ablauf eines Simulationsprojekts sowie eine Darstellung der Vor- bzw. Nachteile – basierend auf ausgewählter Literatur – dargelegt.

2.2 Das ökonomische Wechselkursrisikos und das ökonomischen Wechselkurs-Exposure als Analysefeld

2.2.1 Begriffsbestimmungen zum Wechselkurs und unternehmerischen Wechselkursrisiko

Zunächst sei der Begriff des Wechselkurses näher erläutert: Unter einem Wechselkurs versteht man im Allgemeinen das Austauschverhältnis zwischen zwei Währungen, wobei der Wert einer Währung in den Einheiten einer anderen Währung ausgedrückt wird. Zu dieser allgemeinen Definition darf nicht unerwähnt bleiben, dass es in aller Regel nicht nur einen Wechselkurs zwischen den Währungen gibt, sondern Wechselkurse unter anderem basierend auf

- der Notierungsart (*Preis- und Mengennotierung*)[1];
- den gehandelten Märkten (*Kassa- und Terminkurse*)[2]; sowie
- der Berücksichtigung der Inflationsraten (*nominaler und realer Wechselkurs*)

[1] Ein Wechselkurs in der Preisnotierung gibt an, wie viel Einheiten der Heimatwährung – was dem Preis entspricht – für eine Einheit der Fremdwährung bezahlt werden muss. Im Gegensatz dazu gibt ein Wechselkurs in Mengennotierung an, wie viele Einheiten der Fremdwährung – was wiederum der der Menge entspricht – man für eine Einheit der Heimatwährung erhält. In der angelsächsischen Literatur sind vor allem die Begriffe *'direct quotation'* für die Preis- und *'indirect quotation'* für die Mengennotierung gebräuchlich. Vgl. hiezu etwa *Shapiro* (2003), S. 249f.

[2] Devisenkassakurse werden auf Devisenkassamärkten quotiert bzw. amtlich fixiert, wobei das Verpflichtungsgeschäft und das Erfüllungsgeschäft nahezu zeitlich – abgesehen von einer kurzen Abwicklungszeit (in der Regel 2 Bankarbeitstage) – zusammenfallen. Auf Devisenterminmärkten, bei denen das Verpflichtungsgeschäft und das Erfüllungsgeschäft – abhängig vom konkreten Geschäft – mehr oder minder auseinanderklafft, werden hingegen Devisenterminkurse quotiert. Vgl. beispielsweise zu Devisenkassa- bzw. Devisenterminmärkten *Eilenberger* (1986), S. 33ff; *Breuer* (2000), S. 8f; *Shapiro* (2003), S. 248ff. oder *Ochynski* (2004), S. 71ff und 86ff.

unterschieden werden. Für das Analysefeld der vorliegenden Arbeit ist die letzte Art der Unterscheidung von besonderer Relevanz, weshalb diese an späterer Stelle noch einmal aufgegriffen wird.

Für den Begriff *Risiko* lässt sich zunächst feststellen, dass dieser in der betriebswirtschaftlichen Literatur mit recht unterschiedlichen Inhalten besetzt ist.[1] Die in der vorliegenden Arbeit verwendete Bestimmung des Begriffs 'Risiko' basiert auf einem weithin bekannten und bereits auf *Knight* (1921) zurückgehenden Ansatz. In diesem Begriffsapparat wird zunächst zwischen den Situationen mit *Sicherheit* und *Unsicherheit* unterschieden, wobei in einer mit Sicherheit behafteten Situation das zukünftige Ergebnis vollständig deterministisch bestimmt ist. Im Gegensatz dazu ist eine Situation unter Unsicherheit dadurch gekennzeichnet, dass mehrere Ereignisse möglich sind. Der Bereich der Unsicherheit wird ferner in Situationen mit *Ungewissheit* und mit *Risiko* untergliedert, wobei der zentrale Unterschied in der Informationsmenge über die Situation liegt.[2] In einer Situation mit Risiko liegen objektive oder zumindest subjektive Wahrscheinlichkeiten für das Eintreten alternativer Zielwerte vor, wohingegen bei Ungewissheit keine Eintrittswahrscheinlichkeiten auszumachen sind.[3]

Auf der Ebene des Begriffs Risiko wird ferner in der Betriebswirtschaftslehre eine weitere Aufteilung sichtbar. Einerseits ist hier der *materielle* Risikobegriff, der nur die negativen[4] Abweichungen von der erwarteten Zielgröße erfasst, zu nennen. Andererseits fasst ein *formeller* Risikobegriff sämtliche Abweichungen – sowohl in positiver als auch in negativer Richtung – von einer erwarteten Zielgröße. Zieht man nun den letzteren Risikobegriff als Grundlage heran, so kann das in einer Wahrscheinlichkeitsverteilung operationalisierte Risiko, ebenso leicht in Form von statisti-

---

[1] Vgl. zu den unterschiedlichen Auffassungen des Begriffs 'Risiko' *Bitz* (1993), S. 642; sowie *Perridon/Steiner* (2004), S. 98ff.

[2] Vgl. *Oehler/Unser* (2001), S. 10; sowie *Perridon/Steiner* (2004), S. 98ff.

[3] Vgl. zu einer ausführlicheren Diskussion dieser Thematik *Oehler/Unser* (2001), S. 10ff. sowie *Perridon/Steiner* (2004), S. 98ff.

[4] Als negative Abweichungen sind unvorteilhafte bzw. nicht erwünschte Abweichungen von der erwarteten Zielgröße zu verstehen.

schen Streuungsmaßen – wie *Varianz* bzw. *Standardabweichung* – verdichtet werden.[1]

Beim Übergang von den allgemeinen Betrachtungen des Risikobegriffs zum konkreten Begriff des *Wechselkursrisikos* fällt in Anlehnung an *Roth* (1999) und *Brunner* (2003) auf, dass dieser Begriff unterschiedlich besetzt ist.

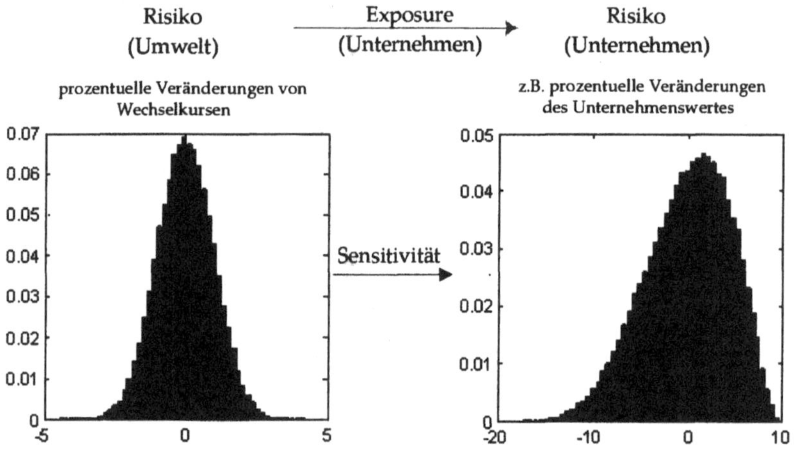

Abb. 2: Zusammenhang von Risikobegriffen und Exposure
Quelle: leicht abgeändert übernommen aus *Bartram* (1999), S. 10.

Zum einen werden unter dem Begriff Wechselkursrisiko – in einer isolierten Betrachtung – die Abweichungen vom erwarteten Wechselkurs, der dann als Zufallsvariable aufgefasst wird, ohne deren Auswirkungen bezeichnet. Eine andere Sichtweise fasst hingegen den Begriff des Wechselkursrisikos als die direkten Auswirkungen der Abweichungen vom erwarteten Wechselkurs auf eine zuvor bestimmte Zielgröße des Unternehmens auf.[2] Diese Unterscheidung verdeutlicht die Abb. 2 schematisch. In

[1] Vgl. *Moser* (1985), S. 72ff.

[2] Vgl. *Bartram* (1999), S. 10 und die darin zitierte Literatur wie beispielsweise *Sercu/Uppal* (1995), S. 470 für die erstere Sichtweise bzw. *Levi* (1996), S. 302; oder *Eiteman/Stonehill/Moffett* (1996), S. 277 für die letztere Sichtweise.

der vorliegenden Arbeit versteht sich der Begriff Wechselkursrisiko im Sinne der letzteren Auffassung, d.h. als durch unerwartete Abweichungen vom erwarteten Wechselkurs hervorgerufenen Auswirkungen auf eine betriebswirtschaftliche Zielgröße. [1]

Zu diesen Definitionen sei abschließend angemerkt, dass aufgrund der Annahme der Informationseffizienz[2] der Märkte sämtliche Abweichungen vom erwarteten Wechselkurs, wobei nach dieser Hypothese alle Informationen bereits im aktuellen Preis enthalten sind und demnach der aktuelle Wechselkurs den zukünftig erwarteten Wechselkurs widerspiegelt, als unerwartet angesehen werden. Diese Auffassung wird durch die mit der Informationseffizienz-Hypothese konsistenten starken *Random Walk-Eigenschaften* des kurz- bis mittelfristigen (realen) Wechselkurses bekräftigt, weshalb auch die Prognose mit Hilfe von Zeitreihenmodellen für diese Zeitspanne bis dato nicht wirklich überzeugt hat.[3]

Im Zuge der empirischen Validierung der *Theorie der Kaufkraftparitäten* in der relativen Version konnte jedoch – aufgrund von anspruchsvolleren und verfeinerten ökonometrischen Methoden – für das langfristige Verhalten des realen Wechselkurses nach einem Schock, die Tendenz zur Rückkehr zu seinem ursprünglichen Niveau festgestellt werden.[4]

Zusammenfassend kann nunmehr festgehalten werden, dass aufgrund der schlechten Prognostizierbarkeit von zukünftigen nominalen sowie realen Wechselkursveränderungen[5] für den kurz- bzw. mittelfristigen Zeithorizont sowie der äußerst langsamen Anpassung des realen Wechselkurses –

[1] Vgl. hiezu *Bartram* (1999), S. 10; *Roth* (1997), S. 26ff; sowie *Brunner* (2003), S. 16, die zur Unterscheidung zu der ersteren Sichtweise vom *'unternehmerischen Wechselkursrisiko'* sprechen.

[2] Vgl. zum Konzept und den verschiedenen Formen der Informationseffizienz etwa *Fama* (1970) bzw. zum aktuellen Stand der empirischen Validierung *Glaum* (2002), S. 112ff.

[3] Vgl. Brunner (2003), S. 11ff. zu dieser Diskussion; sowie insbesondere die Arbeiten von *Meese/Rogoff* (1983); *Frankel/Rose* (1995); oder auch *Killian/Taylor* (2003).

[4] Vgl. *Froot/Rogoff* (1995), S. 1648.

[5] Vgl. *Finn* (1999), der sehr hohe Korrelationen zwischen den nominalen und realen Wechselkursveränderungen gefunden hat.

aufgrund von starren Preisen sowie des nur langsamen Güterarbitrage-Prozesses – an das ursprüngliche Gleichgewichtsniveau, für Unternehmen grundsätzlich Wechselkursrisiken bestehen.[1] Nach der Erörterung des Exposure-Begriffs im nächsten Abschnitt werden dann die verschiedenen Ausprägungsformen des Wechselkursrisikos auf ein Unternehmen und die dazugehörigen konkreten Exposure-Konzepte vorgestellt.

2.2.2 Zum Begriff des Wechselkurs-Exposure

Der Begriff des Exposure, der überwiegend ebenso in der deutschsprachigen Literatur verwendet wird, beschreibt den *Grad*, die *Intensität* bzw. den *Umfang*, in dem eine bestimmte Position[2] oder Zielgröße einem Wechselkursrisiko ausgesetzt ist. *Adler/Dumas* (1984) sehen das Exposure einer konkreten Position als einen Betrag in fremder Währung, der der *Sensitivität* der Position in inländischer Währung gegenüber einer unerwarteten Wechselkursveränderung entspricht, an.[3] Ähnlich gelagerte Definitionen finden sich beispielsweise in *Levi* (1996), *Sercu/Uppal* (1995) oder auch in *Shapiro* (2003).

Ein *Wechselkurs-Exposure* kann demnach sowohl eine Forderung, ein Kassabestand bzw. Verbindlichkeit in Fremdwährung, oder auch ein beliebi-

---

[1] Vgl. *Friberg* (1999), S. 17, der bereits in Hinblick auf die Ausprägungsform des ökonomischen Wechselkursrisikos feststellt: *„So the point about raising issues of real exchange rates is that it is right to worry about (nominal) exchange rates. Because prices are sticky in the domestic currency in each country, nominal exchange rate changes will be associated with changes in the competitiveness of firms."*

[2] Diese Position kann – wie anhand der verschiedenen Ausprägungsformen des unternehmerischen Wechselkursrisikos noch gezeigt wird – Bilanzpositionen, ein einzelner bereits kontrahierter Zahlungsstrom bzw. sämtliche zukünftige noch nicht-kontrahierte Zahlungsströme umfassen. Vgl. zu diesen unterschiedlichen Exposure-Konzepte Kap. 2.1.4.

[3] Vgl. *Brunner* (2003), S. 17, sowie die originale Gegenüberstellung von *Adler/Dumas* (1984), S. 42, die dazu feststellen: *„Currency Risk is not the exposure. Currency risk is to be identified with statistical quantiles which summarize the probability that the actual domestic purchasing power of home or foreign currency on a given future date will differ from its originally anticipated value. Exposure, in contrast, should be defined in terms of one has at risk."*

ger anderer Bilanzposten in fremder Währung darstellen. Ferner kann ein Unternehmen ebenso ein Exposure aus einem zukünftigen noch nicht-kontrahierten Zahlungsstrom in Fremd-, als auch in Heimatwährung entstehen. Es lässt sich somit zusammenfassend festhalten, dass ein Exposure aus bereits bestehenden Positionen in Fremdwährung sowie aus zukünftigen real- und finanzwirtschaftlichen Aktivitäten sowohl in Fremd- als auch in Heimatwährung resultieren kann und hierbei eine Art Angriffsfläche für den Risikofaktor Wechselkurs darstellt. Formal kann ein Exposure als

$$Exposure = \frac{\Delta Wert}{\Delta Wechselkurs},$$

wobei $\Delta Wert$ eine unerwartete Veränderung des Werts einer betriebswirtschaftlichen Zielgröße gemessen in Heimatwährung und $\Delta Wechselkurs$ eine unerwartete Wechselkursänderung bezeichnen, gefasst werden.[1]

2.2.3 Zusammenhang zwischen unternehmerischem Wechselkursrisiko und Wechselkurs-Exposure

Das Wechselkursrisiko und Wechselkurs-Exposure stellen ein gegenseitig bedingendes *Begriffspaar* dar, welches denselben Sachverhalt erfasst, jedoch aus einem unterschiedlichen Blickwinkel. Das Konzept des unternehmerischen Wechselkursrisikos stellt auf die Gefahr von Abweichungen einer betriebswirtschaftlichen Zielgröße durch unerwartete Wechselkursveränderungen in *Heimatwährung*, die durch eine *Wahrscheinlichkeitsverteilung* gefasst werden kann, ab.

Im Gegensatz dazu bezeichnet ein Exposure einen *Betrag*, der den *Grad der Wechselkurssensitivität* einer gewählten betriebswirtschaftlichen Zielgröße angibt. Für diese beiden Begriffe desselben Sachverhalts ergibt sich daher die Schlussfolgerung, dass ein höheres (niedrigeres) Wechselkurs-Exposure gleichzeitig ein höheres (niedrigeres) Wechselkursrisiko *ceteris paribus* bedeutet. In einem weiteren Schritt kann weiters argumentiert

[1] Vgl. *Sercu/Uppal* (1995), S. 470; *Stulz/Williamson* (1997), S. 35; sowie *Brunner* (2003), S. 17.

werden, dass ein unternehmerisches Wechselkursrisiko für ein Unternehmen nur dann besteht, wenn dieses Unternehmen ein Wechselkurs-Exposure aufweist.

Dieser soeben beschriebene Zusammenhang zeigt die vorstehende Abb. 2 schematisch auf. Nachdem die grundlegenden Begriffsbestimmungen erörtert sind, werden nun die einzelnen konkreten Ausprägungsformen des Wechselkursrisikos auf ein Unternehmen und die dazugehörigen Exposure-Konzepte beleuchtet.

2.2.4 Ausprägungsformen des Wechselkursrisikos- und die dazugehörigen Exposure-Konzepte

Im Rahmen der Diskussion über die Auswirkungen von Wechselkursveränderungen auf ein Unternehmen haben sich im Laufe der Zeit drei verschiedene Wechselkursrisiko- und die dafür zugrunde gelegten Exposure-Konzepte

- *Währungsumrechnungsrisiko (translation risk);*
- *Währungsumwechslungsrisiko (transaction risk);* sowie
- *ökonomisches Wechselkursrisiko (economic risk)*

etabliert.[1] Zu dieser Unterteilung des Wechselkursrisikos in die einzelnen Ausprägungsformen sind jedoch zwei Anmerkungen zu tätigen: Obwohl sich der Kern dieser drei Wechselkursrisikokonzepte in der Literatur durchzieht, hat sich – vor allem in der englischsprachigen Literatur – bisher kein einheitlicher Begriffsapparat herausgebildet.[2] Weiters muss für

[1] Vgl. hiezu *Moser* (1985), S. 75; *Shapiro* (2003), S. 328ff ; oder auch *Madura* (2003), S. 302ff.

[2] Das 'translation risk' wird häufig ebenso als 'accounting risk' wie beispielsweise in *Sercu/Uppal* (1995) benannt. Ferner wird von zahlreichen Autoren der Ausdruck 'contractual risk' für das 'transaction risk' bevorzugt. Vgl. hiezu *Flood/Lessard* (1986) oder *Sercu/Uppal* (1995). Die größten Unterschiede hinsichtlich des verwendeten Begriffsapparats in der Literatur finden sich für das in dieser Arbeit bezeichnete Konzept des ökonomischen Wechselkursrisikos (economic risk). Einige Autoren wie bspw. *Uppal/Sercu* (1995) verwenden für das ökonomische Wechselkursrisiko den Ausdruck 'operating risk'. Vgl. zu

die englischsprachige Literatur hinzugefügt werden, dass für die hier dargestellte Systematik in aller Regel die Exposure-Begriffe verwendet werden.[1]

In der Folge wenden wir uns den einzelnen Wechselkursrisiko- und Exposure-Konzepten zu, wobei das Hauptaugenmerk eindeutig auf die Darstellung des ökonomischen Wechselkursrisiko- und Exposure-Konzept gerichtet ist.

2.2.4.1 Umrechnungsrisiko (translation risk)

Die Ausprägungsform des Umrechnungsrisikos, welches ein rein *bilanzorientiertes* Konzept darstellt, gilt allgemein als ältester Ansatz zur Evaluierung von unerwarteten Wechselkursveränderungen auf ein Unternehmen. Das Konzept des Umrechnungsrisikos versucht das Wechselkursrisiko auf Basis des *Jahresabschlusses*, in dem Umrechnungen von Fremdwährungspositionen in die inländische Bilanzierungswährung vorgenommen werden, zu erfassen. Ein Umrechnungsrisiko, welches die Unsicherheit über Kursgewinne bzw. Kursverluste bei der Umrechnung beinhaltet, besteht für ein Unternehmen genau dann, wenn sich der am aktuellen Bilanzstichtag zur Anwendung gelangende Umrechnungskurs gegenüber dem ursprünglich angewendeten Umrechnungskurs zwischenzeitlich verändert hat.[2]

Nun besteht die konkrete Gefahr im Rahmen eines Umrechnungsrisikos zum einen als Bewertungsproblem bei der Erstellung von Einzelabschlüssen im Fall von Inlandsunternehmen, die Export- und/oder Importge-

---

einem weiteren Begriffsapparat für die einzelnen Ausprägungsformen *Stulz/Williamson* (1997), S. 35ff.

[1] Eine Einteilung, die der in dieser Arbeit verwendeten Systematik gleichkommt, würde demnach

- Translation exposure;
- Transaction exposure; sowie
- Economic exposure

lauten. Vgl. etwa *Shapiro* (2003), S. 328ff; *Madura* (2003), S. 302ff.

[2] Vgl. *Moser* (1985), S. 81ff.

schäfte betreiben. Hierbei gilt es die auf fremde Währung lautenden Forderungen und/oder Verbindlichkeiten zu veränderten Kassakursen am Bilanzstichtag neu zu bewerten. Zum anderen besteht dieses Umrechnungsrisiko in dem in aller Regel weitaus wichtigeren Anwendungsfall, der aus dem Erfordernis der Umrechnung einer ausländischen Tochtergesellschaft im Rahmen der Konsolidierung der Jahresabschlüsse zu einem internationalen Konzernabschluss besteht, resultiert.[1]

Im Laufe der Zeit sind verschiedene Umrechnungsverfahren, die den zur Umrechnung der einzelnen Posten in der Bilanz und Gewinn- und Verlustrechnung zur Anwendung gelangenden Kurs zum Abschlussstichtag festlegen und somit gleichzeitig die Höhe des *Umrechnungs-Exposure* (*translation exposure*) determinieren, entstanden. Einige Umrechnungsverfahren, die den Grundsätzen ordnungsmäßiger Buchführung entsprechen, sind das:

- *Stichtagskursverfahren* (*closing/ current rate method*),
- *Verfahren der Kursdifferenzierung nach der Fristigkeit der Abschlussposten* (*current/ non-current method*),
- *Verfahren der Kursdifferenzierung nach dem Geldcharakter der Abschlussposten* (*monetary/ non-monetary method*), sowie das
- *Verfahren der Kursdifferenzierung nach dem Zeitbezug der Abschlussposten* (*temporal method*).[2]

[1] Vgl. *Moser* (1985), S. 81f; *Pausenberger/Glaum* (1993), S. 768f; sowie *Brunner* (2003), S. 21f.

[2] Vgl. zu den einzelnen Umrechnungsverfahren *Moser* (1985), S. 84ff; oder *Busse von Colbe/Ordelheide* (2003), S. 170ff; Vgl. zur Methode der funktionalen Währung – eine Kombination aus dem Stichtagskursverfahren und dem Verfahren der Kursdifferenzierung nach dem Zeitbezug – , die nach dem FASB No. 52 für US.-amerikanische Unternehmen als Umrechnungsverfahren vorgeschrieben ist *Brunner* (2003), S. 23 bzw. *Busse von Colbe/Ordelheide* (2003), S. 185ff. Vgl. *Wagenhofer* (2005), S. 387ff zur Umrechnung von Fremdwährungsabschlüssen im Rahmen der Internationalen Rechnungslegungsstandards (IFRS bzw. IAS), die ebenfalls die Methode der funktionalen Währung im IAS 21 vorsehen.

Kurz zusammengefasst, zur Umrechnung von Positionen in Fremdwährung bzw. von ausländischen Jahresabschlüssen sind Verfahren entwickelt worden, die sich darin unterscheiden, welcher Kurs – der historische oder der Bilanzstichtagskurs – zur Anwendung kommt. Damit ergibt sich je nach angewendetem Umrechnungsverfahren ein unterschiedlich hohes Umrechnungs-Exposure. Aufgrund der in der Literatur häufig genannten Nachteile dieses Exposure-Konzepts, wie die

- *Abhängigkeit der Exposure-Höhe von dem Umrechnungsverfahren,*
- *Momentaufnahme durch Stichtagsorientierung,*
- *Vergangenheitsorientierung,*
- *Orientierung an Buchwerten,* sowie die
- *Erfassung nicht tatsächlichen Erfolgs- und Liquiditätswirkungen von Wechselkursänderungen,*

wird die Eignung dieses Konzepts des Umrechnungs-Exposure als Basis für Entscheidungen des Währungsmanagement angezweifelt und generell als ungeeignet eingestuft.[1]

2.2.4.2 Das Umwechslungsrisiko (transaction risk)

Ein Umwechslungsrisiko besteht für alle aus unternehmerischen Transaktionen stammenden und bereits vertraglich kontrahierten Zahlungsströme in Fremdwährung, die zu einem späteren Zeitpunkt zu einem Umwechslungsvorgang in die Heimatwährung führen.[2] Solche vertraglich fixierten Zahlungsströme resultieren in aller Regel aus

- Export- und/oder Importgeschäften in fremder Währung (*Fremdwährungs-Forderungen* sowie *-Verbindlichkeiten*),

[1] Vgl. *Moser* (1985), S. 95ff; *Pausenberger/Glaum* (1993), S. 768ff; *Brunner* (2003), S. 23f. sowie für eine der ersten Stellungsnahmen zu dieser Frage *Dufey* (1972), S. 54.

[2] Aufgrund dieser Fokussierung auf die bereits kontrahierten Zahlungsströme wird dieses Konzept ebenso als 'contractual exposure' bzw. 'contractual risk' wie etwa in *Levi* (1996) bezeichnet.

- Kapitalbeschaffungen und/oder Kapitalanlagen in fremder Währung (Aufnahme von *Fremdwährungs-Krediten* bzw. *Fremdwährungs-Veranlagungen*), sowie
- anderen Umwechslungs-Transaktionen (beispielsweise Umwechslung von *Fremdwährungs-Kassabeständen*).[1]

In diesem Exposure-Konzept stehen die kontrahierten Zahlungsströme, die zwar im *Nominalbetrag in Fremdwährung* fixiert und damit risikolos sind, jedoch der *zukünftige Gegenwert in Heimatwährung* aufgrund der zeitlichen Spanne bis zur tatsächlichen Umwechslung durch unerwartete Wechselkursveränderungen als unsicher gilt. Aus diesem zukünftigen Umwechslungsvorgang können dann sowohl *Kursgewinne* als auch *Kursverluste* entstehen, die direkt *liquiditäts-* und *erfolgswirksam* sind. Das Umwechslungs-Exposure bietet zwei wesentliche Vorteile, welche in der Folge nun kurz umrissen werden, die wohl dazu geführt haben, dass dieses Exposure-Konzept bislang in der Unternehmenspraxis als die bevorzugte Grundlage des Währungsmanagements herangezogen wird.[2]

Erstens stellt sich die *Messbarkeit* des Umwechslungs-Exposure (transaction exposure) eines konkreten bereits kontrahierten Zahlungsstroms als trivial dar, da das Exposure der Höhe des Nominalbetrags des Zahlungsstroms in Fremdwährung entspricht. Sogar bei Vorliegen mehrerer kontrahierter Zahlungsströme in Fremdwährung in einem, so können durch die Zusammenfassung von *währungs-* und *fristenkongruenten* Zahlungsströmen so genannte *Nettowährungs-Umwechslungspositionen* (*net transaction exposures*) für die daran anschließenden Kurssicherungs-Entscheidungen gebildet werden.[3]

Ein zweiter wesentlicher Vorteil bei der Zugrundelegung dieses Exposure-Konzepts für das Währungsmanagement ist die *Verfügbarkeit* eines breiten

[1] Vgl. *Moser* (1985), S. 75f.

[2] Vgl. dazu die empirischen Studien zum Wechselkursrisiko-Management in der Unternehmenspraxis, wie etwa *Glaum* (2000).

[3] Vgl. hiezu etwa *Moser* (1978), S. 36ff; *Topritzhofer/Moser* (1990), S. 178f; *Madura* (2003), S. 303ff; sowie *Bartram/Dufey/Frenkel* (2005), S. 397.

finanzwirtschaftlichen Instrumentariums; insbesondere sind hier für die Unternehmenspraxis

- *Devisentermingeschäfte,*
- *Fremdwährungs-Kredite* bzw. *Fremdwährungs-Veranlagungen,*
- *Devisenoptionen,* sowie
- *Währungs-Swaps,*

zu nennen, mit denen Umwechslungsrisiken relativ mühelos im Rahmen von so genannten *Kurssicherungen* ausgeschaltet werden können.[1]

Trotz dieser Vorteile sind zwei wesentliche *Kritikpunkte* in der Literatur an diesem Exposure-Konzept formuliert worden, die es durchaus wert sind, kurz dargelegt zu werden. Mit Blick auf eventuelle Zahlungsverzögerungen von Kunden bzw. auf ein nur *bedingtes Wechselkursrisiko* für Zahlungsströme aus internationalen Ausschreibungen richtet sich die Kritik an die festen Fälligkeitstermine bzw. das sichere Eintreten der vertraglich fixierten Zahlungsströme in diesem Exposure-Konzept.

Der noch weit wichtigere Kritikpunkt zielt auf die Ausklammerung der zukünftigen noch nicht vertraglich fixierten Zahlungsströme als Exposure ab, und argumentiert, dass diese Auffassung von nur bereits kontrahierten Zahlungsströmen als Exposure nicht die gesamten Auswirkungen von unerwarteten Wechselkursveränderungen auf ein Unternehmen erfasst. Dieser Kritikpunkt leitete schließlich das im nächsten Abschnitt dargelegte Konzept des Economic Exposure und die Ausprägungsform des ökonomischen Wechselkursrisikos ein.[2]

---

[1] Kurssicherungen sind in der angelsächsischen Literatur allgemein mit dem Begriff *'Hedging'* bezeichnet. Vgl. zu den Kurssicherungstechniken *Moser* (1978); *Topritzhofer/Moser* (1990). Eine sehr ausführliche Behandlung der derivativen Finanzinstrumente findet sich beispielsweise in *Hull* (2003) oder *Kolb* (2002). Vgl. *Jesswein/Kwok/Folks* (1995) zu einer Studie über die Nutzung von Instrumenten im Rahmen des Wechselkursrisiko-Managements bei großen US.-amerikanischen Unternehmen.

[2] Vgl. *Moser* (1985), S. 80f.

2.2.4.3 Das ökonomische Wechselkursrisiko (economic risk)

Aus der Kritik an den zuvor dargestellten Exposure-Konzepten, die bereits früh in den Arbeiten von *Dufey* (1972) bzw. *Shapiro* (1975) einsetzte, hat sich die in dieser Arbeit im Zentrum stehende Ausprägungsform des *ökonomischen Wechselkursrisikos* (*economic risk*) auf ein Unternehmen und das zugrunde gelegte Exposure-Konzept herausentwickelt.

Das Konzept des *Economic Exposure* bezieht sich auf die Auswirkungen von (unerwarteten) Wechselkursveränderungen auf die *zukünftigen, nicht-kontrahierten Zahlungsströme*[1] eines Unternehmens als betriebswirtschaftliche Zielgröße. Im Gegensatz zu der zuvor dargestellten Ausprägungsform des Umwechslungsrisikos und dem dazugehörigen Transaction Exposure, ist die im Konzept des Economic Exposure zugrunde gelegte betriebswirtschaftlichen Zielgröße – aufgrund von meist *Preis- und Mengeneffekten* durch Wechselkursveränderungen – sowohl in Fremd- als auch in Heimatwährung in ihrer Höhe unsicher.[2]

In gleiche Richtung argumentieren *Flood/Lessard* (1986), die als wesentlichen Unterschied zwischen dem Transaction und Economic Exposure den Wettbewerbseffekt (*'competition effect'*), der *zusätzlich* zum Umwechslungseffekt (*'conversion effect'*), der aus dem Transaction Exposure-Konzept bekannt ist, reale Wechselkursveränderungen auf die Zahlungsströme des Economic Exposure fasst.[3]

Nach *Pausenberger/Glaum* (1997) beschreibt der Wettbewerbseffekt, dessen Auftreten in Abb. 3 ersichtlich ist, Auswirkungen von Wechselkursveränderungen auf die in der Ursprungswährung ausgedrückten Zahlungsströme einer Unternehmung. Der zweite Effekt, der bereits beim Um-

---

[1] Neben den Begriffen *'economic exposure'* und *'operating exposure'* wird dieses Konzept aufgrund der nicht-kontrahierten Zahlungsströme als Zielgröße mit unter als *'non-contractual exposure'* bezeichnet. Mit unter werden ebenso die Begriffe *'competitive exposure'* als auch *'strategic exposure'* für dieses Konzept in der Literatur verwendet.

[2] Vgl. *Moser* (1985), S. 113ff.

[3] Vgl. *Flood/Lessard* (1986), S. 26f; Vgl. ebenso zu einem illustrativen Beispiel der beiden Effekte *Brunner* (2003), S. 32ff; bzw. *Eun/Resnick* (2004), S. 289ff.

wechslungs-Exposure auftritt, beschreibt die Auswirkungen, die beim Umtausch von Fremdwährungs-Zahlungsströmen in die Heimatwährung auftreten.[1]

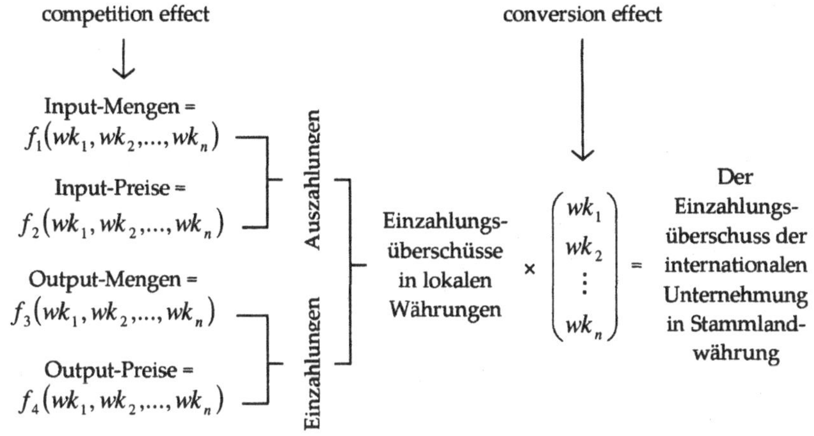

Abb. 3: Schema zum Wettbewerbs- und Umwechslungseffekt
Quelle: übernommen aus *Pausenberger/Glaum* (1993) basierend auf *Glaum* (1991), S. 48.

Die *Komplexität* und damit verbundenen Schwierigkeiten bei der Ermittlung der ökonomischen Währungsposition (economic exposure) sowie die daran anschließende *Messung* und *Analyse* des ökonomischen Wechselkursrisikos lässt sich allgemein verständlich und recht anschaulich an einem von *Dufey* (1972) konstruierten – wenn auch rein verbal gehaltenen – Beispiel aufzeigen. Dieses Beispiel wird aufgrund der erstmaligen expliziten Berücksichtigung sowohl von Preis- und Mengeneffekten allgemein

[1] Vgl. *Pausenberger/Glaum* (1993), S. 773f; Vgl. ebenfalls *Martin/Mauer* (2003), die in einer empirischen Studien anhand US.-amerikanischer multinationaler Unternehmen die Schlussfolgerung ableiten, dass Wechselkursveränderungen einen größeren Effekt auf die Zahlungsströme in langfristiger Sicht im Sinne des Economic Exposure-Konzept als in kurzfristiger Sicht im Rahmen des Transaction Exposure-Konzept aufweisen.

als der erste Anstoß und Beitrag zum heutigen Konzept des ökonomischen Wechselkursrisikos bezeichnet.[1]

Das von *Dufey* (1972) dargelegte Beispiel lässt sich wie folgt kurz umreißen[2]: Ein US.-Automobilkonzern muss für sein französisches Tochterunternehmen aufgrund einer drohenden Abwertung des französischen Franc mit einem erheblichen Ertragseinbruch im konsolidierten Jahresabschluss[3] rechnen. In Erwartung eines erheblichen Ertrageinbruches sollen daraufhin die verfügbaren Finanzmittel für das französische Tochterunternehmen gesenkt werden. Doch fordert das französische Tochterunternehmen die Erhöhung der ihr zur Verfügung gestellten Finanzmittel, um Investitionen für eine durch die Abwertung erwartete Exportmengensteigerung in andere europäische Exportmärkte vornehmen zu können. Die *zweifache* Auswirkung von Wechselkursveränderungen ist damit leicht erkennbar: Der zuvor angenommene Ertragseinbruch aufgrund einer Wechselkursveränderung in Form eines *Preis*effekts stellt sich bei einer genaueren Betrachtung als eine erhebliche Steigerung der Ertragsposition des Tochterunternehmens aufgrund von *Mengen*effekten dar.

Die Darstellung des Beispiels von *Dufey* (1972) lässt sich zu der folgenden prägnanten Aussage verdichten: Um das Economic Exposure und anschließend das ökonomische Wechselkursrisiko zu identifizieren und in weiterer Folge in quantitativen Größen messen zu können, müssen die zukünftigen Zahlungsströme eines Unternehmens in *sämtlichen Teilbereichen* – das heißt in den *Absatz-* und *Beschaffungsmärkten* – einer genauen Zahlungsstromanalyse unterzogen werden. Auf der operationalen Ebene lässt sich daher die Intensität des ökonomischen Wechselkursrisikos eines konkreten Unternehmens nur adäquat identifizieren und messen, wenn man eine Auffächerung der einzelnen Teilbereiche des Unternehmens, wie in Abb. 4 schematisch aufgezeigt, vornimmt und anschließend die Aus-

[1] Vgl. *Casal* (1989), S. 67ff. oder *Moser* (1985), S. 108.

[2] Vgl. hiezu *Moser* (1985), S. 108ff; sowie *Dufey* (1972), S. 51ff.

[3] Vgl. dazu die Ausführungen zum Umrechnungsrisiko im Kap. 2.1.4.1.

wirkungen von Wechselkursveränderungen in jedem einzelnen Teilbereich feststellt.[1]

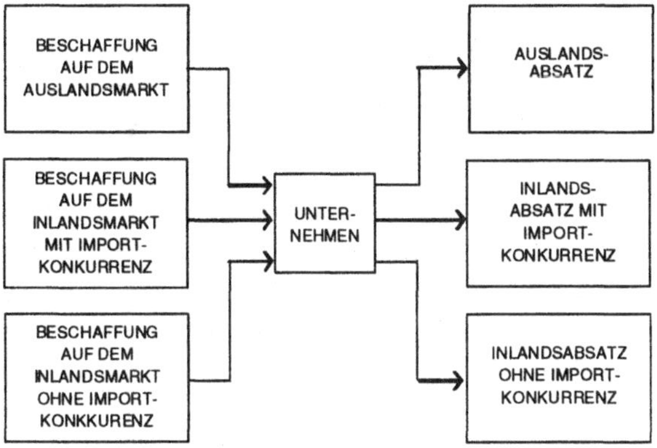

Abb. 4: Intensität des ökonomischen Wechselkursrisikos
Quelle: Entnommen aus *Moser* (1985), S. 112, in Anlehnung an *Shapiro* (1977).

Wie in *Moser* (1985) in Anlehnung an Abb. 4 argumentiert, lässt sich aus der Auffächerung der Zahlungsströme aus den einzelnen Bereichen das Economic Exposure eines Unternehmens unmittelbar einsehen: Dieses entspricht jenem Teil der Zahlungsströme eines Unternehmens, der in den Bereichen

- *Inlandsabsatz mit Importkonkurrenz,*
- *Auslandsabsatz,*
- *Beschaffung auf dem Inlandsmarkt mit Importkonkurrenz bzw.*
- *Beschaffung auf dem Auslandsmarkt*

entsteht.[2]

[1] Vgl. hiezu *Moser* (1985), S. 109ff.

[2] Vgl. *Moser* (1985), S. 113. Die Forderung der Auffächerung ist in Ansätzen auch in *Flood/Lessard* (1986), S. 28ff zu finden, die die Marktstrukturen der Absatz- und Beschaffungsmärkte eines Unternehmens als die Bestimmungsfaktoren für die dem ökonomischen Wechselkursrisiko ausgesetzten Währungsposition eines Unternehmens ansehen.

Daher entgehen Unternehmen einem ökonomischen Wechselkursrisiko nur dann, wenn diese sowohl absatz-, als auch beschaffungsseitig keiner ausländischen (Import-)Konkurrenz ausgesetzt sind.[1]

Ferner sind Unternehmen von keinem ökonomischen Wechselkursrisiko bedroht, wenn die Theorie der Kaufkraftparitäten perfekt hält. Die Kernaussage dieser Theorie lässt sich als Ausgleich der Differenz zwischen den relativen Preisänderungsraten zwischen zwei Währungsräumen durch den zukünftigen Kassakurs zusammenfassen. Bezogen auf ein Unternehmen bedeutet sodann eine perfekte Einhaltung dieses theoretischen Zusammenhanges, dass keine realen Verschiebungen der Kaufkraft zwischen zwei Währungsräumen und damit zu Veränderungen in den relativen Wettbewerbspositionen von Unternehmen durch nominale Wechselkursveränderungen resultieren.[2] Es zeigt sich dabei deutlich, dass für das Economic Exposure-Konzept reale Wechselkursveränderungen die zentrale Rolle spielen. Eine reale Wechselkursveränderung ist eine um die relativen Preisänderungsraten bereinigte nominale Wechselkursveränderung.[3] Der reale Wechselkurs ergibt sich dabei formal als

$$K_r = K \cdot P_A / P_I$$

wobei:

K_r realer Wechselkurs

K nominaler (preisnotierter) Wechselkurs

P_A Preisniveau im Ausland

P_I Preisniveau im Inland

darstellen.

---

[1] Vgl. *Moser* (1985), S. 111.

[2] Vgl. hiezu *Pringle* (1993), S. 77f, der diesen Gedanken aufgreift und dahingehend vervollständigt, indem er argumentiert, dass die Theorie der Kaufkraftparitäten nicht nur für das betrachtete Unternehmen, sondern ebenso für die Lieferanten, Konkurrenten, Kunden sowie für die Vorlieferanten der Lieferanten usw. gelten müsse, damit das betrachtete Unternehmen von keinem ökonomischen Wechselkursrisiko bedroht ist.

[3] Vgl. zur Relevanz der realen Wechselkurse beim Konzept des ökonomischen Wechselkursrisikos *Flood/Lessard* (1986), S. 27f; sowie *Lessard/Lightstone* (1991), S. 107f.

Eine wesentliche Besonderheit, die die ökonomische Währungsposition von den zuvor dargestellten Währungsumrechnungs- und Währungsumwechslungsposition abhebt, ist die Tatsache, dass diese *keine konstante Größe* mehr darstellt. Dies lässt besonders anschaulich anhand eines Zahlungseingangs auf der Absatzseite eines Unternehmens verdeutlichen:[1] Der konkrete Zahlungseingang aus einem bestimmten ausländischen Absatzmarkt ergibt sich, wie Abb. 5 illustriert, zum einen aus dem aufgrund der Wechselkursveränderung veränderten Absatzpreis sowie die durch den veränderten Absatzpreis resultierende Absatzmenge.[2]

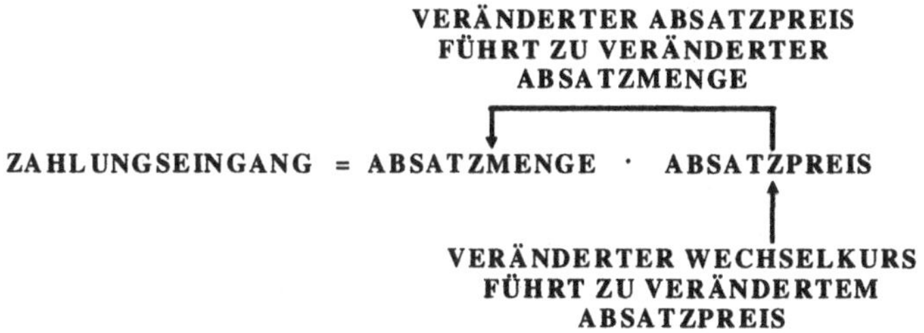

Abb. 5: Vereinfachtes Schema zum Zusammenhang zwischen Preis- und Mengeneffekt bei Wechselkursveränderungen auf den Zahlungseingang
Quelle: Entnommen aus *Moser* (1985), S. 114.

Ein dem ökonomischen Wechselkursrisiko unterliegender Zahlungsstrom verändert sich demnach nicht mehr rein proportional zur Veränderung des Wechselkurses, sondern kann generell als *eine Funktion des Wechselkur-*

[1] Vgl. *Moser* (1985), S. 113f.

[2] Das Ausmaß der Weitergabe der Veränderung des Absatzpreises aufgrund der Wechselkursänderung durch ein Unternehmen ('exchange rate pass through'), die Preiselastizität der Nachfrage auf dem ausländischen Absatzmarkt für dieses Produkt sowie die Umwechslung des in ausländischer Währung resultierenden Zahlungseinganges in die Inlandswährung des Unternehmens zum veränderten Wechselkurs – bei *Flood/Lessard* (1986) als 'conversion effect' bezeichnet – wurden bei dieser Darstellung ausgeklammert.

ses gesehen werden.[1] Im Rahmen dieser Darstellung sind zwei zentrale Punkte, die in der Folge näher beleuchtet werden, hervorzuheben.

Der in Abb. 5 dargestellte vereinfachte Zusammenhang zwischen Preis- und Mengeneffekt bei Wechselkursveränderungen auf den Zahlungseingang, welche sodann einen großen Einfluss auf die Höhe des Economic Exposure eines Unternehmens bedeuten, wirft in einer genaueren Analyse naturgemäß die zwei grundlegenden Fragestellungen nach

- der *Wirkung der Wechselkursveränderungen auf den Absatzpreis,* und
- der *Auswirkung eines Preiseffekts auf die abgesetzte Menge,*

aus.

Der *erste* Fragenkomplex wird in der Literatur unter dem Begriffspaar *'exchange rate pass through'* und *'pricing-to-market'*, welches jeweils zwei extreme Positionen im Spektrum des Verhalten in Hinblick auf die *Weitergabe von Wechselkursveränderungen* an nach gelagerte Verarbeitungsstufen bzw. Kunden fasst, diskutiert.[2] Der *zweite* Fragenkomplex bezieht sich auf die *Preiselastizität der Nachfrage,* das heißt in welchem Ausmaß sich eine Preisänderung auf die abgesetzte Menge auswirkt. Beide Fragestellungen können dabei jedoch nicht isoliert betrachtet werden, sondern stehen dabei häufig in einem unmittelbaren Zusammenhang: Je höher beispielsweise die Preiselastizität der Nachfrage bzw. der Substitutionsgrad des Gutes,

---

[1] Vgl. *Moser* (1985), S. 113.

[2] Vgl. zu Studien über das 'exchange rate pass through' deutscher Exporte *Knetter* (1989, 1993), die zu der Schlussfolgerung gelangen, dass das 'exchange rate pass through' Verhalten der deutschen Unternehmen in den einzelnen Industriebranchen sehr unterschiedlich ist. Vor dem Hintergrund der Preisbildung auf den Märkten und der Weitergabe von Wechselkursveränderungen ist auch auf die Unterscheidung zwischen Denominations- (*'currency of denomination'*) und Determinationswährung (*'currency of determination'*) hinzuweisen. Vgl. *Flood/Lessard* (1986), die dieses Thema unter der Überschrift *'currency habitat of price'* diskutieren; Vgl. ebenso *Bartram* (1999), S. 78f; *Brunner* (2003), S. 30f; sowie *Bartram/Dufey/Frenkel* (2005), S. 405.

umso niedriger wird in aller Regel die Möglichkeit zu einem *'exchange rate pass through'* für ein Unternehmen ausfallen.[1]

Neben diesen zuvor dargelegten Fragestellungen, gibt es weitere zahlreiche Faktoren, die einen unmittelbaren Einfluss auf die Höhe des Economic Exposure eines Unternehmens haben, und als so genannte Determinanten des Economic Exposure in der Literatur diskutiert werden.[2]

Nach der Bestimmung der ökonomischen Währungsposition eines Unternehmens lässt sich anschließend das ökonomische Wechselkursrisiko allgemein als die Schwankungsbreite der Auswirkungen von Wechselkursveränderungen auf alle zukünftigen Zahlungsströme der ökonomischen Währungsposition begreifen. Grundsätzlich wird in dieser Arbeit auf der Definition des ökonomischen Wechselkursrisikos von *Eiteman/Stonehill* (1979) und insbesondere *Moser* (1985) aufgebaut, die in Übereinstimmung den Begriff des ökonomischen Wechselkursrisikos:

> *„...als jene Unsicherheit des Unternehmenswertes beschreiben, die aus Wechselkursveränderungen resultiert; operational gefasst ist dies der Schwankungsbereich des Barwertes der zukünftigen Zahlungsströme des Unternehmens, der sich aufgrund möglicher Wechselkursveränderungen ergibt"*[3],

zurückgegriffen. Es sei zu dieser Definition bemerkt, dass *Moser* (1985) damit den Wert eines Unternehmens gemäß der *Discounted-Cashflow-Methode* als die Summe der mit einem risikoadäquaten Zinssatz diskontierten zukünftigen Zahlungsströme in der Heimatwährung auffasst. In dieser Arbeit wird jedoch auf den letzten Schritt der Diskontierung der Zahlungsströme, da hier die Gefahr eines beträchtlichen Informationsverlustes für die in dieser Arbeit gewählte Analysemethode besteht, verzichtet.

---

[1] Diesen negativen Zusammenhang finden bspw. *Bodnar/Dumas/Marston* (2002).

[2] Vgl. etwa zur Diskussion der Determinanten auf die Höhe des Economic Exposure *Brunner* (2003), S. 59ff.

[3] *Moser* (1985), S. 112.

2.2.4.4 Zusammenhang zwischen den Wechselkursrisiko- und Exposure-Konzepten

Nachdem die einzelnen Ausprägungsformen des Wechselkursrisikos knapp vorgestellt wurden, steht nun die Frage nach den möglichen Zusammenhängen zwischen diesen Konzepten im Vordergrund. Hierzu lässt sich anführen, dass die Ausprägungsform des Umwechslungsrisikos mit den bereits kontrahierten Zahlungsströmen – durch die Fixierung der *Mengen*komponente – als *Spezialfall* bzw. *Teilmenge* des ökonomischen Wechselkursrisikos angesehen wird.[1]

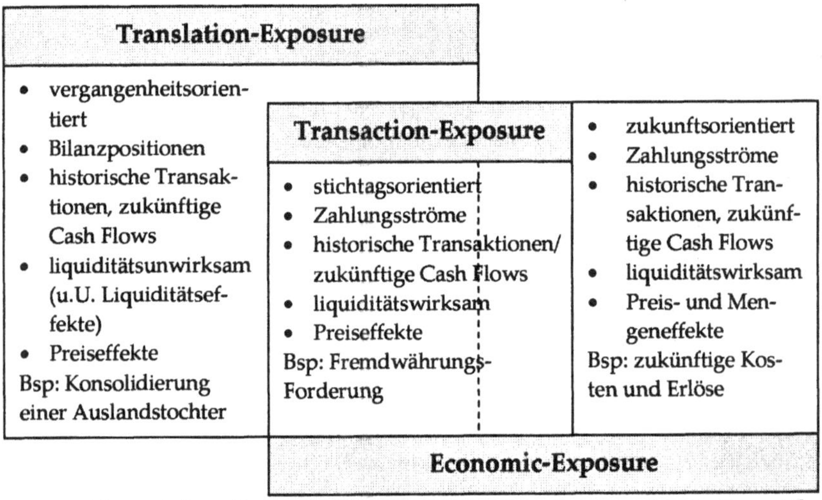

Abb. 6: Schematischer Zusammenhang zwischen den einzelnen Wechselkursrisiko- und Exposure-Konzepten
Quelle: entnommen aus *Bartram* (1999), S. 13.

Ein ähnlich eindeutiger Zusammenhang kann, wie Abb. 6 aus *Bartram* (1999) nahelegt, nicht für den Vergleich des Umrechnungsrisikos mit dem Umwechslungs- bzw. ökonomischen Wechselkursrisiko festgemacht werden. Aufgrund der verschiedenen möglichen Verfahren zur Errechnung

---

[1] Vgl. *Moser* (1985), S. 136f bzw. *Bartram/Dufey/Frenkel* (2005), S. 397.

des konkreten Umrechnungs-Exposure bzw. der noch nicht kontrahierten Zahlungsströme des Economic Exposure-Konzepts kann hier nur – abhängig vom konkreten Einzelfall – eine mehr und minder große Überlappung resultieren.

2.2.5 Zur Identifikation des ökonomischen Wechselkursrisikos

Eine Erleichterung bei der Identifikation eines möglichen ökonomischen Wechselkursrisikos für ein konkretes Unternehmen lässt sich, wie in Abb. 4 dargestellt, mit Hilfe der Auffächerung der einzelnen Teilbereiche, erreichen. Nach der erfolgten Auffächerung, folgen in der Regel die Zusammentragung und Auswertung aller erhältlichen Informationen über die einzelnen Teilbereiche, in den das Unternehmen operiert. Hierbei stehen vor allem die *typischen Fragestellungen* nach:[1]

- *Anzahl der Exportmärkte und –quoten;*
- *Preiselastizitäten der Nachfrage auf den einzelnen Absatzmärkten;*
- *Wettbewerbskonstellationen auf den einzelnen (Export-)Absatzmärkten;*
- *Gefahren durch Importkonkurrenz auf dem Heimatabsatzmarkt;*
- *Herkunft und Grad der Flexibilität/Substituierbarkeit bei der Beschaffung von realen Inputs;*
- *Wettbewerbssituation auf den einzelnen Beschaffungsmärkten;*
- *Effekte von Wechselkursveränderungen auf die Preise auf der Absatz- bzw. Beschaffungsseite für reale Inputs ('exchange rate pass-through' oder 'pricing-to-market');*
- *Grad und (währungsmäßige) Zusammensetzung der Aufnahme und Veranlagung von Finanzmitteln in Fremdwährungen;*
- *Einsatz von Kurssicherungsinstrumenten zur Absicherung von bereits kontrahierten oder mit großer Sicherheit eintreffenden Zahlungsströmen*

[1] Vgl. *Moser* (1985), S. 123f.

im Zentrum der Analyse zur Identifikation eines möglichen ökonomischen Wechselkursrisikos.[1]

2.2.6 Ansätze zur Messung der ökonomischen Währungsposition und des ökonomischen Wechselkursrisikos

Die Messung des Economic Exposure bzw. des ökonomischen Wechselkursrisikos gestaltet sich zu einer hinsichtlich der nachfolgenden Diskussion von eventuellen Management-Maßnahmen wichtigen, jedoch auch aufgrund der Komplexität der Problemstellung schwierigen Aufgabe. Die wichtigsten methodischen Ansätze, wie der

- Ansatz der *pro forma Zahlungsstrom-Analyse,*
- *Regressionsmodell*-Ansatz, sowie der
- Ansatz der *Zahlungsstrom-* und *Simulationsmodelle,*

die sich bei der Durchsicht der Literatur finden, sind in diesem Abschnitt näher erläutert, wobei der in dieser Arbeit beschrittene Weg zur Behandlung der aufgeworfenen Problemstellung in die Übersicht über die Ansätze eingeordnet wird.[2]

2.2.6.1 Ansatz der pro forma Zahlungsstrom-Analyse

Bei diesem Ansatz wird nach *Stulz/Williamson* (1997) ein aus der Gewinn- und Verlustrechnung abgeleiteter Zahlungsstrom beispielsweise in der Form

$$Zahlungsstrom = Umsatz - Kosten - Steuern - Investitionen$$

in seine einzelnen Komponenten zerlegt und in Hinblick auf die Auswirkungen einer in der Höhe konkretisierten unerwarteten Wechselkursveränderung untersucht. Somit ergibt sich nach diesem Ansatz das Economic Exposure aus der Summe aller Veränderungen in den einzelnen Kompo-

[1] Vgl. ebenso *Lessard/Lightstone* (1991), S. 108ff; *Lewent/Kearney* (1993), S. 20ff; bzw. *Madura* (2003), S. 311f.

[2] Vgl. zur Einordnung Kap. 2.2.6.3, S. 39ff.

nenten gegenüber der Wechselkursveränderung.[1] Eine Kritik an diesem Ansatz lässt sich bei *Flood/Lessard* (1986) identifizieren, die diesen Ansatz lediglich als

> *"[...] „snap-shot" of the firm's cumulative contractual activities, which may capture only a small part of the impact of the exchange rate change on the firm's cash flows."*[2]

betrachten, jedoch die Messung des Economic Exposure einen Versuch darstellen müsse, der über die Schätzungen anhand des Jahresabschlusses hinausreicht.[3] Trotz dieser Kritik ist dieser Ansatz nach *Stulz/Williamson* (1997) gegenwärtig überwiegend in der Unternehmenspraxis zu finden.[4]

2.2.6.2 Ansatz der Regressionsmodelle

Dieser Ansatz geht auf die weithin bekannte Publikation von *Adler/Dumas* (1984) zurück, die die lineare Regressionsanalyse zur Messung der ökonomischen Währungsposition (economic exposure) anhand des Erwartungswerts der Sensitivität der Zielgröße in Heimatwährung gegenüber einem Wechselkurs als Regressionskoeffizienten herleiten. Die Bestimmung des Economic Exposure gegenüber mehreren verschiedenen Wechselkursen ist bei Erweiterung eines einfachen in ein multiples Regressionsmodell leicht umzusetzen. [5]

Für diesen Ansatz sind hinsichtlich der Spezifikation der abhängigen Variablen bei der praktischen Umsetzung in empirischen Studien zwei grundlegende Modelle vorgeschlagen worden. So schlagen beispielsweise

---

[1] Vgl. etwa zu kurzen illustrativen Beispielen zu diesem Ansatz *Stulz/Williamson* (1997), S. 40ff, *Madura* (2003), S. 315ff.

[2] *Flood/Lessard* (1986), S. 26f.

[3] Vgl. *Flood/Lessard* (1986), S. 26f.

[4] Vgl. *Stulz/Williamson* (1997), S. 51.

[5] Auf die multiple lineare Regressionsanalyse kann zur Messung der ökonomischen Währungsposition gegenüber mehreren Fremdwährungen zurückgegriffen werden. Auf diese Möglichkeit weisen *Adler/Dumas* (1984) direkt hin: *„When one wants to determine exposure to many currencies, the regressions in question simply become multiple linear regressions."*, S. 44.

Garner/Shapiro (1983) und *Oxelheim/Wihlborg* (1991) die Verwendung von *Zahlungsstrom-Daten* eines Unternehmens in Heimatwährung als abhängige Variable vor. Die weit häufiger angewendete Modellspezifikation zielt direkt auf den durch die Discounted-Cash-Flow-Methode ermittelten Unternehmenswert ab, wobei als so genannte *Proxy-Variable* für die Veränderung des Unternehmenswerts die *Aktienkursrendite* des betreffenden Unternehmens im Regressionsmodell verwendet wird.[1] Ein solches Regressionsmodell lässt sich danach in der folgenden Gleichung

$$r_t = \alpha + \sum_{i=1}^{m} \beta_i k_{i,t} + \varepsilon_t ,$$

wobei:

r_t Aktienkursrendite der Periode t

α Konstante

$k_{i,t}$ prozentuale Veränderung des Wechselkurses i in der Periode t

β_i Economic exposure gegenüber dem Wechselkurs i

ε_t Residuen mit $E(\varepsilon)=0$ und $\operatorname{cov}(\varepsilon,S)=0$,

spezifizieren.

Dieser Ansatz wurde bis dato bereits in einer Vielzahl von empirischen Untersuchungen zum Economic Exposure von meist multinationalen Unternehmen verfolgt. Hierzu ist noch zu bemerken, dass sich innerhalb dieses Ansatzes zwei Richtungen hinsichtlich der Modellspezifikation herausentwickelt haben. Während eine Richtung[2] eine Kontrollvariable – meist in Form eines breit gefassten Marktindex –, die die Auswirkungen anderer makroökonomischer Faktoren auffangen soll, berücksichtigt, finden im Rahmen der anderen Richtung[3] ausschließlich Wechselkursverän-

[1] Vgl. *Brunner* (2003), S. 120ff.

[2] Vgl. hiezu beispielsweise die empirischen Studien von *Jorion* (1990); *Bodnar/Gentry* (1993), *Choi/Prasad* (1995); *Chow/Lee/Solt* (1997); *He/Ng* (1998); *Nydahl* (1999); *Williamson* (2001); bzw. *Allayannis/Ofek* (2001).

[3] Vgl. hiezu etwa die empirischen Untersuchungen von *Booth/Rotenberg* (1990), *Glaum/Brunner/Himmel* (2000); oder auch *Brunner* (2003).

derungen in den Modellspezifikationen Verwendung.[1] Einen umfassenden und detaillierten Überblick zu den einzelnen bis dato durchgeführten empirischen Untersuchungen sowie den dafür verwendeten Modellspezifikationen findet sich in *Brunner* (2003).

2.2.6.3 Cash Flow Modellierungs-Ansatz und Simulationsansatz

Zum Schluss wird der Cash Flow Modellierungs-Ansatz näher beleuchtet, um darauf aufbauend eine Einordnung sowie eine unmittelbare Überleitung zu dem in dieser Arbeit verfolgten Simulationsansatz zu schaffen. Im Zuge der Kritik an dem bereits vorgestellten Konzept des Translation Exposure, das zunehmend als ungeeignete Basis zur Messung des „wahren" Wechselkursrisikos angesehen wurde, versuchte man ein Exposure Konzept zu entwickeln, welches die zukünftigen ökonomischen Auswirkungen von Wechselkursveränderungen erfasst.

Als ersten Schritt ist dazu die Arbeit von *Heckerman* (1972) zu sehen, der einen 'present discounted value' (PDV)-Ansatz zur ökonomischen Bewertung eines ausländischen Tochterunternehmens im Zuge einer Wechselkursveränderung vorschlägt. Obwohl dieser Ansatz von *Heckerman* (1972) außer Acht lässt, dass zukünftige Zahlungsströme selbst – aufgrund des Mengeneffekts – eine Funktion des Wechselkurses sein können[2], gilt diese Arbeit doch als erster Anstoß zum Cash Flow Modellierungs-Ansatz.[3] Ebenso wie bei *Heckerman* (1972), fokussiert *Shapiro* (1975) in einer Arbeit – auf Basis eines zwei-Länder-Modells – auf die Bewertung ausländischer Tochterunternehmen eines multinationalen Unternehmens in einem Inflations-Abwertungs-Zyklus.[4] Das sich ein ökonomisches Wechselkursrisiko

---

[1] Vgl. zu der Diskussion über die verschiedenen Modellspezifikationen *Bodnar/Wong* (2003).

[2] Vgl. hiezu das von *Dufey* (1972) präsentierte Beispiel, dass sich eine Wechselkursveränderung weder in gleicher Höhe noch in gleicher Richtung auf die Zahlungsströme auswirken muss.

[3] Vgl. *Heckerman* (1972), S. 42ff bzw. *Jacque* (1981), S. 89; bzw. zu einer ausführlichen Behandlung des Ansatzes *Moser* (1985), S. 98ff.

[4] Vgl. hiezu *Shapiro* (1975), S. 485ff; *Jacque* (1981), S. 89; sowie *Moser* (1985), S. 111f.

nicht auf ausländische Tochterunternehmen beschränkt, sondern auch ein reines Binnenunternehmen betreffen kann, ist in der Arbeit von *Hodder* (1985) anhand eines Modells aufgezeigt worden.

In der Folge hat sich innerhalb des Cash Flow-Modellierungs-Ansatzes ein Strang an Arbeiten herausentwickelt, die grundlegend an das analytische mikroökonomische Modell von *Levi* (1994) aufbauen. Im Zentrum des Cash Flow-Modellierungs-Ansatzes von *Levi* (1994) steht die Formulierung des Unternehmenswerts V eines reinen Export- bzw. Importunternehmens, der in seiner Notierung formal als

$$V = \frac{TR - TC}{\rho}(1 - \tau) + \sum_{i=0}^{k} \pi_i X_i \, ,$$

wobei TR die gesamten Umsätze, TC die gesamten Kosten, ρ die Opportunitätskosten als Diskontierungsfaktor, τ den Steuersatz, π_i den Wechselkurs i (in Preisnotierung) und X_i für die monetäre Nettowährungsposition in der Währung i, gefasst wird. Demzufolge wird der Unternehmenswert als Barwert einer unendlichen konstanten Zahlungsreihe aufgefasst und sodann – durch weitere Ausformulierungen und partielle Ableitungen nach dem Wechselkurs – hinsichtlich der Wechselkurssensitivität und deren Einflusskanäle untersucht.[1] Der Ansatz von *Levi* (1994) wird dann in einigen Arbeiten[2] wieder aufgegriffen und in verschiedene Richtungen ausgebaut bzw. für die Untersuchung spezieller Fragestellungen verfeinert. Unter Verwendung dieses Ansatzes wird in einer stark aggregierten Weise sowie durch die Auferlegung bestimmter Restriktionen (z.B. Marktform eines Monopols auf dem Absatzmarkt) bzw. starken Vereinfachungen (z.B. reines Export- oder Importunternehmen) auf der Basis von

[1] Vgl. *Levi* (1994), S. 37ff; Bei der Analyse seiner modelltheoretischen Darstellung eines reinen Exportunternehmens kommt *Levi* (1994) unter anderem zu dem Schluss, dass bei der Unterstellung von profitablen Auslandsmärkten der Unternehmenswert bei einer Abwertung der Heimatwährung steigt. Dabei hängt der Grad der Steigerung des Unternehmenswerts von den vorherrschenden Nachfrageelastizitäten ab. Vgl. *Levi* (1994), S. 41.

[2] Vgl. hiezu etwa die Arbeiten von *Bodnar/Marston* (2000); *Allayannis/Ihrig* (2001) sowie *Brunner* (2003).

analytischen Lösungen versucht, zu Aussagen über die ökonomische Währungsposition (Economic Exposure) aus Unternehmenssicht zu gelangen.

Im Rahmen einer kritischen Würdigung dieses Ansatzes kann festgehalten werden, dass dieser Ansatz neue Impulse und Erkenntnisse – beispielsweise über einzelne Determinanten des Economic Exposure – in die Diskussion einbringt und daher einen großen Beitrag leistet. Nichtsdestotrotz sollte jedoch auch darauf hingewiesen werden, dass die auf *eleganten analytischen Lösungen* abgeleiteten Aussagen auf ganz bestimmten, meist wesentlich vereinfachten Situationen aufgrund der ansonsten nicht mehr bewältigbaren Komplexität beruhen müssen.

Einen anders gelagerten Ansatz innerhalb der Cash Flow-Modellierung stellt, basierend auf *Forrester's 'System Dynamics'*[1]-Konzepts, das Corporate Model von *Moser* (1985) dar. Durch ein Corporate Model soll – in integrierter Form – die Entstehung von konkreten Zahlungsströmen in den einzelnen Unternehmens-Teilbereichen in Form von Gleichungen sowie logischen Verknüpfungen abgebildet werden. Auf der Basis eines solchen Corporate Models lassen sich anschließend – beispielsweise mit Hilfe der *Szenariotechnik*[2] – eine selektive Messung und Analyse eines ökonomischen Wechselkursrisikos für ein konkretes Unternehmen durchführen und anschließend risikopolitische Maßnahmen[3] evaluieren.

Auf der Basis dieses *Corporate Modelling-Ansatzes* soll der in dieser Arbeit verfolgte *stochastische Simulationsansatz* unmittelbar anknüpfen. Ein solcher Ansatz verspricht dann für die Risikoquantifizierung bzw. Risikoanalyse einige im Gegensatz zu anderen Methoden wesentliche und leicht argumentierbare Vorteile.[4] Hält man sich beispielsweise vor Augen, dass

---

[1] Vgl. etwa zum *'System Dynamics'*-Ansatz *Forrester* (1961).

[2] Eine Szenarioanalyse wurde in *Moser* (1985), S. 288ff sowohl für den Fall einer Irrelevanzhypothese als auch für einen von der Irrelevanzhypothese abweichenden Szenarienkatalog durchgeführt.

[3] Darunter sind die Preis- und Finanzierungsstrategien des Unternehmens zu verstehen.

[4] Vgl. Kapitel 2.2.4 zu den Vor- bzw. Nachteilen der Simulationsmethode.

bei der Szenarien-Analyse lediglich auf wenige empirische bzw. willkürliche Szenarien für die Risikoquantifizierung bzw. -analyse zurückgegriffen wird, so stellt der simulative Ansatz mit seiner hohen Anzahl an in die Analyse eingehenden Szenarien und den dazugehörigen Wahrscheinlichkeitsverteilungen für die interessierenden Ergebnisgrößen eine weit aus höhere Informationsgewinnung dar. Dadurch kann letztendlich eine Verbesserung der Analysetiefe sowohl bei Unterstellung eines formalen, als auch eines materiellen Risikobegriffs in der Betriebswirtschaftslehre erreicht werden.[1]

Im Anschluss an eine Implementierung des Simulationsmodells in ein lauffähiges Computerprogramm können sodann auch die für die betriebswirtschaftliche Entscheidungsfindung typischen *'What-If'*-Fragestellungen bzw. so genannte *'What-to-do-to-achieve'*-Fragestellungen – wie schon zuvor mit dem Corporate Model und der Szenariotechnik – behandelt werden. Zur letzteren Fragestellung muss jedoch auf die klare Trennung zwischen den klassischen exakten Optimierungsverfahren und den experimentellen Optimierungsverfahren, wobei die Simulationsmethode zu dem Kreis der experimentellen Optimierungsverfahren gezählt wird, explizit hingewiesen werden.[2]

2.2.7 Motive für unternehmerisches Wechselkurs-Risikomanagement zur Steigerung des Unternehmenswerts für die Anteilseigner

Bevor wir uns einzelnen konkreten Maßnahmen zum Management des ökonomischen Wechselkursrisikos zuwenden, stellt sich naturgemäß zunächst die Frage, ob ein Wechselkurs-Risikomanagement überhaupt notwendig bzw. ökonomisch vorteilhaft ist[3]; insbesondere wenn man be-

---

[1] Vgl. *Stulz/Williamson* (1997), S. 47ff, die vor allem auf die Berücksichtigung von so genannten *Pfad-Abhängigkeiten* und *Nicht-Linearitäten*, wie sie bei der vorliegenden Problemstellung häufig vorliegen, bei der Anwendung eines Simulationsansatzes als Vorteile hinweisen.

[2] Vgl. *Chen* (1999), S. 188ff, bzw. das Kapitel 2.2.1.

[3] Vgl. zu den folgenden Ausführungen ebenso die Darstellungen zu dieser Thematik in *Pritsch/Hommel* (1997); *Brunner* (2003), S. 95ff; sowie *Hommel* (2005).

denkt, dass im Rahmen eines Risikomanagements möglicherweise hohe Kurssicherungskosten[1] *ex-ante* auflaufen sowie Opportunitätskosten *ex-post* durch entgangene Wechselkursgewinne, die beispielsweise bei der Kurssicherung mittels Devisentermingeschäften, Devisen-Futures oder Währungs-Swaps entstehen können. Für die Beantwortung der Frage nach der Notwendigkeit des unternehmerischen Risikomanagements können zwei grundlegend verschiedene Sichtweisen in der modernen Investitions- und Finanzierungstheorie angeführt werden. Ehe wir uns den beiden Sichtweisen genauer zuwenden, kann zuvor vorweggenommen werden, dass beide Sichtweisen von gegensätzlichen Prämissen ausgehen, und es somit nicht verwunderlich erscheinen vermag, das sie zu unterschiedlichen Schlussfolgerungen gelangen.

2.2.7.1 Unternehmerisches Wechselkursrisiko-Management in der neoklassischen Sichtweise

Wenden wir uns zuerst der neoklassischen Sichtweise zu und folgen der Darstellung in *Schmidt/Terberger* (1997):[2] Als Aufgangspunkt in dieser Sichtweise steht die Prämisse eines ***vollkommenen***[3] und ***vollständigen***[4] Kapitalmarktes und damit ein perfekt funktionierender Marktmechanismus. Nimmt man diese fundamentalen Prämissen der neoklassischen Modellwelt her, so stellt sich der Ausweg aus dem Dilemma präferenzabhängiger Bewertung nach *Schmidt/Terberger* (1997) folgendermaßen dar: *„[...] Es soll das Bündel von Investitions- und Finanzierungsmaßnahmen gewählt werden, das*

---

[1] Beispielsweise bei der Kurssicherung durch den Kauf von Devisenoptionen.

[2] Vgl. hiezu *Schmidt/Terberger* (1997), S. 55ff.

[3] Ein Kapitalmarkt wird dann als vollkommenen angesehen, wenn der Preis für einen bestimmten Zahlungsstrom zu einem bestimmten Zeitpunkt für jeden Käufer und Verkäufen gleich, gegeben und nicht beeinflussbar ist. Vgl. *Schmidt/Terberger* (1997), S. 57.

[4] Ferner wird ein Kapitalmarkt als vollständig bezeichnet, wenn jeder nur erdenkliche Zahlungsstrom in Hinblick auf Höhe, zeitliche Struktur und Unsicherheitsgrad gehandelt wird. Vgl. *Schmidt/Terberger* (1997), S. 57.

den am Markt erzielbaren Preis der Zahlungsströme maximiert. Dieser Preis ist ihr Marktwert."[1].

Aufgrund des vollkommenen und vollständigen Kapitalmarktes kann dann jedes Wirtschaftssubjekt diesen marktwertmaximalen Zahlungsstrom zum Marktwert verkaufen und einen seinen Präferenzen am nächsten entsprechenden Zahlungsstrom kaufen. Eine unmittelbare Konsequenz aus dieser Sichtweise besagt, dass es keine Finanzierungsprobleme geben kann. Diese Argumentationslinie ist von *Modigliani/Miller* (1958) in der Formulierung ihres prominenten Theorems zur Irrelevanz der Kapitalstruktur[2], das auf einem Arbitragebeweis aufbaut, weitergeführt worden. Kurz zusammengefasst besagt das Theorem von der Irrelevanz der Kapitalstruktur, dass die Marktwerte zweier Unternehmen – trotz unterschiedlicher Kapitalstruktur – mit dem gleichen Ertrag und dem gleichen Geschäftsrisiko in einem vollkommenen Markt im Gleichgewicht denselben Preis haben müssen. Nach diesem Theorem von *Modigliani/Miller* (1958) kann daher der Unternehmenswert für die Anteilseigner nur bei der Durchführung von wertsteigernden Investitionen, das sind jene mit einem *positiven Kapitalwert*, erhöht werden.

Eben unter diesen Prämissen wird von *Logue/Oldfield* (1977) gezeigt, dass das unternehmerische Management von Finanzrisiken nicht notwendig und sogar schädlich sein kann. In dieselbe Richtung argumentiert *MacMinn* (1987), der unter den neoklassischen Prämissen zeigt, dass ein finanzielles Hedging (mit Forward-Kontrakten) keinen Einfluss auf den Unternehmenswert hat. Bezogen auf das unternehmerische Risikomanagement des Wechselkursrisikos kommen *Baron* (1976), *Dumas* (1978) sowie *Santomero* (1995) zu denselben Ergebnissen. Im Umkehrschluss kann nun als wichtige Erkenntnis aus der neoklassischen Sichtweise abgeleitet werden, dass ein unternehmerisches Risikomanagement nur bei Vorliegen von

[1] *Schmidt/Terberger* (1997), S. 58.
[2] Die erste Arbeit zu diesem Irrelevanztheorem stammt von *Modigliani/Miller* (1958).

Marktunvollkommenheiten, denen wir uns im Rahmen der neoinstitutionalistischen Sichtweise nähern, den Unternehmenswert steigern kann.[1]

2.2.7.2 Unternehmerisches Wechselkursrisiko-Management in der neoinstitutionalistischen Sichtweise

Ausgehend von unvollkommenen und unvollständigen Märkten, macht sich die neoinstitutionalistische Sichtweise nach *Schmidt/Terberger* (1997) die *Ursachen* der Funktionsstörungen sowie die *Möglichkeiten* zu deren Verminderung zum Thema. Als Ursache für nicht funktionierende Märkte argumentiert diese Sichtweise mit dem in vielen Konstellationen vorliegenden *asymmetrischen Informationsverteilung*[2] zwischen den Transaktionsparteien und den sich daraus möglicherweise ergebenen *Anreizproblemen*[3]. Ein solches Problem, indem eine Partei einen Anreiz zur Änderung des Verhaltens nach einem Vertragsabschluss hat, ist unter dem Begriff des *'Moral Hazard'* in der Literatur bekannt.

Ausgehend von der mikroökonomischen Analyse der Informations- und Interessenkonflikte versucht nun die neoinstitutionalistische Sichtweise die negativen Auswirkungen durch geeignete Mechanismen – beispielsweise Institutionen wie die Rechtsform der Unternehmung, Aufsichtsrat, Kreditwürdigkeitsprüfung, Sicherungsvereinbarungen etc. – zu vermin-

---

[1] Vgl. dazu etwa *Stulz* (1996), S. 12: *„In general, most of a company's interest rate, currency, and commodity price exposures will not increase the risk of a well-diversified portfolio. Thus, most corporate financial exposures represent "non-systematic" or "diversifiable" risks that shareholders can eliminate by holding diversified portfolios. And because shareholders have such an inexpensive risk-management tool at their disposal, companies that reduce their earnings volatility by managing their financial risks will not be rewarded by investors with lower required rates of return. [...] For this reason, having the corporation devote resources to reducing FX or commodity price risks makes sense only if the cash flow variability arising from such risks has the potential to impose "real" costs on the corporation."*

[2] Eine asymmetrische Informationsverteilung zwischen Parteien bezeichnet eine Situation, in der eine Partei einen Informationsvorsprung gegenüber einer anderen Partei besitzt.

[3] Hiermit wird das Problem des Anreizes zu opportunistischem Verhalten einer Vertragspartei, das die andere Vertragspartei schädigt, bezeichnet.

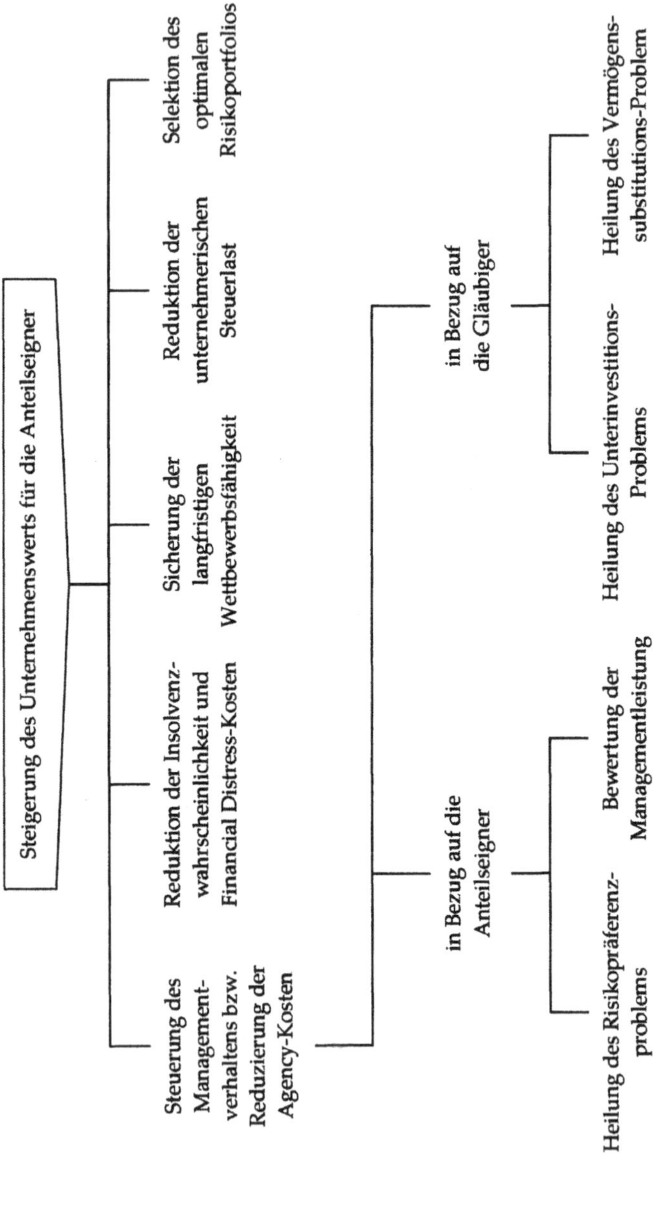

Abb. 7: Motive für ein wertsteigerndes unternehmerisches (Wechselkurs) Risikomanagement
Quelle: leicht abgeändert übernommen aus *Pritsch/Hommel* (2002), S.4.

dern. Als Entscheidungsregel für die Finanzierungspolitik gilt dabei, dass diejenige Finanzierungsform zu wählen ist, bei der die geringsten Reibungsverluste, die aus Informations- und Anreizproblemen resultieren, entstehen.[1]

Der neoinstitutionalistischen Sichtweise folgend lassen sich auf Basis der Arbeiten von *Smith/Stulz* (1985), *Pritsch/Hommel* (1997, 2002), *Hommel* (2005) zahlreiche ökonomische Erklärungsansätze für die positive Rolle eines unternehmerischen Risikomanagements, die in Abb. 7 schematisch angeordnet sind, identifizieren.

Die zuvor angerissene Diskussion über die ökonomischen Motive eines unternehmerischen (Wechselkurs-)Risikomanagements wird nun in den nächsten Abschnitten in enger Anlehnung an *Smith/Stulz* (1985), *Pritsch/Hommel* (1997, 2002), *Hommel* (2005) präsentiert. Einige ausgewählte bekannte empirische Ergebnisse aus der Literatur begleiten die theoretische Diskussion zu den ökonomischen Erklärungsansätzen[2]; eine abschließende *Zusammenfassung* des Versuchs der empirischen Validierung der Hypothesen sowie eine *kritische Würdigung* schließen sodann die Diskussion in der vorliegenden Arbeit ab.

2.2.7.3 Unternehmerisches Wechselkursrisiko-Management zur Reduktion der Agency-Kosten

Durch die Trennung von Eigentum und Kontrolle bei Kapitalgesellschaften kann die Beziehung zwischen den Anteilseignern und dem Management sowie zwischen den Anteilseignern und Gläubigern aufgrund der typischen asymmetrischen Informationsverteilung und den damit resultierenden Anreizproblemen als so genannte Prinzipal-Agen-

[1] Vgl. *Schmidt/Terberger* (1997), S. 66ff.

[2] Vgl. zu den empirischen Ergebnissen über die möglichen Determinanten von einem Risikomanagement *Pritsch/Hommel* (1997); *Hommel* (2005), S. 458ff; sowie *Glaum* (2002), S. 110ff.

ten-Problematik[1] aufgefasst werden. Zunächst wenden wir uns der Beziehung zwischen Anteilseigner und Management zu und betrachten die für diese Diskussion relevanten Probleme der *Bewertung der Managementleistung* sowie das *Risikopräferenzproblem.* Anschließend widmen wir uns dann dem *Unterinvestitionsproblem* sowie dem *Vermögenssubstitutions-Problem* in der Anteilseigner-Gläubiger-Beziehung.

2.2.7.3.1 Das Problem der Bewertung der Managementleistung durch die Anteilseigner

Ob ein Management im Sinne der Anteilseigner handelt und die für die Anteilseigner *marktwertmaximierende* Investitionspolitik durchführt, kann durch die Anteilseigner nicht vollständig beobachtet werden. Durch die Unsicherheit über die Ergebnisse der Investitionspolitik durch die Nebengeräusche, beispielsweise hervorgerufen durch Schwankungen der Finanzpreise, kann eine gute Leistung des Managements nur schwer bewertet werden. Das Managementverhalten wird durch *Reputationseffekte* gesteuert, die in der Folge das zukünftige Einkommenspotential des Managements beeinflussen. Somit besteht für ein qualifiziertes und engagiertes Management ein Anreiz, die Nebengeräusche so weit wie möglich – beispielsweise durch ein unternehmerisches (Wechselkurs-)Risikomanagement – zu eliminieren.

Im Gegensatz dazu hat ein weniger gutes Management einen Anreiz die Volatilität der Unternehmenserträge durch das Eingehen zusätzlicher Risiken sogar noch zu erhöhen, um die wahre Managementleistung zu verschleiern. Die Implementierung eines unternehmerischen Risikomanagements kann demnach durchaus auch als *Signal* des Managements aufgefasst werden, die eigene Managementleistung möglichst ohne Verzerrungen durch exogene Faktoren nach außen kommunizieren zu wollen. Inso-

[1] Eine Prinzipal-Agenten-Beziehung bzw. Agency-Beziehung bezeichnet eine Konstellation, in der eine Partei (der Prinzipal) mit einem Informationsnachteil eine andere Partei (der Agent) mit einem Informationsvorteil mit einer bestimmten Aufgabe (für die erstere Partei) betraut.

fern kann ein unternehmerisches Risikomanagement durchaus dazu beitragen, den Arbeitseinsatz des Managements zu erhöhen, da exogene Faktoren – beispielsweise schwankende Wechselkurse – nicht mehr als Erklärung für schlechte Unternehmensergebnisse herhalten können.[1] Dieses Motiv wird in der empirischen Studie von *Tufano* (1996) sowie *DeGeorge/Moselle/Zeckhauser* (1995) unterstützt.[2]

2.2.7.3.2 Das Risikopräferenzproblem in der Management-Anteilseigner-Beziehung

Das Einkommen und möglicherweise ein großer Teil des Vermögens bezieht das Management eines Unternehmens aus den erwarteten zukünftigen Zahlungsströmen. Aufgrund dieser hohen Konzentration des Einkommens kann das Management das unsystematische Risiko – nicht wie die Anteilseigner von Publikumsgesellschaften – durch Portfoliodiversifikation eliminieren; und es besteht der Anreiz dieses Risiko durch die reale Investitions- und Finanzierungspolitik gegen die Interessen der Anteilseigner zu vermindern. Dieser Anreiz wird somit als Risikopräferenzproblem bezeichnet und kann beispielsweise in der *Überinvestition* mittels Durchführung von Projekten mit negativem Kapitalwert, *Diversifikation* außerhalb des Kerngeschäfts oder der *Verschenkung von Steuervorteilen* durch einen suboptimalen Verschuldungsgrad münden.[3] Ein unternehmerisches Risikomanagement kann somit durch die Verringerung der Variabilität der Zahlungsströme des Unternehmens insofern zur Steigerung des Unternehmenswerts beitragen, indem es den Anreiz des Managements

---

[1] Vgl. *Pritsch/Hommel* (1997), S. 680 oder *Hommel* (2005), S. 462 sowie die darin zitierte Literatur *Breeden/Viswanathan* (1996), *DeMarzo/Duffie* (1995) und *DeGeorge/Moselle/Zeckhauser* (1995) zu dem Signaling-Argument.

[2] Vgl. *Pritsch/Hommel* (1997), S. 680.

[3] Vgl. hiezu *May* (1995), S. 1307, der in seiner Studie ein mit dieser Hypothese konsistentes empirisches Ergebnis findet.

zur Durchführung einer suboptimalen realen Investitionspolitik und Finanzierungspolitik mindert oder gar aufwiegt.[1]

Smith/Stulz (1985) konstatieren in diesem Zusammenhang, dass das Entlohnungsschema des Managements (*managerial compensation*) maßgeblich entweder zur Verstärkung oder Reduzierung des Risikopräferenzproblems beiträgt. Hierbei argumentieren *Smith/Stulz* (1985), dass die Beteiligung des Managements am Aktienkapital des Unternehmens das Risikopräferenzproblem weiters verstärkt, während ein Aktienoptionsplan für das Management den gegenteiligen Effekt erzielt.[2]

Die *empirische Validierung* für dieses Motiv ist bis dato nur sehr schwach; viele Studien wie *Géczy/Minton/Schrand* (1997), *Fok* (1997), *Berkman/Bradbury/Magan* (1997), *Wysocki* (1998) weisen insignifikante bzw. nicht einschlägige Ergebnisse auf. Ein empirisches Ergebnis in *Tufano* (1996)[3], das dieses Motiv jedoch empirisch unterstützt, stammt aus dem US-amerikanischen Goldminen-Sektor.[4]

2.2.7.3.3 Das Unterinvestitionsproblem in der Anteilseigner-Gläubiger-Beziehung

Um die einzelnen Agency-Probleme in der Gläubiger-Anteilseigner-Beziehung besser verstehen zu können, ist es zunächst hilfreich, die Finanzierungsformen Eigenkapital und Fremdkapital – in einem teilweise fremdfinanzierten Unternehmen – in einer Optionsanalogie aufzufassen.[5]

Da die Anteilseigner von Kapitalgesellschaften grundsätzlich nur beschränkt in Höhe des von ihnen gezeichneten Anteils haften, kann die Fi-

---

[1] Vgl. hiezu *Amihud/Lev* (1981); *Stulz* (1984); *Smith/Stulz* (1985), S. 399ff.; *Pritsch/Hommel* (1997), S. 676f. sowie *Hommel* (2005), S. 460ff.

[2] Vgl. hiezu *Smith/Stulz* (1985), S. 402ff.

[3] *Tufano* (1996), S. 1129 kommt im Rahmen seiner Studie zu der folgenden prägnanten Schlussfolgerung: *„The evidence shows that the managers who own more options manage less risk, but those who own more shares of stock manage more risk."*

[4] Vgl. *Stulz* (1996), S. 17ff.

[5] *Pritsch/Hommel* (2002), S. 32f.

nanzierungsform Eigenkapital eines verschuldeten Unternehmens als eine Kaufoption (*'long call'*) auf den Vermögenswert – bei Rückzahlung der Verbindlichkeiten – des Unternehmens aufgefasst werden. Demgegenüber kann sodann das Fremdkapital als Portfolio aus dem Barwert einer risikofreien Schuldverschreibung minus dem Wert einer europäischen Verkaufsoption (*'short put'*) auf das Eigenkapital gesehen werden. Im Insolvenzfall müssen die Gläubiger die Vermögengegenstände des Unternehmens zum Wert (des zuvor überlassenen) Fremdkapitals kaufen.[1] Diese Auffassung der Finanzierungsformen in Optionsanalogie ist in Abb. 8 illustriert.

Ein *Unterinvestitionsproblem* ist ein typisches Moral Hazard-Problem, dass sich nach *Myers* (1977) vor allem dann einstellen kann, wenn eine Investitionspolitik teilweise fremdfinanziert wird und die Fremdkapitalaufnahme der Einzahlung bzw. Zeichnung neuen Eigenkapitals vorgelagert ist. Generell ist festzuhalten, dass die Anteilseigner den Anreiz haben könnten, bestimmte Investitionsprojekte – trotz eines positiven Kapitalwerts – nicht durchzuführen. Der Anreiz für dieses opportunistische Verhalten erklärt sich damit, dass zunächst der Barwert jeder Investition zur Bedienung des Fremdkapitals herangezogen wird und die Residualgrößen dann erst den Anteilseignern zu Gute kommen. Als Konsequenz haben die Anteilseigner nur ein Interesse an der Durchführung von Investitionen mit einem über die Bedienung des Fremdkapitals übersteigenden Barwert, der ihnen eine angemessene Eigenkapitalrendite erwirtschaftet. Wenn man nun *rationale* Gläubiger, die bereits vor Abschluss eines Kreditvertrages von diesem Moral Hazard-Problem wissen, unterstellt, so resultiert dieser Interessenkonflikt entweder in *höheren Risikoprämien* für das überlassene Kapital oder aber auch in einer *Kreditrationierung*. Die durch dieses Anreiz-Problem höheren Kapitalkosten bzw. die nicht Verfügbarkeit von zusätzlichem Fremdkapital für ein Unternehmen schlägt sich letztendlich in dem zuvor angesprochenen Unterinvestitionsproblem nieder. Investiti-

---

[1] Vgl. hiezu *Pritsch/Hommel* (1997), S. 679; *Pritsch/Hommel* (2002), S. 9; sowie *Culp* (2002), S. 14ff.

onsprojekte, die vor der teilweisen Fremdkapitalfinanzierung noch einen positiven Kapitalwert aufweisen, können nun durch die höheren Kapitalkosten unvorteilhaft werden bzw. durch die Kreditrationierung gar nicht finanzierbar.[1]

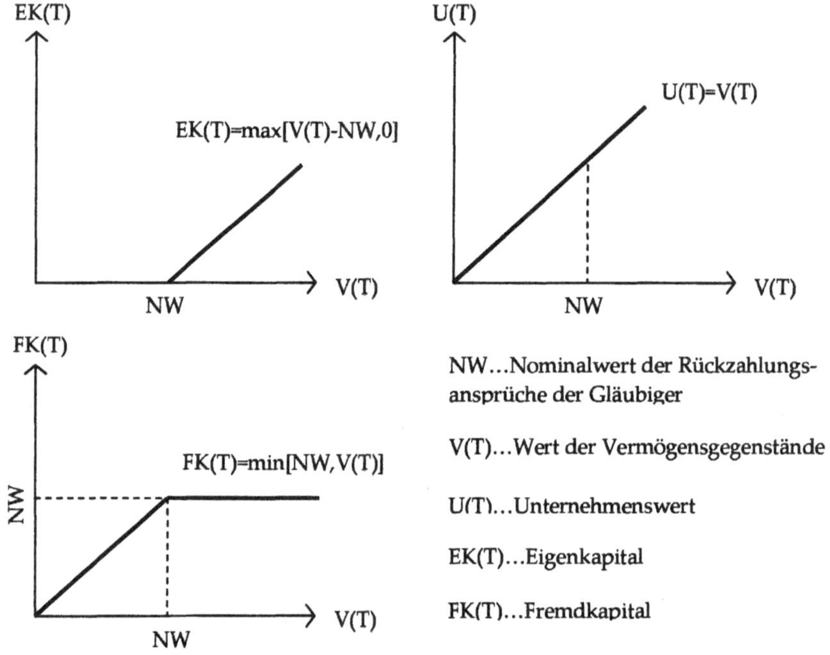

Abb. 8: Finanzierungsformen in der Optionsanalogie
Quelle: leicht abgeändert übernommen aus *Culp* (2002), S. 16.

Ein unternehmerisches (Wechselkurs-)Risikomanagement kann nun dieses Anreiz-Problem der Anteilseigner entschärfen, indem durch die Reduzierung der Schwankungsbreite zukünftiger Zahlungsströme die Gefahr

[1] Vgl. *Smith/Stulz* (1985), S. 398f; *Pritsch/Hommel* (1997), S. 677; sowie *Hommel* (2005), S. 462ff.

für die opportunistische Ausübung der Verkaufsoption auf das Eigenkapital durch die Anteilseigener vermindert wird.[1]

Die Hypothese vom Unterinvestitionsproblem ist bisweilen unter der folgenden Annahme empirisch untersucht worden: Die Wahrscheinlichkeit eines aktiven (Wechselkurs-)Risikomanagements wird für Unternehmen umso höher sein, je mehr Wachstumsoptionen diese haben und je höher die Verschuldung dieser Unternehmen ist. Auf Basis dieser Vermutung wird die Hypothese, dass ein aktives unternehmerisches (Wechselkurs-) Risikomanagement zur Verminderung des Unterinvestitionsproblems beträgt, von den Ergebnissen aus der Studie von *Géczy/Minton/Schrand* (1993) bestätigt.[2]

2.2.7.3.4 Das „Asset Substitution"-Problem in der Anteilseigner-Gläubiger-Beziehung

Wenn wir uns wieder für die Finanzierungsformen Eigen- und Fremdkapital eines teilweise mit Fremdkapital finanzierten Unternehmens die Optionsanalogie aus dem vorigen Abschnitt vergegenwärtigen, so wird schnell ein Anreiz-Problem der Anteilseigner in Hinblick auf das Investitionsrisikos bei der Wahl zwischen Investitionsalternativen offensichtlich.

Aus der Optionstheorie wissen wir, dass die Höhe der Volatilität des Basisobjekts den Optionswert sowohl einer Kauf- als auch einer Verkaufsoption erhöht. Da die Anteilseigner gewissermaßen eine Kaufoption und damit ein Recht zum Kauf auf die Vermögenswerte gegen die Rückzahlung des Fremdkapitals besitzen, wirkt sich eine Erhöhung des Investitionsrisikos wertsteigernd auf den Wert des Eigenkapitals aus. Im direkten Vergleich halten die Gläubiger ein Portfolio aus einer Schuldverschreibung und einer (leer-)verkauften Verkaufsoption, womit sie das Recht an

[1] Vgl. hiezu das auf *Myers* (1977) zurückgehende Beispiel in *Pritsch/Hommel* (1997), S. 677f.

[2] Vgl. *Pritsch/Hommel* (1997), S. 679.

die Anteilseigner verkaufen, die Vermögensgegenstände des Unternehmens zum Wert des Fremdkapitals an die Gläubiger zu veräußern.[1]

Zusammenfassend kann man nun feststellen, dass durch die nachträgliche Erhöhung des Investitionsrisikos es zu einer Erhöhung des Marktwerts des Eigenkapitals und gleichzeitig einer Verringerung des Fremdkapitals kommt. Diese zweie Effekte bewirken dadurch einen Vermögenstransfer oder Vermögenssubstitution[2] von den Gläubigern auf die Anteilseigner.

Wie schon bei dem Unterinvestitionsproblem muss davon ausgegangen werden, dass rationale Gläubiger sich dieses Moral Hazard-Problems bewusst sind. Als Reaktion auf dieses Moral Hazard-Problem werden sich die rationalen Gläubiger diese Gefahr des opportunistischen Verhaltens durch die Anteilseigner entweder durch einen *Aufschlag* auf die Risikoprämie abgelten lassen oder durch Handlungseinschränkungen in der Investitionspolitik in Form von *Kreditvertragsklauseln* eindämmen. Beide Reaktionsstrategien der Gläubiger können zu einer suboptimalen Investitionspolitik für die Anteilseigner führen: Einerseits können höhere Risikoprämien zur Ablehnung von Investitionsprojekten, die ansonsten zuvor noch einen positiven Kapitalwert hatten, führen und somit das schon angesprochene Unterinvestitionsproblem auslösen. Andererseits können Kreditvertragsklauseln den Spielraum der realen Investitionspolitik derart einschränken, dass es zu großen Abweichungen von der für die Anteilseigner optimalen – d.h. marktwertmaximierenden – Investitionspolitik kommt. Es kann gezeigt werden, dass ein (Wechselkurs-)Risikomanagement dieses Moral Hazard-Problem unter ganz bestimmten Bedingungen reduzieren kann.[3]

Francis/Stephan (1993)[4] testen hierzu das ökonomische Motiv für ein unternehmerisches (Wechselkurs-)Risikomanagement anhand der Hypothese,

---

[1] Vgl. *Pritsch/Hommel* (1997), S. 679.

[2] Dieser Vermögenstransfer wird von *Jensen/Meckling* (1976) als *'asset substitution'* bezeichnet.

[3] Vgl. hiezu *Pritsch/Hommel* (1997), S. 679 sowie die darin zitierte Literatur.

[4] Vgl. *Francis/Stephan* (1993), S. 625.

dass die Hedging-Wahrscheinlichkeit wohl umso größer ist, je höher das Risiko der Nichteinhaltung typischer Kreditvertragsklauseln durch finanzielle Risiken ist. Dabei unterstützen die von *Francis/Stephan* (1993) erbrachten empirischen Ergebnisse diese Hypothese.[1]

2.2.7.4 Sicherung der langfristigen Wettbewerbsfähigkeit

Eine viel beachtete Argumentationslinie für ein wertsteigerndes (Wechselkurs-)Risikomanagement im Sinne der Shareholder-Value-Diskussion ist von *Froot/Scharfstein/Stein* (1993, 1994) eingebracht worden. Für ihre Hypothese besteht die grundlegende Annahme, dass die aufgrund *asymmetrischer Information* unvollkommenen Kapitalmärkte den Unternehmen nur externes Kapital mit *steigenden Grenzkosten* zur Verfügung stellen und in Hinblick auf die Vorteilhaftigkeit der einzelnen Finanzierungsformen eine Finanzierungshierachie[2] besteht.

Diese grundlegende Annahme bedeutet nun für ein Unternehmen mit zahlreichen Investitionsmöglichkeiten, dass diese bei Verwendung von Außenfinanzierungen mit steigenden Kapitalkosten verbunden sind und aufgrund der steigenden Kapitalkosten möglicherweise nicht realisiert werden können. In der Argumentation von *Froot/Scharfstein/Stein* (1993,

---

[1] Vgl. *Pritsch/Hommel* (1997), S. 679.

[2] Die Hypothese der Finanzierungshierachie (*pecking order hypothesis*) geht auf die Beiträge von *Myers* (1984) sowie *Myers/Majluf* (1984) zur Diskussion über die optimale Kapitalstruktur zurück. Diese Hypothese der Finanzierungshierachie nach *Myers* (1984), S. 581ff. besagt, dass das Management aufgrund von Agency- sowie Konkurs-Kosten die folgende Hierarchie (absteigende Reihenfolge) von Finanzierungen hinsichtlich der damit verbunden Kapitalkosten präferiert:

- intern generierte Finanzierungsmittel;
- Fremdkapital; und
- Eigenkapital.

Die Aufnahme von neuem Eigenkapital wird dabei aufgrund der asymmetrischen Information zwischen Management und Investoren und den damit verbunden hohen Agency-Kosten als 'teuerste' Finanzierungsform angesehen.

Vgl. auch die Diskussion über die Theorien zur 'optimalen' Kapitalstruktur in *Barclay/Smith* (2005).

1994) kommt dies dann erstens einer Vernichtung von Unternehmenswert für die Anteilseigner gleich und kann im extremen Fall bis hin zur Gefährdung der langfristigen Wettbewerbsfähigkeit führen. Basierend auf der Hypothese der Finanzierungshierachie von *Myers* (1984) schlagen *Froot/Scharfstein/Stein* (1993, 1994), alternativ zur Verwendung der 'teuren' Außenfinanzierung, die Verwendung von intern generierten Finanzmitteln vor. Dabei kann ein (Wechselkurs-)Risikomanagement nunmehr – durch die Verringerung der Variabilität der Zahlungsströme – zur Steigerung des Unternehmenswerts beitragen, indem es eine *Koordinierung* von Investitionsbedarf und der Verfügbarkeit von Finanzierungsmitteln sicherstellt.

Aus dieser Argumentation leiten *Froot/Scharfstein/Stein* (1994) ferner ab, dass sich bei Vorliegen eines *„natural hedge"* – d.h. einer *hohen Sensitivität* zwischen dem Investitionsbedarf und den intern generierten Zahlungsströmen – , das Motiv und die Notwendigkeit für ein (Wechselkurs-)Risikomanagement abschwächen.[1]

Eine beispielhafte Argumentation für ein Wechselkurs-Risikomanagement zur Sicherung der langfristigen Wettbewerbssicherung aus der Unternehmenspraxis ist in *Lewent/Kearney* (1993) zu finden.[2] Dabei beschreiben

[1] Die Logik der Argumentation von *Froot/Scharfstein/Stein* (1994), S. 96ff kann wie folgt zusammengefasst werden: Steht beispielsweise der zukünftige Investitionsbedarf und die durch einen Wechselkurs (maßgeblich) beeinflussten intern generierten Zahlungsströmen in keiner Beziehung, so wird ein (Wechselkurs-)Risikomanagement für das Unternehmen wertsteigernd sein, um die Stabilität der für die wertsteigernden Investitionen benötigten intern generierten Zahlungsströme zu sichern. Für Unternehmen, dessen Investitionsbedarf sich ähnlich der Höhe der intern generierten Zahlungsströme darstellt, besteht indessen ein weitaus geringerer Anreiz für ein aktives (Wechselkurs-)Risikomanagement. Diese (positive) Abhängigkeit zwischen Verfügbarkeit von intern generierten Finanzmitteln und Investitionsbedarf wird von den Autoren dabei als "natural Hedge" bezeichnet. Vgl. ebenso *Pritsch/Hommel* (1997), S. 681f.

[2] Das Wechselkurs-Exposure des Pharma-Konzerns Merck rührt von sehr hohen Forschungs- und Entwicklungskosten (*Research & Development*) in US-Dollar und einer fast gleichen Verteilung zwischen dem Absatz auf dem US-amerikanischen Markt und auf den ausländischen Märkten (in lokalen Währungen) her, wobei nach *Lewent/Kearney*

Lewent/Kearney (1993) die Bedeutung von externen sowie internen Determinanten für die Konzeption eines Wechselkurs-Risikomanagements und stellen fest, dass ein Wechselkurs-Risikomanagement vor allem die Variabilität der ausländischen Erträge sowie Zahlungsströme zu reduzieren, um die (langfristigen) strategischen Pläne der ständigen Steigerung der Forschungs- und Entwicklungsausgaben durchführen zu können.[1]

Zahlreiche empirische Ergebnisse wie beispielsweise in den Untersuchungen von *Nance/Smith/Smithson* (1993), *Géczy/Minton/Schrand* (1995), *Fok* (1997) oder *Goldberg/Godwin/Tritscher* (1998) stützen die von *Froot/Scharfstein/Stein* (1993, 1994) aufgestellte Argumentationslinie, wobei das Verhältnis von Buch zu Marktwert als Proxy-Variable für die Wachstumsoptionen herangezogen wird. Es gibt jedoch auch nicht bestätigende empirische Ergebnisse wie beispielsweise in *Mian* (1996) zu diesem ökonomischen Motiv für ein unternehmerisches (Wechselkurs-)Risikomanagement.[2]

2.2.7.5 Reduktion der Insolvenzwahrscheinlichkeit und der erwarteten „Financial Distress"-Kosten

Zunächst muss vorangestellt werden, dass in der Literatur[3] neben dem Motiv der Reduktion der 'Financial Distress'-Kosten als indirekte Transaktionskosten ebenso das Motiv der Reduktion der direkten Transaktionskosten bei der Implementierung eines (Wechselkurs-)Risikomanagements diskutiert wird. Die ökonomischen Argumente, die dabei für ein unternehmerisches (Wechselkurs-)Risikomanagement zur Reduktion der direkten Transaktionskosten hervorgebracht werden, sind jedoch intuitiv wenig

(1993), S. 20 jedoch dem Transaction Exposure die zentrale Rolle im Risikomanagement zukommt.

[1] *Lewent/Kearney* (1993), S. 26 halten dann zusammenfassend fest: *„Our conclusion, then, was that we should take action to reduce the potential impact of exchange volatility on future cash flows. Reduction removes an important element of uncertainty confronting the strategic management of the company."*.

[2] Vgl. hiezu *Pritsch/Hommel* (1997), S. 682, *Hommel* (2005), S. 473.

[3] Vgl. etwa *Hommel* (2005), S. 469f.

plausibel und haben – zumindest bis dato – durch empirische Ergebnisse keine überzeugende Unterstützung erhalten.[1]

Im Gegensatz dazu wird dem Argument der Reduktion der erwarteten 'Financial Distress'-Kosten[2] in der Literatur eine weitaus größere Bedeutung beigemessen. Für ein Unternehmen bestimmen sich die *erwarteten* 'Financial Distress'-Kosten einerseits aus der *absoluten Höhe* der Financial Distress-Kosten und der *Eintrittswahrscheinlichkeit* des 'Financial Distress'. Nach *Warner* (1977) können die 'Financial Distress'-Kosten in die direkten und indirekten Konkurskosten unterteilt werden. Als direkte Konkurskosten sind hier beispielsweise die im Fall einer Insolvenz immer anfallenden Transaktionskosten wie beispielsweise Gerichts- und Anwaltskosten, Kosten für Treuhänder und Masseverwalter etc. zu nennen.[3]

Indirekte 'Financial Distress'-Kosten bezeichnen die bei zunehmender *Insolvenzwahrscheinlichkeit* eines Unternehmens erhöhten *Vertragskosten* mit den Vertragspartnern; diese Vertragspartner sind beispielsweise *Kreditgeber, Lieferanten, Beschäftigte* und *Kunden.*[4] Mit der Erhöhung der Insolvenzwahrscheinlichkeit sinkt der Anreiz dieser Vertragspartner in die Vertragsbeziehung mit dem Unternehmen zu investieren, auszubauen

---

[1] Vgl. beispielsweise *Pritsch/Hommel* (1997), S. 682f. oder *Hommel* (2005), S. 469f. und die darin zitierte Literatur zu dieser Diskussion.

[2] Unter 'Financial Distress'-Kosten werden alle mit einem (erwarteten) Konkurs eines Unternehmens anfallenden Kosten umschrieben.

[3] In der Studie von *Warner* (1977), S. 337ff anhand von Eisenbahn-Gesellschaften scheinen die direkten Konkurskosten nicht direkt proportional mit dem Marktwert zu steigen. Somit kann man argumentieren, dass aufgrund der direkten mit dem Marktwert unterproportional ansteigenden Konkurskosten für kleinere Unternehmen ein höherer Anreiz für ein unternehmerisches Risikomanagement bestehen müsste. Diese Vermutung konnte jedoch in den meisten Studien nicht bestätigt werden. Vgl. ebenso *Weiss* (1990), der feststellt, dass die direkten Konkurskosten aufgrund des unwahrscheinlichen Konkurses für die meisten Unternehmen nur sehr klein erscheinen.

[4] So könnten Lieferanten zunehmend die Bezahlung ihrer Lieferungen anzweifeln und dies in schlechteren Lieferkonditionen und Preisen festmachen. Kunden könnten Produkte nicht mehr erwerben, weil sie die Einstellung der Garantien, Service-Leistungen, Reparatur etc. fürchten.

bzw. sich an bereits bestehende Vereinbarungen zu halten. Es bedarf nicht zu erwähnen, dass sich die Messung dieser indirekten „Financial Distress"-Kosten eines Unternehmens – mit Ausnahme für die Kreditgeber – als äußerst schwierig erweist.[1]

Neben der absoluten Höhe der „Financial Distress"-Kosten bestimmen sich die erwarteten „Financial Distress"-Kosten durch die Höhe der Eintrittswahrscheinlichkeit. Diese wird dabei maßgeblich vom Verschuldungsgrad des Unternehmens sowie der Variabilität der Zahlungsströme determiniert. Nun wird in zahlreichen Beiträgen der folgende Wirkungskanal argumentiert: Ein unternehmerisches (Wechselkurs-)Risikomanagement trägt zur Steigerung des Unternehmenswerts für die Anteilseigener bei, indem es die Variabilität der Zahlungsströme verringert und so den Barwert der durch den möglichen Insolvenzfall anfallenden Transaktionskosten reduziert. *Stulz* (1996) geht sogar noch weiter und räumt dem unternehmerischen (Wechselkurs-)Risikomanagement eine Ersatzfunktion für die Zuführung zusätzlichen Eigenkapitals ein.[2]

Nance/Smith/Smithson (1993) finden keine signifikante Beziehung zwischen dem Verschuldungsgrad und dem Gebrauch von derivativen Finanzinstrumenten.[3] Zahlreiche empirische Ergebnisse beispielsweise in *Francis/Stephan* (1993), *Tufano* (1996), *Mian* (1996), *Géczy/Minton/Schrand* (1997) oder *Goldberg/Godwin/Tritscher* (1998) bestätigen die Erwartung, dass die Wahrscheinlichkeit für ein unternehmerisches Risikomanagement umso höher ist, je größer das Konkursrisiko eines Unternehmens – gemessen beispielsweise durch den Verschuldungsgrad u.ä. – ist.[4]

2.2.7.6 Reduktion der unternehmerischen Steuerlast

Dieses Motiv ist durch *Smith/Stulz* (1985) in die Diskussion um die Motive für ein (Wechselkurs-)Risikomanagement zur Steigerung des Unterneh-

[1] Vgl. *Pritsch/Hommel* (1997), S. 683.

[2] Vgl. *Stulz* (1996), S. 8.

[3] Vgl. *Glaum* (2002), S. 110.

[4] Vgl. *Pritsch/Hommel* (1997), S. 683 sowie *Glaum* (2002), S. 110.

menswerts eingebracht worden. Die Argumentation von *Smith/Stulz* (1985) beruht dabei auf zwei Annahmen: Erstens stellen die Grenzsteuersätze für Unternehmen eine ansteigende Funktion der unternehmerischen Ertrage dar und der Nachsteuer-Unternehmenswert lässt sich als *konkave* Funktion des Vorsteuer-Unternehmenswerts beschreiben.[1] Zweites verursacht das Hedging im Vergleich mit der Steuerlast keine allzu hohen Kosten.[2] Eine schematische Darstellung zur konvexen Steuerfunktion und einer Reduktion der unternehmerischen Steuerlast durch Hedging findet sich in *Smith/Stulz* (1985).[3]

Zu dem Motiv der Reduktion der unternehmerischen Steuerlast haben empirische Untersuchungen wie *Nance/Smith/Smithson* (1993) und *Mian* (1996) keine schlüssigen Ergebnisse hervorgebracht. *Géczy/Minton/Schrand* (1997), *Fok* (1997) und *Goldberg/Godwin/Tritscher* (1998) haben überhaupt keine empirische Unterstützung in ihren Studien für dieses ökonomische Motiv gefunden.[4]

2.2.7.7 Selektion des optimalen Risikoportfolios

Die Zahlungsströme von Industrie- und Handelsunternehmen sind in aller Regel einem umfangreichen Bündel an verschiedensten Risiken – beispielsweise Marktrisiken, technologische Risiken, politische Risiken, Kreditrisiken sowie Finanzpreisrisiken – ausgesetzt. Hierbei ordnen *Schrand/Unal* (1998) die einzelnen Risiken den zwei Risikoklassen kompensierte Kernrisiken (*core-business risks*) und Risiken die nicht kompensiert werden (*homogeneous risks*)[5] und daher abgesichert werden sollten. Für die erstere Risikoklasse, die mit der Erbringung von Lieferungen und Leistungen durch das Unternehmen verbunden sind, kann man davon

---

[1] Dies ist ebenso gleichbedeutend mit der Annahme, dass die Steuerlast eine *konvexe* Funktion der Ertragssteuersätze ist.

[2] Vgl. *Smith/Stulz* (1985), S. 392.

[3] Vgl. *Smith/Stulz* (1985), S. 393.

[4] Vgl. *Pritsch/Hommel* (1997), S. 684f.

[5] Vgl. hiezu *Hommel* (2005), S. 471, der diese beiden Risikoklassen mit '*compensated risks*' und '*hedgable risks*' bezeichnet.

ausgehen, dass das Unternehmen hierfür eine Kernkompetenz und damit komparative Wettbewerbsvorteile im Management dieser Risiken besitzt. Wohingegen Industrie- und Handelsunternehmen für die zweite Risikoklasse – Wechselkurs-, Zins-, Rohstoff- oder Kreditrisiken – in der Regel keine Kernkompetenz aufweisen.[1] Daher argumentieren *Schrand/ Unal* (1998), basierend auf der Annahme einer *beschränkten Gesamtrisikokapazität*, dass diese absicherbaren Risiken an Unternehmen, wie beispielsweise Banken, Versicherungen oder den Kapitalmarkt mit entsprechenden Kernkompetenzen für diese Risiken, abgeben sollten.

Durch die Abgabe der absicherbaren Risiken werden dann neue Kapazitäten zur Übernahme von kompensierten Risiken frei, um *zusätzliche* ökonomische Renten zu generieren. Es geht somit in dieser Argumentation letztendlich nicht um die Reduktion von Risiken, sondern um die durch ein unternehmerisches (Wechselkurs-)Risikomanagement verbesserte *Koordination* von Risiken in einem Unternehmen.[2] Ein bestätigendes empirisches Ergebnis für diese Hypothese finden *Schrand/Unal* (1998) bei der Analyse von Zins- und Kreditrisiken für Finanzinstitute.

2.2.7.8 Zusammenfassung der empirischen Ergebnisse und kritische Würdigung

Eine Zusammenfassung der bisherigen empirischen Ergebnisse liefert *Hommel* (2005), der argumentiert, dass alle zuvor erwähnten Motive für ein unternehmerisches Risikomanagement einige empirische Unterstützung erhalten haben. Dabei liegen vor allem bestätigende empirische Er-

[1] Vgl. ebenfalls *Schrand/Unal* (1998), S. 982, die zu bedenken geben, dass *„The separation between core-business and homogeneous is not straight forward. Financial risks, such as interest-rate risk, represent a homogeneous risk for a firm that does not have a comparative advantage in predicting interest rates, but can represent a core-business risk for another firm."*; Vgl. ebenso *Stulz* (1996), S. 14ff zum Zusammenhang zwischen einem komparativen Vorteil eines Unternehmens im Risikomanagement bei der Einschätzung von bestimmten Risikofaktoren und dem Phänomen des selektiven Hedging.

[2] Vgl. *Pritsch/Hommel* (1997), S. 685; *Hommel* (2005), S. 470f.

gebnisse für die anreizbezogenen Hypothesen[1] vor. Jedoch fügt *Hommel* (2005) hinzu, dass die Motive der Reduktion der unternehmerischen Steuerlast, der Transaktionskosten des unternehmerischen Hedging sowie die Selektion des optimalen Risikoportfolios hingegen bislang eine eher schwache empirische Bestätigung erhalten haben.

Allgemein stellt sich nach *Bartram* (1999), die empirische Validierung dieser Hypothesen zu objektiven und aussagefähigen allgemeinen Schlussfolgerungen aufgrund der unternehmensinternen Informationen und der Schwierigkeit die wahren Motive und Intentionen für unternehmerisches Handeln zu ermitteln als eine – wenn überhaupt – äußerst schwierige Aufgabe dar.[2]

In einer *kritischen Würdigung* bringt *Glaum* (2002) den wohl wichtigsten Einwand in die bisherige Diskussion ein. *Glaum* (2002) bezweifelt, dass die meist einfache Trennung der untersuchten Unternehmen, in jene die derivative Finanzinstrumente einsetzen (*'hedgers'*) und in jene die dies nicht tun (*'non-hedgers'*), zu objektiven und aussagefähigen Erkenntnissen über die Determinanten für ein unternehmerisches Risikomanagement führt. Seine Kritik richtet sich dabei gegen die Annahme, wonach alle Unternehmen, welche derivative Finanzinstrumente einsetzen, dies ausschließlich im Rahmen einer so genannten *'full-cover-hedging'*-Strategie zur Reduktion der Variabilität der Zahlungsströme des Unternehmens tun.[3]

Gestützt auf die Ergebnisse zahlreicher deskriptiver Studien zu den Risikomanagement-Praktiken von multinationalen Unternehmen sowie zum Einsatz von derivativen Finanzinstrumenten bei Industrie- und Handels-

---

[1] Das ist auf der Seite S. 48 in Abb. 7 eingezeichnete Ast 'Steuerung des Management-Verhaltens' bzw. 'Reduzierung der Agency-Kosten'.

[2] Für *Bartram* (1998), S. 52ff. besitzen die zwei in der Regel angewendeten Untersuchungsmethoden ökonometrische Datenanalyse und Befragung zwei wesentliche Nachteile in Hinblick auf eine allgemein gültige und objektive Aussagen:

- *mangelnde Datenverfügbarkeit*; bzw.
- *Fehl-* oder *Falschinformationen* bzw. *Missverständnisse* der Fragestellungen, etc.

[3] Vgl. *Glaum* (2002), S. 108f.

unternehmen[1], argumentiert *Glaum* (2002), dass die Unternehmen sehr *heterogene* Strategien im Risikomanagement verfolgen. Gerade die Strategie des *'selective hedging'*, in der abhängig von der eigenen Einschätzung über die Entwicklung von Finanzpreisen eine Absicherung betrieben wird, oder auch das Eingehen von rein spekulativen Positionen lässt sich nur schwer mit der modernen Finanztheorie[2] vereinbaren.[3]

Stulz (1996) versucht die 'selective hedging'-Strategien bzw. das rein spekulative Eingehen von Position im Rahmen des unternehmerischen Risikomanagement zu erklären[4], indem eine alternative Hypothese zu dem Model eines *Varianz-minimierenden Risikomanagements* aufstellt. Gemäß dieser Hypothese von *Stulz* (1996) lässt sich das empirische Phänomen demnach so erklären: Unternehmen sind einerseits an der *Eliminierung von kostspieligen negativen Ergebnissen*[5] interessiert und andererseits möchten sich die Unternehmen einen (angeblichen) *komparativen Vorteil* in der Vorhersage von Finanzpreisen bewahren.[6] *Glaum* (2002) nimmt diese Hypothese von *Stulz* (1996) in seiner empirischen Untersuchung[7] – in Form einer multiplen logistischen Regression – über die Determinanten des 'selective-hedging' auf. Das von *Glaum* (2002) aufgestellte Model kann dabei die Wahl der Strategie des Wechselkurs-Risikomanagements gut erklären.[8]

Abschließend kann somit festgehalten werden, dass die ökonomischen Motive und deren empirische Validierung keineswegs geklärt sind. Ferner ist weitere theoretische und empirische Forschung im Bereich der ver-

---

[1] Vgl. hiezu etwa die Studien von *Glaum* (2000) bzw. *Bodnar/Marston/Hayt* (1995, 1998).

[2] Die 'selective hedging'-Strategie verstößt grundsätzlich gegen die Hypothese der Informations-effizienten Finanzmärkte.

[3] Vgl. hiezu *Stulz* (1996), S. 8f sowie 14ff.

[4] Das Phänomen 'selective hedging' beim Einsatz von derivativen Finanzinstrumenten kann auf zahlreiche empirische Studien wie beispielsweise *Glaum* (2000) bzw. *Bodnar/Marston/Hayt* (1995, 1998) gestützt werden.

[5] Vgl. *Stulz* (1996), S. 8, der dies als *'elimination of costly lower-tail outcomes'* umschreibt.

[6] *Stulz* (1996), S. 8.

[7] Diese empirische Untersuchung basiert dabei auf der Stichprobe aus *Glaum* (2000).

[8] Vgl. zu der Modellspezifikation bzw. den einzelnen Ergebnissen *Glaum* (2002), S. 114ff sowie 119ff.

schiedenen Strategien sowie deren Determinanten erforderlich, um zu einer konsistenten und empirisch gestützten positiven Rolle des unternehmerischen (Wechselkurs-)Risikomanagement zu gelangen.

2.2.8 Zum Management des ökonomischen Wechselkursrisikos

Zunächst muss man vorab festhalten, dass das Management des ökonomischen Wechselkursrisikos sich für ein Unternehmen als eine umfassende, daher schwierige und auf den konkreten Einzelfall bezogene Aufgabe darstellt. Jeder Versuch einer Aufstellung eines starr festgelegten Schemas, dessen blinde Abarbeitung für jede nur erdenkliche Situation zur Reduzierung eines ökonomischen Wechselkursrisikos für ein Unternehmen automatisch führt, erscheint somit als unrealistisch und nicht zielführend. Vielmehr muss das Management des ökonomischen Wechselkursrisikos und damit des Economic Exposure als eine über alle Unternehmensbereiche überlappende Aufgabe angesehen werden, welche die konkrete ökonomische Situation des Unternehmens zu berücksichtigen hat.[1]

Für die Reduzierung oder sogar mögliche Bewältigung des ökonomischen Wechselkursrisikos lassen sich Maßnahmen aus verschiedenen Bereichen eines Unternehmens anführen. Dabei erscheint es als zweckmäßig diesen Maßnahmenkatalog grundlegend in die zwei Teilkomplexe der *operativen* und *finanziellen* Maßnahmen zu unterteilen.[2] Operative Maßnahmen umfassen dabei alle Aktivitäten im *Marketing-Bereich,* wie z.B.:

---

[1] Vgl. hiezu *Pringle* (1993), S. 78, der das Management des Economic Exposure aufgrund der weitreichenden Effekte als *'general management responsibility'* einschätzt. Vgl. *George/Schroth* (1991), die für das Management des Economic Exposure einen systematischen Planungsprozess zur Entwicklung eines langfristigen Strategiebündels vorschlagen.

[2] Maßnahmen, die in den operativen Bereich eines Unternehmens einzuordnen sind, werden oftmals als strategische Maßnahmen beschrieben, im Gegensatz zu finanziellen Maßnahmen, die als taktische Entscheidungen bezeichnet werden. Der Grund dafür liegt in der Zeit, die eine Umsetzung, d.h. Restrukturierung des momentanen Zustandes erfordert; Maßnahmen im finanziellen Bereich sind üblicherweise viel schneller umsetzbar als Maßnahmen im operativen Bereich. Vgl. hiezu beispielsweise *Lessard/Lightstone* (1986), S. 112. oder *Srinivasulu* (1981), S. 18.

- *Marktselektion;*
- *Preisstrategien;*
- *Produktstrategien;* oder
- *den Einsatz von absatzpolitischen Instrumenten,*

sowie die Strategien im *Produktionsbereich* und *Beschaffungsbereich für reale Inputs*, wie beispielsweise:

- *die Eröffnung/ Verlagerung von (neuen) Produktionsstätten ins Ausland,*
- *Kostensenkungen durch die Erhöhung der Produktivität (economies of scale);*
- *Einführung neuer Produktionstechniken;* sowie die
- *Zusammensetzung der Herkunft der realen Inputs/ die Auswahl von Lieferanten.*[1]

Gerade im Bereich der operativen Maßnahmen ist es augenscheinlich, dass die Problematik der Identifizierung und des Managements des ökonomischen Wechselkursrisikos einen großen und integrativen Stellenwert in der Strategie-Formulierung[2] eines Unternehmens einnehmen sollte.[3] Versäumnisse in diesem Bereich können mitunter zu katastrophalen Auswirkungen in Bezug auf die Konkurrenzfähigkeit des gesamten Unternehmens führen, wie dies sehr anschaulich am Beispiel eines multinationalen Unternehmens in einer großen und andauernden Aufwertungsphase der Heimatwährung von *Srinivasulu* (1981) dargestellt wurde.[4]

---

[1] Vgl. *Lessard/Lightstone* (1986), S. 112.; *Srinivasulu* (1981), S. 19ff.; sowie *Aggarwal/Soenen* (1989), S. 64ff.

[2] Diese Forderung bringt *Srinivasulu* (1981) sehr einprägsam zum Ausdruck, indem er sagt, dass „ *Changes in currency values may erode the profitability of established markets and products or open up opportunities for new products and markets. Certain foreign locations that had previously been considered unsuitable for new plants may show new promise. Traditional financial policies may have to give way to new ones. Sources of supply may have to be established in new countries. "Make or buy" decisions may be subject to reconsideration."*

[3] Diese Forderung findet sich auch bei *Lessard/Lightstone* (1986), S. 109.

[4] Vgl. *Srinivasulu* (1981) zur Darstellung der schwierigen Phase für den Volkswagen-Konzern während der starken und andauernden Aufwertung der Deutschen Mark Ende

Für den *Finanzbereich* lassen sich die folgenden Strategien anführen:

- *Erhöhung/ Verringerung der Aufnahme von Finanzmitteln in ausländischen Währungen;*[1]
- *Abschluss von Devisentermingeschäften oder Futures-Geschäften.*[2]

Nach der Auflistung möglicher operativer und finanzieller Maßnahmen kann man zusammenfassend festhalten, dass ein Ansatz zur Strategieentwicklung zur Reduzierung einer ökonomischen Währungsposition darin bestehen könnte, eine währungsmäßige Angleichung der (zukünftig erwarteten) eingehenden und ausgehenden Zahlungsströme zu erreichen.[3] Dabei hängt der Risikohorizont, das heißt die Zeitperiode für die die ökonomische Währungsposition identifiziert und Strategien zur Reduzierung entwickelt werden sollten, davon ab, welcher Zeitraum für eine Umset-

der 60ziger bis Mitte der 70ziger und die dadurch entstandenen großen Ertragseinbrüche aufgrund der Verschlechterung der Wettbewerbsfähigkeit.

[1] Hier könnte auch die Zusammensetzung der Aufnahme und Veranlagung von Finanzmitteln mit in Form eines Währungsportfeuilles unter Berücksichtigung von Kreuzkorrelationen zwischen den einzelnen Währungen eine Finanzstrategie darstellen. Vgl. dazu *Aggarwal/Soenen* (1989), S. 65f.

[2] Beim Einsatz von Devisentermingeschäften und Futures-Geschäftes ist jedoch anzumerken, dass in der Regel nur Geschäfte mit relativ kurzen Laufzeiten möglich sind und deshalb nur geringfügig als Finanzstrategie zur Reduzierung des ökonomischen Wechselkursrisikos genutzt werden können. Weiters kann natürlich mit dem Abschluss von Devisentermingeschäften und Futures-Geschäften nur eine Absicherung von bereits kontrahierten oder für in der Zukunft sicher befundene Zahlungsströme genutzt werden. Werden Devisentermingeschäfte oder Futures-Geschäfte ohne ein zugrunde liegendes (sicher eintretendes) Grundgeschäft abgeschlossen, so entsteht eine Risikoposition für das Unternehmen. Eine Verschlechterung der Wettbewerbsfähigkeit des gesamten Unternehmens kann mit dem Einsatz von Devisentermingeschäften und Futures-Geschäften üblicherweise nicht verhindert werden, womit diese eher zu den taktischen Maßnahmen zu rechnen sind.

[3] Dieser Ansatz ist in *Srinivasulu* (1981) auszumachen.

zung von Restrukturierungsmaßnahmen für ein konkretes Unternehmen in den einzelnen Bereichen erforderlich ist.[1]

2.3 Ausgewählte Grundlagen zum Simulationsansatz

2.3.1 Die Simulationsmethode: Begriffe, Definitionen und Abgrenzungen

Die in dieser Arbeit gewählte Methodik der Simulation für die Messung und Analyse des ökonomischen Wechselkursrisikos aus Unternehmenssicht stellt heutzutage kein methodisches Randgebiet mehr in den Wissenschaften dar. Die Anwendungsgebiete der verschiedenen Simulationsarten sind in den Wissenschaften breit gefächert und die Methodik weist bis dato bereits eine äußerst umfangreiche – auch oft unübersichtliche – Literaturbasis mit verschiedensten Simulationstechniken, speziellen Fragestellungen und Einsatzmöglichkeiten auf.

Für die Betriebswirtschaftslehre hat sich die Simulationsmethodik dabei als ein bedeutendes Instrument zur *Entscheidungshilfe* etabliert. Als einen wesentlichen Grund für die breite Anwendung dieser Methodik ist sicherlich das hohe Maß an *Komplexität,* welches sowohl viele wissenschaftlich interessante als auch praxisrelevante betriebswirtschaftliche Problemstellungen prägen, zu nennen. Liegen *komplexe, nicht-lineare* bzw. nur *schwachstrukturierte* betriebswirtschaftliche Problemstellungen vor, so können diese *meist* nicht mehr oder nur auf Basis grober Übervereinfachungen durch andere Methoden gelöst werden.[2] In diesen Fällen stellt die Simulationsmethodik eine in aller Regel leistungsfähigere und präzisere Alternative dar. Dieser Abschnitt versucht daher, einige wesentliche theoretische Grundlagen zu dieser Methodik und sodann für die in dieser Arbeit gewählten stochastischen Simulationsmethode basierend auf ausgewählter Literatur zu erarbeiten und knapp darzubieten. Hierzu werden wesentli-

[1] *"The duration of exposure is the time required for the restructuring of operations through such means as changing products, markets, sources and technology" Srinivasulu* (1981), S. 15.
[2] Vgl. hiezu *Küll/Stähly* (1999), S. 1.

che Begriffe, Definitionen, Abgrenzungen erläutert sowie einige wichtige und hilfreiche Systematisierungen vorgestellt.

Nach der Sichtung der Literatur muss zunächst grundlegend festgestellt werden, dass sich bis dato kein eindeutiger Apparat an Begriffen und Definitionen zur Simulationsmethodik etabliert hat. Unter den zahlreichen Definitionsversuchen[1] wird in dieser Arbeit auf die Definition von *Küll/ Stähly* (1999), die lautet:

> *„Man kann Simulation demnach auffassen als eine Methode zur Modellierung und rechnergestützten Analyse von Systemen auf der Basis von Erklärungsmodellen („wenn-dann" – Kausalbeziehungen) und anschließend als ein experimentelles Durchspielen einer Vielzahl von möglichen Strategien, d.h. Parameterkonstellationen, um jeweils die Auswirkungen auf die vorgegebenen Ziele aufzudecken."*[2]

zurückgegriffen. Diese Definition der Simulation beinhaltet die wesentlichsten Punkte für diese Arbeit:

- *Aufbau und Verwendung von Modellen;*
- *Einsatz des Computers zur Analyse;*
- *experimentelles Verfahren; sowie*
- *eine zielgerichtete Ergebnisanalyse.*

In der Folge wird nun versucht auf die einzelnen Punkte getrennt näher einzugehen und damit die Simulationsmethodik gemäß ihrer Eckpfeiler zu umreißen.

Wie bereits in der hier gewählten allgemeinen Definition von der Simulation erkennbar ist, basiert diese Methode grundlegend auf der Verwendung von Modellen. Ein Zusammenhang, der bereits sehr früh bei *Orcutt* (1960), der einprägsam formuliert hat:

---

[1] Vgl. etwa *Mertens* (1982), S. 1; Vgl. ebenso zu dieser Diskussion *Frank* (1999), S. 3ff bzw. *Chen* (1999), S. 192.

[2] *Küll/Stähly* (1999), S. 2.

„Simulation is a general approach to the study and use of models "

zu finden ist.[1] So wird als Modell in dieser Arbeit eine durch isolierende Abstraktion und Komplexitätsreduktion gewonnene, vereinfachte partielle Abbildung der Wirklichkeit bezeichnet. Dabei wird schon ersichtlich, dass es sich bei dem Modell nie um eine *isomorphe*, d.h. strukturidente oder -gleiche Abbildung der realen Wirklichkeit handelt. Demzufolge kann das Ziel jedes Modellierungsversuchs nur in der Erreichung eines für die Zielvorstellung notwendigen Grades an *Homomorphie* – d.h. Strukturähnlichkeit – liegen. Ob das Ziel des notwendigen Grades an Homomorphie in einer konkreten Modellierung erreicht wird, hängt in erster Linie von der Komplexität des zu untersuchenden Phänomens sowie dem Ziel der Untersuchung ab.[2]

Für die Methode der Simulation wird regelmäßig der Modellbegriff an die Systembetrachtung angelehnt, wobei ein Modell dann als Abbildung eines Ausschnitts des realen Systems wiederum als System mit einer Systemgrenze, Elementen und Relationen zwischen den Elementen aufgefasst wird.[3]

Generell kann man zwischen verschiedenen Arten von Modellen, wie Abb. 9 schematisch systematisiert, unterscheiden. In der Betriebswirtschaftslehre spielen bis lang vor allem symbolische Modelle, wobei hier eine Unterscheidung in verbale und mathematisch-logische Modelle vorzunehmen ist, bei der Lösung von Problemstellungen eine breite Anwendung. Die Simulationsmethodik setzt das Vorliegen eines mathematisch-

---

[1] *Orcutt* (1960), S. 893.

[2] Vgl. hiezu *Koller* (1969), S. 26 und die darin zitierte Literatur zu der Diskussion über das Verständnis von Modell und Theorie. Hierbei wird der Modellbegriff enger gefasst und als eine spezifische Beschreibung der Wirklichkeit verstanden. In der Folge werden dann quantitative Modelle als *Bindeglied* zwischen den abstrakten und meist verbal formulierten Theorien und den empirischen Informationen über die konkrete Wirklichkeit aufgefasst.

[3] Vgl. *Küll/Stähly* (1999), S. 2f.

logischen Modells voraus, welche sich im Vergleich zu verbalen Modellen vor allem durch eine weitaus präzisere Sprache auszeichnen.

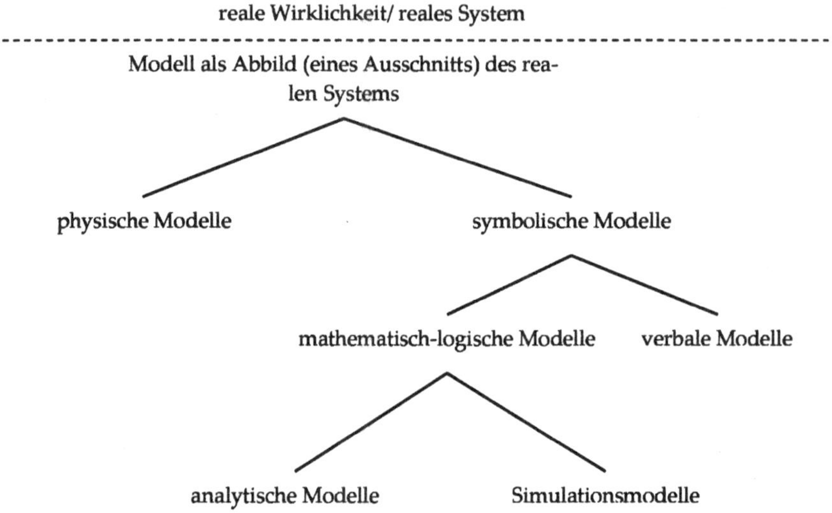

Abb. 9: Eine Systematisierung von Modellarten
Quelle: in inhaltlicher Anlehnung an die Darstellungen in *Koller* (1969), S. 26ff. sowie S. 65ff.

Im Bereich der mathematisch-logischen Modelle kann weiters zwischen den analytischen Modellen, die in der Betriebswirtschaftslehre vor allem als klassische Optimierungsmodelle des Operations Research bekannt sind, sowie den auf numerische Lösungen zugeschnittenen Simulationsmodelle unterschieden werden. Eine Systematisierung für die Modellanalyse, die die Basis für die spätere Diskussion liefert, findet sich vorweg in Abb. 10.

Grundsätzlich können die Methoden der *mathematischen Modellanalyse*, wie in Abb. versucht zu veranschaulichen, in die zwei großen Lager der analytischen bzw. experimentellen Methoden eingeteilt werden. Für die Gruppe der Verfahren der 'heuristischen Programmierung' kann dabei, weil diese nach *Koller* (1969) Charakteristika beider großen Methoden der mathematischen Modellanalyse beinhaltet, nicht eindeutig vorgenommen werden.[1]

Dabei hängt die mögliche Anwendung einer Methode der mathematischen Modellanalyse entscheidend von dem *Strukturierungsgrad* des zu untersuchenden Phänomens sowie folglich auf dem dazu konkret formulierbaren Modell ab.

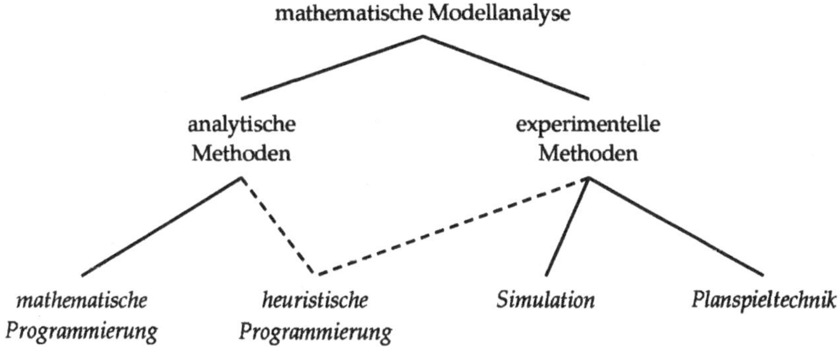

Abb. 10: Methoden der mathematischen Modellanalyse
Quelle: in Anlehnung an *Koller* (1969), S. 70ff.

Die in dieser Arbeit gewählte Simulationsmethode gehört zum experimentellen Methodenkreis und steht somit den exakten analytischen Methoden, die eine optimale Lösung für analytische (Optimierungs-)Modelle suchen, gegenüber. Zum grundlegenden Unterschied zwischen diesen zwei Lagern führt *Koller* (1969) an, dass bei den Simulationsmethoden sogenannte *Berechnungsexperimente* auf der Modellbasis durchgeführt werden, aber die Modelle nicht im Sinne einer Optimierung gelöst werden.[2]

Die Simulationsmethode kann somit als Experimentieren am Erklärungsmodell bzw. Entscheidungsmodell gesehen werden, um Antworten auf *'What-if?'*- bzw. *'What-to-do-to-achieve?'*-Fragestellungen zu erhalten.[3] Je-

[1] Vgl. hiezu *Koller* (1969), S. 82.
[2] Vgl. hiezu *Koller* (1969), S. 67.
[3] Vgl. *Berens/Delfmann/Schmitting* (2004), S. 13.

doch zielt die Simulationsmethode im Gegensatz zu den Verfahren mit den Optimierungskalkülen nicht auf die Beantwortung der so genannten '*What's-best?*'-Fragestellung ab. Trotz dieser Einschränkung kann die Simulation für die vorliegende Problemstellung als geeignete und Erfolg versprechende Methode angesehen werden, wenn der allgemeine Anspruch einer optimalen durch eine auf die Zielvorgabe befriedigende Lösung ersetzt wird. Der Nutzen der Aussagen wird nur meist nur geringfügig vermindert, wenn man im Gegenzug darauf hinweist, dass eine weitaus höhere Einsicht in die Kausalbeziehungen der modellierten (partiellen) realen Wirklichkeit durch weniger starke Übervereinfachungen, wie meist bei analytischen Modellen, erkauft wird.

2.3.2 Simulationsarten

Unter dem Begriff der Simulation sind zahlreiche Simulationsarten zusammengefasst. Anhand folgender Begriffspaare lassen sich einzelne Simulationsarten, die in aller Regel durch die Art der *Modellstruktur* bzw. -*formulierung* determiniert sind, mitunter voneinander unterscheiden:[1]

- *statisch* bzw. *dynamisch:* Während es sich bei einem statischen Modell um die Darstellung eines Systems nur zu einem Zeitpunkt bzw. -periode handelt, wird in einem dynamischen Modell ein System im Zeitablauf studiert.
- *diskret* bzw. *kontinuierlich:* In einem diskreten Simulationsmodell ändern sich die Zustandsvariablen nur zu bestimmten Zeitpunkten. Treten Veränderungen kontinuierlich (oder stetig) auf, so spricht man von einem kontinuierlichen Simulationsmodell.
- *stochastisch* bzw. *deterministisch:* Ein Simulationsmodell, das nur einwertige Eingabedaten enthält, bezeichnet ein deterministisches Simulationsmodell. Tritt hingegen zumindest eine Größe als Zufallsva-

[1] Vgl. zu dieser Trennung der Simulationsarten *Steinhausen* (1994), S. 6f; Vgl. ebenso *Küll/Stähly* (1999), S. 4.

riable auf, so spricht man von einem stochastischen Simulationsmodell.

Ferner lassen sich dynamische Simulationsmodelle hinsichtlich der *Zeitsteuerung* einteilen als

- *zeit-* und *ereignisorientiert*: Im Gegensatz zur zeitorientierten Simulation, in der das Modell zu vorher festgelegten – in der Regel äquidistanten – Zeitpunkten untersucht wird, wird bei der ereignisorientierten das System nur zu jenen Zeitpunkten betrachtet, bei denen Ereignisse im Ablauf eintreten.

Für die stochastische Simulation, bei der zumindest eine Größe nicht einwertig ist, bieten sich verschiedene Simulationstechniken wie:[1]

- *vollständige Simulation*: Diese Simulationstechnik beinhaltet die Untersuchung des Modells anhand aller Szenarien, die auftreten können.
- *historische Simulation:* Bei dieser Simulationstechnik werden historische Werte zur Untersuchung des Modells verwendet,
- *Monte-Carlo-Simulation*: Das Modell wird bei dieser Simulationstechnik durch die Verwendung von (Pseudo-)Zufallszahlen, die aus zuvor spezifizierten Wahrscheinlichkeitsverteilungen entstammen, für die stochastischen Größen unter den damit erzeugten Szenarien untersucht.
- *Bootstrapping*: Auf der Basis von einer historischen Simulation, werden bspw. eine oder mehrere Zeitreihe zerbrochen und neu kombiniert,
- *Stress-Testing*: Bei dieser Simulationstechnik werden die sehr ungünstigen Daten aus der Vergangenheit ausgewählt und mit diesen dann so genannte 'Worst-Case'-Szenarien berechnet,

zur Erzeugung von Szenarien an.

---

[1] Vgl. *Spremann/Gantenbein* (2003), S. 115ff.

Für die Behandlung der vorliegenden Problemstellung wird unter den verschiedenen Simulationsarten auf die *Monte-Carlo-Simulationstechnik* zurückgegriffen.

Nach *Steinhausen* (1994) werden mit der Monte-Carlo-Simulationstechnik, um stochastische Probleme zu simulieren, mit Hilfe von Zufallszahlen künstliche bzw. zufällige Stichproben erzeugt, die einem gewünschten Verteilungsgesetz genügen. In der vorliegenden Arbeit werden mit Hilfe der Monte-Carlo-Simulationstechnik Stichproben erzeugt, die aus zuvor spezifizierten Modellen entstammen. Das Wesen der Monte-Carlo-Simulationstechnik basiert auf der Erzeugung einer hohen Zahl an (Pseudo-)[1]Zufallszahlen, die aus einem zuvor festgelegten wahrscheinlichkeitstheoretischen Modell folgen; und die sodann für die Modellanalyse verwendet werden.[2]

Zum Problemkreis der Induzierung von stochastischen Abhängigkeiten zwischen den Zufallsvariablen – und damit zwischen den Zufallszahlen in der *Monte-Carlo-Simulationstechnik* – wird in der vorliegenden Arbeit auf den *Copula-Ansatz*, der im Kapitel 4.4 näher erläutert wird, aufgebaut.

---

[1] Man spricht allgemein von Pseudo-Zufallszahlen, da in aller Regel die Zufallszahlen auf dem Computer nach einem bestimmten Algorithmus erzeugt werden und daher an sich deterministisch sind.

[2] Vgl. die umfangreiche Literatur zur Erzeugung von (Pseudo-)Zufallszahlen auf dem Computer, wie beispielsweise *Ripley* (1987), S. 14ff; Für die Monte-Carlo-Simulationstechnik ergeben sich spezielle Problemkreise, wie beispielsweise

- Erzeugung von gleichverteilten (Pseudo-)Zufallszahlen;
- Transformationsmethoden;
- statistische Anpassungstests; sowie die
- Berücksichtigung von stochastischen Abhängigkeiten

in einem Zufallsvektor, die in der Literatur ausgiebig behandelt werden, jedoch im Rahmen dieser Arbeit nicht näher erläutert werden. Zu diesen speziellen Problemkreisen sei der/die Leser/in auf die Ausführungen in der Literatur zur Monte-Carlo-Simulationstechnik wie beispielsweise *Vose* (1997) bzw. *Fishman* (1996) verwiesen. Zum letzteren Problemkreis der Berücksichtigung von stochastischen Abhängigkeiten in einem Zufallsvektor und damit zwischen den mit der Monte-Carlo-Simulationstechnik generierten Zufallszahlen wird in dieser Arbeit auf den Copula-Ansatz in Kapitel 4.4 verwiesen.

2.3.3 Ablauf eines Simulationsprojekts

Ein in der Literatur häufig vorgeschlagenes Ablaufschema eines idealtypischen Simulationsprozesses ist in Abb. 11 schematisch dargestellt.

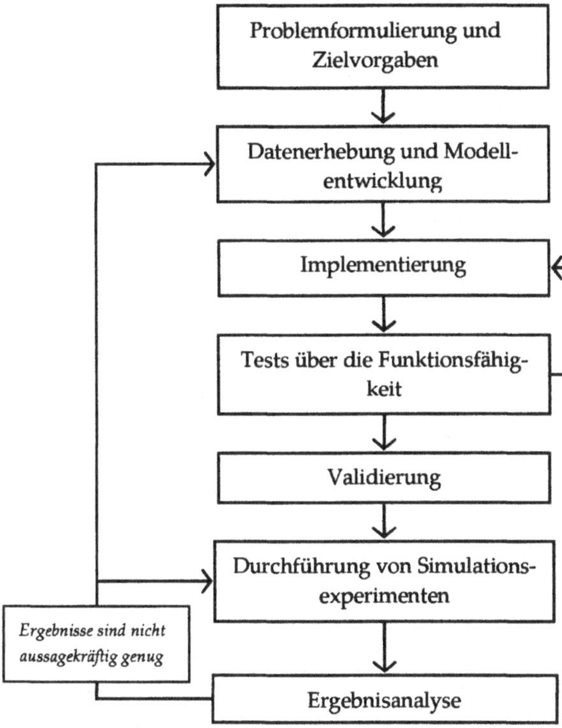

Abb. 11: Vereinfachtes Schema zum Ablauf eines Simulationsprozesses
Quelle: in Anlehung an *Krüll/Stähly* (1999), S. 5.

Hierzu muss jedoch angemerkt werden, dass ein Simulationsprozess nicht als strikter sequentieller Ablaufprozess angesehen werden kann, indem die einzelnen Phasen jeweils endgültig abgeschlossen werden. So werden einzelne Phasen oftmals überlappend bzw. sogar parallel durchgeführt. Ebenso kann ein Rückschritt zu einem vorgelagerten Schritt in einem Simulationsprojekt erforderlich sein, falls sich dies im Laufe des Simulationsprojekts aufzeigt.

In jedem Fall sind die möglichen Rückkoppelungen zwischen den einzelnen Schritten von essentieller Bedeutung, um eine für die Zielvorstellung zufrieden stellende Homomorphie zwischen dem Simulationsmodell und zu simulierender realer Wirklichkeit sicherzustellen.[1]

2.3.4 Vor- und Nachteile der Simulationsmethode

Die Simulationsmethode besitzt einige wesentliche Vor- und Nachteile, die nun kurz erörtert werden. Als die großen Vorzüge der Simulationsmethode sind zu nennen:[2]

- *Durchführung von Experimenten* zur Lösung von Problemstellungen, die in der realen Wirklichkeit nicht möglich, zu gefährlich bzw. zu teuer wären;
- *hohe Flexibilität der Simulationsmodelle* im Vergleich zu analytischen Modellen, insofern das Simulationsmodelle in der Entwicklungsphase nicht auf gewisse Datenkonstellationen zugeschnitten bzw. nicht a priori auf den Lösungsweg des Modells Rücksicht nehmen müssen;
- *hohe Realitätsnähe* des Simulationsmodells zur analysierenden Problemstellung;
- *Förderung von wertvollen Einsichten* in die Zusammenhänge und Wechselwirkungen in der Problemstellung;
- *Eignung für Schulungszwecke;*

Nachteile, die sich in aller Regel mit der Anwendung der Simulationsmethode ergeben können, sind:[3]

[1] Vgl. hiezu *Küll/Stähly* (1999), S. 6.

[2] Vgl. *Mertens* (1982), S. 118f.

[3] Vgl. *Mertens* (1982), S. 119f.

- *hoher Arbeitsaufwand* für die Datenerfassung, Modellierung und Implementierung des Simulationsmodells;
- *lange Rechenzeiten* des Computers;
- *höherer Interpretationsaufwand der Ergebnisse;*
- *Fehler in den Schlussfolgerungen* aus den Ergebnissen der Simulation aufgrund des fehlenden Verständnisses der Simulationsmethode und deren sinnvoller Anwendung.

Je nach konkreter Problemstellung, können die Vorteile oder aber auch die Nachteile überwiegen, sodass die eine Betrachtung der Vor- bzw. Nachteile für jede Anwendung individuell geprüft werden sollte. Aus den Darstellungen zum grundlegenden Wesen der Simulationsmethode und den hier angeführten Vorteilen kann festgehalten werden, dass es sich bei dieser Methode um einen viel versprechenden Ansatz für die vorliegende Problemstellung der Messung und Analyse des ökonomischen Wechselkursrisikos aus Unternehmenssicht handelt.

2.4 Zwischenresümee

Nach dem erfolgten Aufriss der Problemstellung und der dargelegten Zielvorgabe für die vorliegende Arbeit im vorangestellten Vorspann, stellt dieses Kapitel den ersten echten Berührungspunkt mit dem Analysefeld und der in dieser Arbeit verfolgten Analysemethode dar. Demzufolge wird im ersten Teil des Kapitels zunächst versucht, eine Einführung zu den theoretischen Grundlagen zum Analysefeld, die für das weitere Verständnis der gesamten Arbeit als wesentlich erachtet werden, zu präsentieren. Neben dieser Darstellung stellt die Aufbereitung von einigen ausgewählten Grundlagen zur Analysemethode der stochastischen Simulation einen weiteren Schwerpunkt dar.

Zu Beginn der Erörterung des Analysefeldes stehen grundsätzliche Begriffsbestimmungen im Vordergrund, die vor allem den Unterschied aber auch den Zusammenhang zwischen den Begriffen Wechselkursrisiko und

-Exposure aufzuzeigen beabsichtigen. Daran unmittelbar anknüpfend werden die einzelnen Ausprägungsformen des Wechselkursrisikos

- Umrechnungsrisiko (translation risk),
- Umwechslungsrisiko (transaction risk), sowie das
- ökonomische Wechselkursrisiko (economic risk)

und die dafür zugrunde gelegten Exposure-Konzepte diskutiert. Hierbei wird versucht den Brückenschlag von den beiden ersteren zur letzteren Ausprägungsform des ökonomischen Wechselkursrisikos zu schaffen. Es werden unter anderem die Komplexität des Economic Exposure-Konzepts herausgestrichen und in diesem Rahmen wichtige Fragestellungen nach den Auswirkungen der Wechselkursveränderungen auf den Absatzpreis bzw. die daran anschließende Auswirkung des möglichen Preiseffekts auf die Absatzmenge eines Gutes angerissen. Zuletzt erfolgt eine knappe Diskussion zum Zusammenhang zwischen den einzelnen Ausprägungsformen, wobei sich eine klare Beziehung zwischen dem Umwechslungs- und ökonomischen Wechselkursrisiko in der Literatur herauszeichnet.

Zwecks Identifikation eines ökonomischen Wechselkursrisikos werden zahlreiche dafür relevante Fragestellungen im darauf folgenden Abschnitt aufgeworfen, bevor ein Überblick die bis dato etablierten Ansätze mit den jeweils grundlegenden Vorgangsweisen zur Messung des ökonomischen Wechselkursrisikos bzw. des Economic Exposure eines Unternehmens skizziert. Im Rahmen dieser Darstellung wird der in dieser Arbeit verfolgte Ansatz eingeordnet und eine kurze Erörterung zu dessen Anwendungskreis angefügt.

Neben der Messung wird ebenso der Frage nach dem Management des ökonomischen Wechselkursrisikos nachgegangenen. Dazu werden zuvor die zwei grundlegenden Sichtweisen – die neoklassische und neoinstitutionalistische – Finanzierungstheorie prägnant umrissen, um sodann die einzelnen Motive aus neoinstitutionalistischer Sichtweise für die positive Rolle des Risikomanagements zur Steigerung des Unternehmenswerts für die Anteilseigner zu diskutieren. Eine zusammenfassende Betrachtung der empirischen Befunde in der Literatur und eine kritische Würdigung dieser

Diskussion runden diesen Abschnitt ab. Eine Erörterung von geeigneten Maßnahmen zum Management des ökonomischen Wechselkursrisikos, die vor allem für die Diskussion im Kapitel 5 als Referenz dienen soll, beschließt sodann den Grundlagenteil zum Analysefeld.

Den zweiten Schwerpunkt in diesem Kapitel – wenn auch vom Umfang weitaus kürzer gefasst – stellt die Darstellung ausgewählter Grundlagen zur Analysemethode der stochastischen Simulation dar. Dazu werden zunächst eine für geeignet befundene Definition zur Simulationsmethode herausgesucht und die wesentlichsten Charakteristika hervorgehoben. Im Anschluss daran werden einzelne Simulationsarten angeführt, wobei das Hauptaugenmerk auf die so genannte Monte Carlo-Simulation gelegt wird. Die Erörterung schließt sodann mit der Darstellung zum Ablauf eines Simulationsprojektes sowie mit der Gegenüberstellung der Vor- und Nachteile der Simulationsmethode, wobei hier noch einmal der Zusammenhang zwischen der Komplexität des in dieser Arbeit untersuchten Analysefeldes und der gewählten Analysemethode aufgezeigt wird.

3
Zur Modellierung und Implementierung des Unternehmensmodells

3.1 Vorbemerkungen

Um das ökonomische Wechselkursrisiko für ein Unternehmen durch die Methode der stochastischen Simulation messen und analysieren zu können, sind die Komponenten Unternehmen und die Faktoren, die ein ökonomisches Wechselkursrisiko begründen, aus dem realen System in einer abstrakten und modell-theoretischen Form abzubilden und miteinander in Verbindung zu setzen.

Gleichzeitig ist insbesondere bei der Implementierung des Unternehmensmodells in einem Computerprogramm darauf zu achten, dass dieses leicht durch die Methode der stochastischen Simulation – im Sinne von Berechnungsexperimenten – ausgewertet werden kann. Letztendlich ist es dann möglich Einsichten über die Wirkungszusammenhänge und Schlussfolgerungen für Lösungen der Problematik zu erlangen. Das in der vorliegenden Arbeit vorgeschlagene stochastische Computersimulations-Modell mit seinen zwei Kernkomponenten ist in Abb. 12 schematisch illustriert.

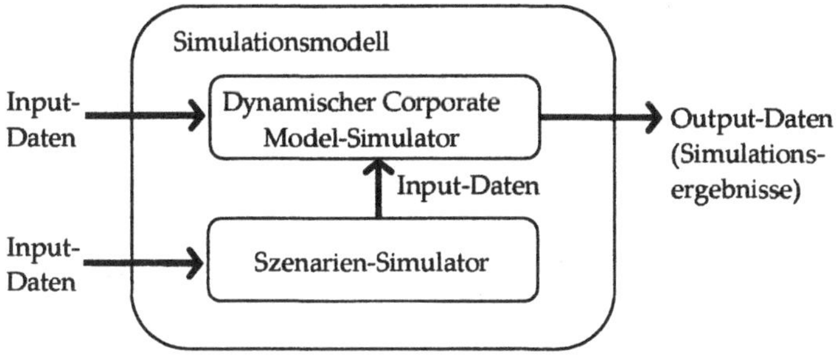

Abb. 12: Aufbau des stochastischen Computersimulations-Modells

Wie in Abb. 12 leicht ersichtlich, stellt das Unternehmensmodell eine der beiden Kernkomponenten im gesamten Computersimulations-Modell dar. Daher widmet sich dieses Kapitel nun zunächst ausschließlich der zentralen Problematik der Modellierung sowie Implementierung des Unternehmensmodells und ist dazu in zwei große Teile, die jeweils einen der beiden Themenkomplexe aufgreifen, untergliedert. Der *erste Teil* des Kapitels beschäftigt sich eingehend mit der Modellierung sowohl der Verknüpfungen der Größen des Unternehmensmodells innerhalb einer Periode sowie im Anschluss zwischen den einzelnen Perioden. Darauf basierend wird dann im *zweiten Teil* des Kapitels die Implementierung der zuvor dargestellten Modellierung in ein lauffähiges Computerprogramm in der Programmierumgebung von Matlab® für spätere Simulationsstudien, wobei hier der Aufbau und Ablauf des Programms im Mittelpunkt stehen, dargestellt.

3.2 Modellierung des Dynamischen Corporate Models

3.2.1 Verknüpfungen innerhalb der Perioden

3.2.1.1 Das Corporate Model von *Moser* (1985) als Basismodell

Als Basismodell und damit als Ausgangspunkt für die Entwicklung der Komponente Unternehmensmodell in dem zu entwickelnden stochastischen Computersimulations-Modell dient das von *Moser* (1985) entworfene Corporate Model[1]. Dieses Corporate Model, das in der Tradition des „System Dynamics"-Ansatzes[2] von *Jay W. Forrester* entwickelt und das Unternehmen in einem komplexen Gleichungssystem abbildet, wird in seiner Struktur erläutert und durch die Anführung der konkreten Modellgleichungen aus *Moser* (1985) in formaler Sicht dargestellt. Für eine über

[1] Im Gegensatz zu vielen anderen Unternehmensmodellen, die meist nur Teilbereiche modellieren, handelt es sich beim Corporate Model von *Moser* (1985) – wie später noch ersichtlich wird – um ein Gesamtunternehmensmodell.

[2] Vgl. zu diesem Ansatz *Forrester* (1961).

die in dieser Arbeit hinausgehende Behandlung des Corporate Models wird der/die interessierte Leser/in jedoch auf die weitaus ausführlicheren Darstellungen in *Moser* (1985) hingewiesen. Zur Darstellung des Modells gliedert sich dieser Abschnitt – in enger Anlehnung an den Aufbau in *Moser* (1985)[1] – wie folgt: Zunächst erfolgt ein grober Überblick über das Corporate Model und eine Zusammenfassung der grundlegenden Annahmen für die Modellierung. Die drei darauf folgenden Unterkapitel erörtern jeweils die Modellierung eines der drei großen Teilbereiche des Modells mit den jeweils speziell dafür getroffenen Annahmen.

3.2.1.2 Überblick über die Struktur und grundlegende Annahmen

Das Corporate Model von *Moser* (1985) zielt auf die Analyse der zukünftigen Zahlungsströme eines Unternehmens mit Auslandsverflechtung – unter expliziter Berücksichtigung des Einflusses von Preisänderungsraten, Zinssätzen und Wechselkursen – und somit auf die Abschätzung eines möglichen ökonomischen Wechselkursrisikos ab. Als das sich daraus ergebene Spannungsfeld für dieses Corporate Model von *Moser* (1985) ist die Verbindung der unternehmerischen Aktivitäten bzw. Strategien wie beispielsweise Auswahl der Absatzmärkte, Festlegung der Preisstrategien, Beschaffung von Rohstoffen und Finanzmitteln und den unterschiedlichen Märkten mit den jeweils vorherrschenden Wettbewerbssituationen zu sehen. Dieses Spannungsfeld versucht das Corporate Model von *Moser* (1985), das in seiner gesamten Struktur in der Abb. 13 ersichtlich ist, widerzuspiegeln und umfasst dabei die folgenden Teilbereiche: [2]

„I. Modellierung der Absatzseite

- *Inlandsabsatz (ohne und mit Importkonkurrenz)*
- *Auslandsabsatz*

II. Modellierung der Beschaffungsseite – reale Inputs

[1] Dieser Aufbau soll dem/der Leser/in das schnelle Auffinden der relevanten Kapitel in der originalen Darstellung von *Moser* (1985) erleichtern.

[2] *Moser* (1985), S. 177ff.

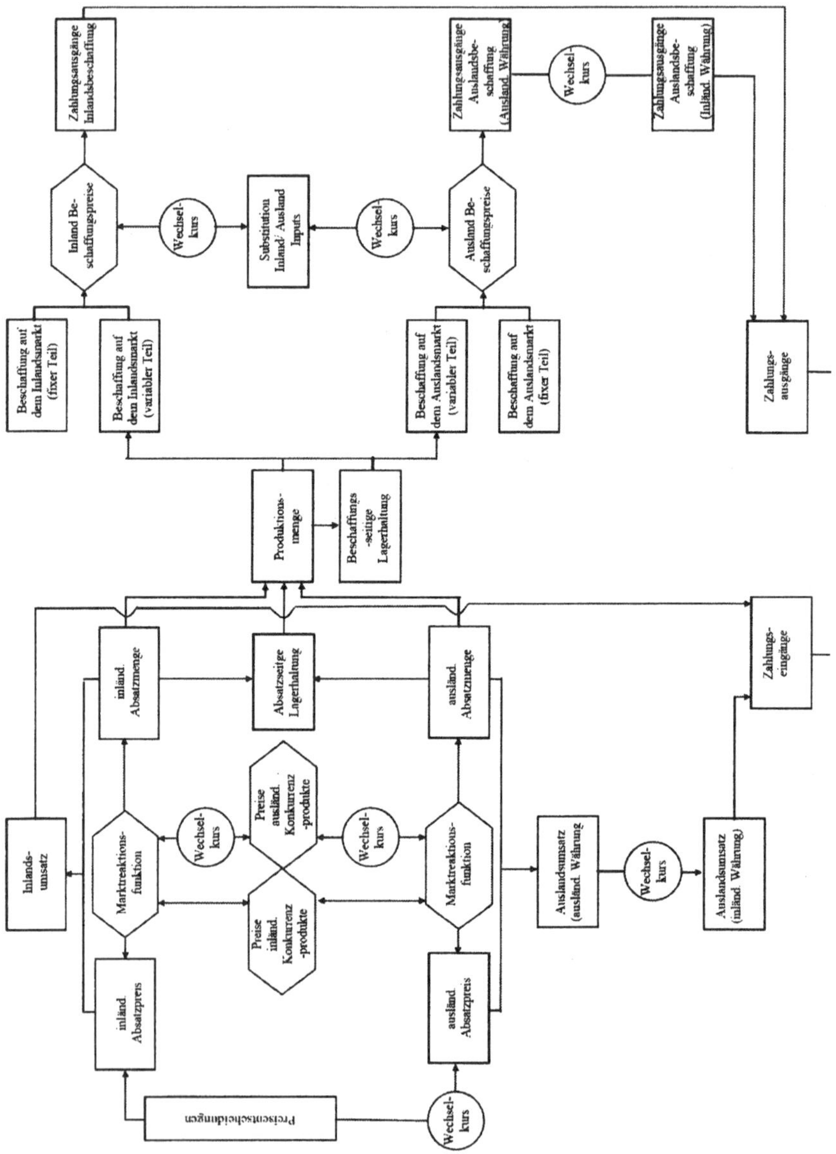
Zahlungsausgänge Inlandsbeschaffung
Zahlungsausgänge Auslandsbeschaffung (Ausländ. Währung)
Wechselkurs
Zahlungsausgänge Auslandsbeschaffung (Inländ. Währung)
Inland Beschaffungspreise
Wechselkurs
Substitution Inland/Ausland Inputs
Wechselkurs
Ausland Beschaffungspreise
Beschaffung auf dem Inlandsmarkt (fixer Teil)
Beschaffung auf dem Inlandsmarkt (variabler Teil)
Beschaffung auf dem Auslandsmarkt (variabler Teil)
Beschaffung auf dem Auslandsmarkt (fixer Teil)
Zahlungsausgänge
Produktionsmenge
Beschaffungsseitige Lagerhaltung
inländ. Absatzmenge
Absatzseitige Lagerhaltung
ausländ. Absatzmenge
Zahlungseingänge
Inlandsumsatz
Marktreaktionsfunktion
Wechselkurs
Preise ausländ. Konkurrenzprodukte
Wechselkurs
Marktreaktionsfunktion
Preise inländ. Konkurrenzprodukte
Auslandsumsatz (ausländ. Währung)
Wechselkurs
Auslandsumsatz (inländ. Währung)
inländ. Absatzpreis
ausländ. Absatzpreis
Preisentscheidungen
Wechselkurs

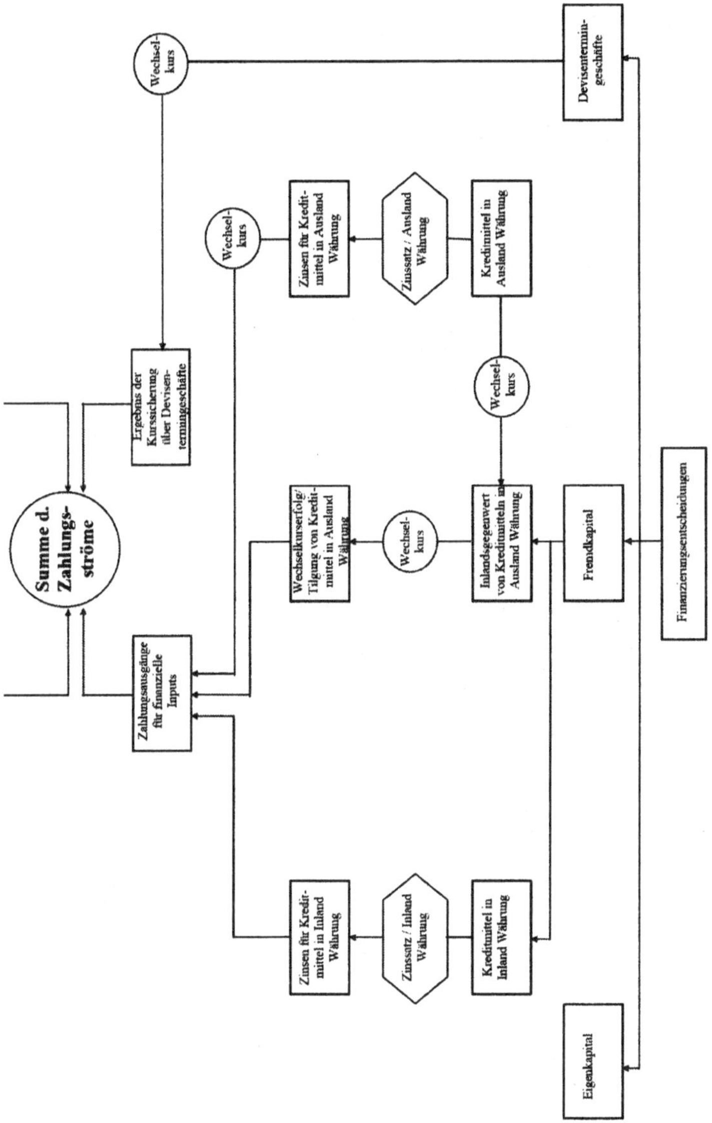

Abb. 13: Struktur des Corporate Models von *Moser* (1985)
Quelle: entnommen aus *Moser* (1985), S. 178f.

- *Inlandsmarkt (ohne und mit Importkonkurrenz)*
- *Auslandsmarkt*

III. Modellierung der Beschaffungsseite – finanzielle Inputs

- *Finanzierung in inländischer Währung*
- *Finanzierung in ausländischer Währung*
- *Kurssicherung."*

Die Erläuterung der einzelnen Teilbereiche des Modells erfolgt nun in enger Anlehnung an die Ausführungen in *Moser* (1985). Zunächst gilt es jedoch die grundlegenden Annahmen, die für sämtliche Teilbereiche des Modells gelten, abrissartig aufzulisten:[1]

- die Beschränkung auf ein Einproduktunternehmen, wobei die Produkte sowohl im Inland als auch im Ausland in gleicher Ausstattung angeboten werden;
- der einperiodige Zeitbezug mit diskreten Zeitpunkten;
- die Beschränkung auf die Darstellung anhand von drei ausländischen Märkten (Auslandsmärkte B, C und D), wobei alle Transaktionen mit dem Ausland in der Währung des jeweiligen ausländischen Partners abgewickelt werden;
- die Marktstellung des modellierten Unternehmens unterscheidet sich grundlegend für die Bereiche
  - (1) Absatz: Das modellierte Unternehmen betreibt eine aktive Preispolitik; sowie
  - (2) Beschaffung: Das modellierte Unternehmen tritt als unbedeutender Nachfrager auf und kann deshalb keinen Einfluss auf die Höhe der Beschaffungspreise ausüben.

[1] Vgl. hierzu *Moser* (1985), S. 182ff.

- alle Steuern und Abgaben, die sich aus dem Umsatzprozess resultieren, sind bereits in den Preisen berücksichtigt, wobei Ertragssteuern aus der Modellierung ausgeklammert bleiben;
- die Preisnotierung der Wechselkurse, wobei die Geld-Brief-Spanne in der Kursnotierung ausgeklammert wird.

3.2.1.3 Modellierung der Absatzseite

Der Teilbereich Absatz untergliedert sich – sozusagen auf der ersten Ebene – in:[1]

- den Inlandsabsatz;
- den Auslandsabsatz; sowie
- der absatzseitigen Lagerhaltung.

Im Komplex des Inlandsabsatzes wird sodann zwischen dem Sektor Inlandsabsatz ohne Importkonkurrenz und dem Sektor Inlandsabsatz mit Importkonkurrenz, die jeweils eine andere Wettbewerbskonstellation darstellen und daher in der Regel auch einen anderen Zahlungsstrom hervorbringen, differenziert. Für den inländischen Absatz ohne Importkonkurrenz stellt sich die formale Modellierung aus *Moser* (1985) wie folgt dar:[2]

Ausgangssituation zu $t = 0$:

$$IUMSO(0) = PIO(0) \cdot QIO(0)$$

Prognostizierte Werte zu $t = 1$:

$$IUMSO(1) = PIO(1) \cdot QIO(1)$$

$$PIO(1) = PIO(0) \cdot (1. + \alpha)$$

[1] Vgl. *Moser* (1985), S. 185ff.

[2] Die Gleichungen sind entnommen aus *Moser* (1985), S. 191.

$QIO(1) = f(PIO(1))$

wobei: $IUMSO(t)$	Umsatz im Inlandsgeschäft ohne Importkonkurrenz zu t
$PIO(t)$	Inländischer Absatzpreis zu t
$QIO(t)$	Inländische Absatzmenge zu t
α	Preisänderungskoeffizient/ Inlandsabsatz

Für den Sektor des inländischen Absatzes mit Importkonkurrenz ergibt sich, obwohl die formalen Gleichungen denen des inländischen Absatzes ohne Importkonkurrenz in seiner Struktur entsprechen, ein entscheidender Unterschied[1]: Das heimische Produkt unterliegt einem Konkurrenzprodukt aus einem anderen Währungsraum. Demzufolge kommt dem Preisänderungskoeffizienten α – bei Annahme einer flexiblen Nachfrage – eine für die daraufhin abgesetzte Menge wesentliche Rolle zu und kann als wichtige strategische Maßnahme im Managementinstrumentarium des Unternehmens angesehen werden.[2] Für den inländischen Absatz mit Importkonkurrenz stellt sich die formale Modellierung aus *Moser* (1985) wie folgt dar:[3]

Ausgangssituation zu $t = 0$:

$$IUMSM(0) = PIM(0) \cdot QIM(0)$$

Prognostizierte Werte zu $t = 1$:

$$IUMSM(1) = PIM(1) \cdot QIM(1)$$

$$PIM(1) = PIM(0) \cdot (1. + \alpha)$$

[1] Dieser Unterschied muss ebenso im Simulationsmodell beachtet werden, um die Preisentwicklungen der einzelnen Produkte zu berücksichtigen.

[2] Vgl. *Moser* (1985), S. 192ff. Siehe auch *Moser* (1985), S. 196 zu den möglichen Preisstrategien des modellierten inländischen Unternehmens.

[3] Die Gleichungen sind entnommen aus *Moser* (1985), S. 199.

$QIM(1) = f[PIM(1)]$

Hilfsgrößen:

$PVA(1) = PIM(0) \cdot (1. + \beta) \cdot (1. + KDIF)$

$KDIF = [K(1) - K(0)]/K(0)$

wobei: $IUMSM(t)$	Umsatz im Inlandsgeschäft mit Importkonkurrenz zu t
$PIM(t)$	Inländischer Absatzpreis zu t
$QIM(t)$	Inländische Absatzmenge zu t
α	Preisänderungskoeffizient/ Inlandsabsatz
$PVA(1)$	Vergleichspreis für das ausländische Konkurrenzprodukt (zu $t = 1$)
β	Preisänderungskoeffizient/ ausländisches Konkurrenzprodukt beim Inlandsabsatz
$KDIF$	Wechselkursveränderung zwischen der Inlandswährung und der Währung des Konkurrenzlandes
$K(t)$	Preisnotierter Kassakurs für die Währung des Konkurrenzlandes zu t

Der Komplex des Auslandsabsatzes bezieht sich auf alle Absatzvorgänge des Unternehmens auf den Auslandsmärkten B und C, die hinsichtlich ihrer Wettbewerbssituationen und Wechselkursentwicklungen eine natürliche Heterogenität aufweisen. Hier ergibt sich der Absatzpreis auf dem jeweiligen Auslandsabsatzmarkt aus der Preisentwicklung für das inländische Produkt sowie der Wechselkursentwicklung gegenüber der entsprechenden ausländischen Währung.[1] Für den ausländischen Absatz stellt sich die formale Modellierung aus *Moser* (1985) wie folgt dar:[2]

[1] Vgl. *Moser* (1985), S. 185 sowie S. 201ff.

[2] Die Gleichungen sind entnommen aus *Moser* (1985), S. 211.

Ausgangssituation zu $t = 0$:

$$AUMS(0)_i = PA(0)_i \cdot QA(0)_i \cdot K(0)_i$$

Prognostizierte Werte zu $t = 1$:

$$AUMS(1)_i = PA(1)_i \cdot QA(1)_i \cdot K(1)_i$$

$$PA(1)_i = PA(0)_i \cdot (1. + \gamma_i) \cdot (1. + KDAS_i)$$

$$KDAS_i = [K(0)_i - K(1)_i] / K(0)_i$$

$$QA(1)_i = f[PA(1)_i]$$

wobei: $AUMS(t)_i$	Auslandsumsatz am Auslandsmarkt i zu t
$PA(t)_i$	Ausländischer Absatzpreis am Auslandsmarkt i zu t
$QA(t)_i$	Ausländische Absatzmenge am Auslandsmarkt i zu t
$K(t)_i$	Preisnotierter Kassakurs der Auslandswährung des Landes i zu t
γ_i	Preisänderungskoeffizient / Auslandsabsatz für den Auslandsmarkt i
$KDAS_i$	Ausmaß der eingetretenen Wechselkursveränderung zwischen der Inlandswährung und der Auslandswährung des Landes i aus ausländischer Sicht
$i = 1,2,..,n$	Anzahl der bearbeiteten Auslandsmärkte

Sowohl der Sektor Inlandsabsatz mit Importkonkurrenz sowie alle Sektoren des Auslandsabsatzes gleichen sich dahingehend, dass sich die Veränderungen der Zahlungsströme in diesen Sektoren aus zwei Effekten zusammensetzen: Zum einen sind dies die *Preis*effekte, die aus sowohl aus den Preisstrategien des (modellierten) Unternehmens als auch der Import- und der Auslandskonkurrenz sowie den Wechselkursveränderungen resultieren. Zum anderen sind die durch die Preiseffekte verbundenen *Mengen*effekte, die sich auf Basis der Nachfrageelastizitäten auf den einzelnen

Märkten einstellen, für die Determinierung der Zahlungsströme ausschlaggebend.[1] Zusätzlich wird im Absatzbereich des Corporate Models auch das Vorhandensein eines Fertigwarenlagers durch die Modellierung der absatzseitigen Lagerhaltung berücksichtigt, wobei die Veränderungen des Lagerbestandes direkt von der Umsatztätigkeit im gesamten Absatzbereich bestimmt werden.[2] Formal stellt sich absatzseitige Lagerhaltung in *Moser* (1985) wie folgt dar.[3]

Ausgangssituation zu $t=0$:

$$\lambda = \frac{FWL(0)}{QI(0)+\sum_i QA(0)_i}$$

Prognostizierte Werte zu $t=1$:

$$FWL(1) = \lambda \cdot \left[QI(1)+\sum_i QA(1)_i \right]$$

wobei: λ	Lagerhaltungskoeffizient
$FWL(t)$	Fertigwarenlager zu t
$QI(t)$	Inländische Absatzmenge zu t
$QA(t)_i$	Ausländische Absatzmenge am Auslandsmarkt i zu t
$i=1,2,3,\ldots,n$	Anzahl der bearbeiteten Auslandsmärkte

Es sind einige vereinfachende Annahmen für den Absatzbereich in dem Modell von *Moser* (1985) zu berücksichtigen, die jeweils als Abschluss in die Darstellung eines jeden Teilbereichs übernommen sind. Für die Sektoren des Inlandsabsatzes ohne Importkonkurrenz und Inlandsabsatzes mit Importkonkurrenz geht das Modell von einem Einproduktunternehmen

---

1 Vgl. hierzu *Moser* (1985), S. 185ff.

2 Vgl. *Moser* (1985), S. 213ff.

3 Die Gleichungen wurden entnommen aus *Moser* (1985), S. 215.

aus und lässt entweder Inlandsabsatz ohne oder aber mit Importkonkurrenz zu. Im Fall des Vorliegens einer Importkonkurrenz ist diese im Land *B* heimisch. Darüber hinaus ist der inländische Absatzmarkt von keinem weiteren ausländischen Konkurrenten durch Importe bedroht.[1] Für den Sektor des Auslandsabsatzes gelten die folgenden vereinfachten Annahmen: Das Produkt des Einproduktunternehmens wird in gleicher Ausstattung auf allen bearbeiteten Auslandsmärkten angeboten, wobei sich im Modell der ausländische Absatz auf die beiden Auslandsmärkte *B* und *C* beschränkt. Die in diesem Bereich abgeschlossenen Exportverträge lauten jeweils auf die entsprechende Auslandswährung.[2] Zuletzt sind noch folgende vereinfachende Annahmen für den Bereich der absatzseitigen Lagerhaltung zu nennen: Das Fertigwarenlager beschränkt sich auf das Produkt des Unternehmens und nur die drei im Modell berücksichtigten Marktsegmente Inlandsabsatz und die beiden Auslandsmärkte *B* und *C* bestimmen die für die absatzseitige Lagerhaltung – d.h. Lagerauf- oder -abbau – relevanten Umsatzzahlen.[3]

3.2.1.4 Modellierung der Beschaffungsseite – reale Inputs

Die Modellierung der Beschaffungsseite für die realen Inputs ist in Analogie zum Absatzbereich in die zwei Komplexe:

- Beschaffung auf dem Inlandsmarkt; und
- Beschaffung auf dem Auslandsmarkt

unterteilt. Im Komplex Beschaffung auf dem Inlandsmarkt lassen sich dabei die beiden Fälle Vorliegen oder Nicht-Vorliegen konkurrierender Importprodukte unterscheiden. Zunächst stellt sich für den einfacheren Fall der Beschaffung realer Inputs ohne Importkonkurrenz das Gleichungssystem aus *Moser* (1985) wie folgt dar:[4]

[1] Vgl. *Moser* (1985), S. 200f.
[2] Vgl. *Moser* (1985), S. 211ff.
[3] Vgl. hiezu *Moser* (1985), S. 215.
[4] Die Gleichungen sind entnommen aus *Moser* (1985), S. 232f.

Ausgangssituation zu $t=0$:

$$ZAIO(0) = KIO(0) + BLIO(0)$$

$$VKIO(0) = KIO(0) \cdot (1. - FKK_{IO})$$

Prognostizierte Werte zu $t=1$:

$$ZAIO(1) = KIO(1) + DBLIO$$

$$KIO(1) = KIM(0) \cdot [(1. + (1. - FKK_{IO}) \cdot PDIF)] \cdot (1. + \delta)$$

$$DBLIO = BLIO(0) \cdot PDIF \cdot (1. + \delta)$$

wobei: $ZAIO(t)$	Zahlungsausgänge für Beschaffungsvorgänge auf dem Inlandsmarkt ohne Importkonkurrenz zu t
$KIO(t)$	Ausgaben für eingesetzte Inputs auf dem Inlandsmarkt ohne Importkonkurrenz zu t
$BLIO(t)$	Lagerbestand der auf dem Inlandsmarkt ohne Importkonkurrenz beschafften Inputs zu t
$VKIO(0)$	Variabler Teil der Ausgaben für eingesetzte Input auf dem Inlandsmarkt ohne Importkonkurrenz zu $t=0$
FKK_{IO}	Fixkostenkoeffizient für den Ausgabenbereich Inlandsmarkt ohne Importkonkurrenz
$DBLIO$	Zahlungsstromwirksame Lagerbestandsveränderung zwischen $t=0$ und $t=1$ bei auf dem Inlandsmarkt ohne Importkonkurrenz beschafften Inputs
$PDIF$	Änderung der Produktionsmenge zwischen $t=0$ und $t=1$
δ	Preisänderungskoeffizient/ Beschaffung auf dem Inlandsmarkt ohne Importkonkurrenz

Für die Beschaffung von realen Inputs auf dem inländischen Markt mit Importkonkurrenz stellt sich somit die Frage nach einer möglichen *Substitution* durch billigere ausländische reale Inputs. Für eine Substitutionsentscheidung rücken somit die konkreten Preisänderungsraten für den inländischen sowie für das ausländische reale Substitutionsgut korrigiert um den Wechselkurs zwischen den beiden Ländern in den Mittelpunkt des Interesses und kann einfach durch einen Vergleich getroffen werden.[1] Formal wird der Bereich für die Beschaffung auf dem Inlandsmarkt mit Importkonkurrenz in *Moser* (1985) in den folgenden Gleichungen abgebildet.[2]

Ausgangssituation zu $t = 0$:

$$ZAIM(0) = KIM(0) + BLIM(0)$$

$$VKIM(0) = KIM(0) \cdot (1. - FKK_{IM})$$

$$\pi(0) = [BPA(0) \cdot K(0) - BPI(0)] / BPI(0)$$

Prognostizierte Werte zu $t = 1$:

$$ZAIM(1) = KIM(1) + DBLIM$$

$$KIM(1) = KIM(0) \cdot [(1. + (1 - FKK_{IM}) \cdot PDIF)] \cdot \varphi$$

$$DBLIM = BLIM(0) \cdot PDIF \cdot \varphi$$

$$\varphi = \min\{(1. + \varepsilon); [1. + \pi(0)] \cdot (1. + \zeta) \cdot (1. + KDIF)\}$$

wobei: $ZAIM(t)$	Zahlungsausgänge für Beschaffungsvorgänge auf dem Inlandsmarkt mit Importkonkurrenz zu t
$KIM(t)$	Ausgaben für eingesetzte Inputs auf dem Inlandsmarkt mit Importkonkurrenz zu t
$BLIM(t)$	Lagerbestand der auf dem Inlandsmarkt mit Importkonkurrenz beschafften Inputs zu t

---

[1] Vgl. *Moser* (1985), S. 234ff.

[2] Die Gleichungen wurden entnommen aus *Moser* (1985), S. 243f.

$VKIM(0)$	Variabler Teil der Ausgaben für eingesetzte Input auf dem Inlandsmarkt mit Importkonkurrenz zu $t=0$
FKK_{IM}	Fixkostenkoeffizient für den Ausgabenbereich Inlandsmarkt mit Importkonkurrenz
$\pi(0)$	Preisunterschied des Beschaffungspreises für den ausländischen Input gegenüber dem inländischen Input zu $t=0$
$BPA(0)$	Beschaffungspreis für den konkurrierenden ausländischen Input in der ausländischen Währung (= Heimatwährung des Anbieters) zu $t=0$
$BPI(0)$	Beschaffungspreis für den inländischen Input zu $t=0$ (Inlandsmarkt mit Importkonkurrenz)
$K(0)$	Preisnotierter Kassakurs für die ausländische Währung zu $t=0$
$DBLIM$	Zahlungsstromwirksame Lagerbestandsveränderung zwischen $t=0$ und $t=1$ bei auf dem Inlandsmarkt mit Importkonkurrenz beschafften Input
$PDIF$	Änderung der Produktionsmenge zwischen $t=0$ und $t=1$
φ	Hilfskoeffizient (Auswahl der minimalen Preisänderung)
ε	Preisänderungskoeffizient/ Beschaffung auf dem Inlandsmarkt mit Importkonkurrenz
ζ	Preisänderungskoeffizient/ Auslandsbeschaffung in Konkurrenz mit Inlandsbeschaffung
$KDIF$	Ausmaß der eingetretenen Wechselkursänderung zwischen der Inlands- und der Auslandswährung, definiert als: $KDIF=\frac{K(1)-K(0)}{K(0)}$ mit $K(t)=$ preisnotierter Kassakurs für die Auslandswährung zu t

Der Komplex Beschaffung auf dem Auslandsmarkt bezieht sich auf alle Beschaffungsvorgänge des Unternehmens auf den Auslandsmärkten B, C und D, die – gleichermaßen wie im Bereich des Auslandsabsatzes – hinsichtlich ihrer Wettbewerbssituation und Wechselkursentwicklung eine natürliche Heterogenität aufweisen; die ausländischen Beschaffungsmärkte stellen somit eigene sowie abgegrenzte Teilmärkte dar, in denen jeweils der Güterpreis durch den Preis für die entsprechende Fremdwährung überlagert ist.[1] In Gleichungen gefasst, stellt sich der Bereich für die Beschaffung von realen Inputs für die verschiedenen Auslandsmärkte i in *Moser* (1985) wie folgt dar:[2]

Ausgangssituation zu $t=0$:

$$ZAA(0)_i = KA(0)_i + BLA(0)_i$$

$$VKA(0)_i = KA(0)_i \cdot \left(1. - FKK_i^A\right)$$

Prognostizierte Werte zu $t=1$:

$$ZAA(1)_i = KA(1)_i + DBLA_i$$

$$KAA(1)_i = KA(0)_i \cdot \left[1. + \left(1. - FKK_i^A\right) \cdot PDIF\right] \cdot \left(1. + \eta_i\right) \cdot \left(1. + KDIF_i\right)$$

$$DBLA_i = BLA_i \cdot PDIF \cdot \left(1. + \eta_i\right) \cdot \left(1. + KDIF_i\right)$$

wobei: $ZAA(t)_i$	Zahlungsausgänge für Beschaffungsvorgänge auf dem Auslandsmarkt i zu t
$KA(t)_i$	Ausgaben für eingesetzte Inputs auf dem Auslandsmarkt i zu t
$BLA(t)_i$	Lagerbestand der auf dem Auslandsmarkt i beschafften Inputs zu t
$VKA(0)_i$	Variabler Teil der Ausgaben für eingesetzte Inputs auf

[1] Vgl. *Moser* (1985), S. 246f.

[2] Die Gleichungen wurden entnommen aus *Moser* (1985), S. 251f.

	dem Auslandsmarkt i zu t
FKK_i^A	Fixkostenkoeffizient für den Ausgabenbereich Auslandsmarkt i
$DBLA_i$	zahlungsstromwirksame Lagerbestandsveränderung zwischen $t=0$ und $t=1$ bei auf dem Auslandsmarkt i beschafften Inputs
$PDIF$	Änderung der Produktionsmenge zwischen $t=0$ und $t=1$
η_i	Preisänderungskoeffizient/ Beschaffung auf dem Auslandsmarkt i
$KDIF_i$	Ausmaß der eingetretenen Wechselkursänderung zwischen der Inlandswährung und der Auslandswährung des Landes i, definiert als: $KDIF_i = \frac{K(1)_i - K(0)_i}{K(0)_i}$ mit $K(t)_j$ = Preisnotierter Kassakurs der Auslandswährung des Landes i zu t
$i=1,2,...,n$	Anzahl der Auslandsmärkte, auf denen Inputs beschafft werden

Für die Beschaffung der realen Inputs wird auch der Komplex der beschaffungsseitigen Lagerhaltung in die Darstellung der einzelnen Beschaffungs-Teilbereiche miteinbezogen.[1] Für den Beschaffungsbereich wird im Corporate Model von *Moser* (1985) die notwendige Ausbringungsmenge des Unternehmens als eine mengenmäßige Vorgabe von der Absatzseite her angesehen, sodass die dafür zu beschaffende Inputmenge zu bestimmen ist.

Für die Modellierung der Ausgaben ist ein kostentheoretischer Ansatz gewählt worden, auf dessen Darstellung in Hinblick auf die Zulässigkeit in einer Zahlungsstromrechnung, sowie zu den Themen des Reagibilitäts-

[1] Siehe dazu die formalen Modellierungsgleichungen zu jedem Beschaffungs-Teilbereich; und Vgl. dazu die umfangreichen Ausführungen in *Moser* (1985), S. 246ff.

grades der Kosten und des grundlegenden Kostenverlaufs an dieser Stelle auf die ausführliche Darstellung in *Moser* (1985) verwiesen wird.

Wie schon zuvor für den Absatzbereich werden nun die vereinfachten Annahmen für den Bereich der Beschaffung realer Inputs knapp zusammengefasst. Für den Sektor Beschaffung auf dem Inlandsmarkt ohne Importkonkurrenz bestehen keine vereinfachenden Annahmen, sodass die Modellgleichungen der allgemeinen Form des Modellierungsansatzes entsprechen. Im Gegensatz dazu, liegen für die Beschaffung realer Inputs auf dem Inlandsmarkt mit Importkonkurrenz die folgenden Annahmen zugrunde: Es existieren nur Konkurrenzprodukte aus dem Auslandsmarkt C mit einem preisnotierten Wechselkurs $KC(t)$, wobei die ausländischen Lieferanten die Konkurrenzprodukte in der Währung des Landes C auf dem inländischen Beschaffungsmarkt anbieten.[1]

Der Sektor Beschaffung auf dem Auslandsmarkt im Modell basiert auf den folgenden vereinfachenden Annahmen: Die Anzahl der ausländischen Beschaffungsmärkte ist auf die drei Auslandsmärkte B, C und D beschränkt, wobei alle Verträge für die im Auslandsmarkt beschafften realen Inputs jeweils in der ausländischen Währung – also in den Währungen B, C und D – abgeschlossen werden.[2]

3.2.1.5 Modellierung der Beschaffungsseite – finanzielle Inputs

Abschließend wird der in dem Corporate Model von *Moser* (1985) modellierte Bereich für die Beschaffung von finanziellen Inputs in geraffter Darstellung vorgestellt. Gerade dieser Bereich nimmt in der betrieblichen Praxis zur Finanzierung des Leistungsprozesses einen hohen Stellenwert ein. Finanzielle Maßnahmen sind durch eine relativ geringe Vorlaufzeit und andererseits durch einen hohen Flexibilität aufgrund die Vielzahl von verfügbaren Finanzinstrumente gekennzeichnet. Gerade diese Eigenschaften ermöglichen dem Management eines Unternehmens die zielgerichtete Reduzierung eines zuvor identifizierten ökonomischen Wechselkursrisikos,

---

[1] Vgl. hiezu *Moser* (1985), S. 245f.

[2] Vgl. hiezu *Moser* (1985), S. 252ff.

aber auch die Schaffung eines bzw. die Erhöhung eines bereits existierenden ökonomischen Wechselkursrisikos.

Das im Corporate Modell von *Moser* (1985) gefasste Unternehmen kann Fremdkapital[1] – wie es auch üblicherweise von grenzüberschreitenden Unternehmen praktiziert wird – sowohl in Inlandswährung als auch in den ausländischen Währungen *B*, *C* und *D* aufnehmen. Dazu erfolgt zunächst eine erste Aufteilung in die zwei Sektoren Kreditmittel in inländischer Währung und Kreditmittel in ausländischer Währung.[2] Die Beschaffung von Kreditmitteln in inländischer Währung unterliegt keinem Wechselkursrisiko, worauf dann nur die Zinszahlungen für die Zahlungsstromanalyse von Relevanz sind. Die Darstellung der formalen Modellierung aus *Moser* (1985) für den Sektor der Kreditmittel in inländischer Währung erfolgt in Verbindung mit allen anderen Sektoren.[3]

Bei der Aufnahme von Kreditmittel in ausländischen Währungen kommt naturgemäß der Problematik Wechselkursrisiko eine hohe Bedeutung zu. Wie zuvor erwähnt, kann eine von einem Unternehmen gewählte *Finanzierungsstrategie* in einer Gesamtunternehmensbetrachtung ein ökonomisches Wechselkursrisiko vermindern, jedoch auch den gegensätzlichen Effekt einer Erhöhung erzielen. So sind die für die beschafften ausländischen Kreditmittel zu entrichtenden Zinszahlungen als auch die zu leistenden Tilgungszahlungen für das Unternehmen in inländischer Währung zu begleichen. Eine Aufwertung der ausländischen Währung(en) wird sich – ohne entsprechende Kurssicherung (*Hedging*) oder Bestehen einer natürlichen Gegenposition – für das Unternehmen in finanzieller Sicht negativ auswirken. Damit sind für die Beschaffung von Kreditmitteln in ausländischer Währung beide – die Zinszahlungen als auch die anlässlich

[1] Das Eigenkapital zur Unternehmensfinanzierung wird aus dem Modell von *Moser* (1985) aufgrund seines in aller Regel langfristigen Charakters und seiner daraus abgeleiteten Ansprüche als Residualgröße gänzlich ausgeschlossen.

[2] Vgl. *Moser* (1985), S. 256ff. Die Art des Fremdkapitals spielt im Modell keine Rolle, obwohl dieser Frage aus verschiedenen Gründen – beispielsweise devisenrechtliche Beschränkungen – bei der praktischen Durchführung ein hohes Gewicht beigemessen wird.

[3] Vgl. hiezu *Moser* (1985), S. 256ff.

der Kredittilung – auftretenden Wechselkurserfolge bzw. –verluste zahlungsstromrelevant.[1]

Die Darstellung der formalen Modellierung aus *Moser* (1985) für den Sektor der Kreditmittel in ausländischer Währung erfolgt im Anschluss an die Erörterung der Möglichkeit im Modell zur Durchführung von Kurssicherungsgeschäften.

Zusätzlich zu der Wahl der Finanzierungsstrategie durch die Aufnahme von Kreditmitteln in der inländischen und den ausländischen Währungen gibt es im Rahmen des Corporate Models von *Moser* (1985) ebenso die Möglichkeit zum Abschluss von Kursicherungstransaktionen. *Kurssicherungstransaktionen,* die rein auf die Absicherung des Wechselkursrisikos der Warengeschäfte durch den Aufbau von Gegenpositionen in Fremdwährung abzielen und keinen Finanzierungseffekt aufweisen, können in Form von Devisentermingeschäften vorgenommen werden. Vor dem Abschluss mit den vereinfachten Annahmen für den gesamten Modellbereich, erfolgt die formale Darstellung anhand der Gleichungen aus *Moser* (1985) zu allen Sektoren des Bereichs Beschaffung finanzieller Inputs:[2]

Ausgangssituation zu $t=0$:

$$EK(0)=GK(0)/(1.+VSG)$$

$$FK(0)=GK(0)\cdot VSG(0)/(1.+VSG)$$

$$FK(0)=KIW(0)+\sum_{i=1}^{n}[KAW(0)_i\cdot K(0)_i]$$

$$KIW(0)=\psi_0\cdot FK(0)$$

$$KAW(0)_i=\psi_i\cdot FK(0)/K(0)_i$$

[1] Vgl. *Moser* (1985), S. 263ff.

[2] Die Gleichungen sind entnommen aus *Moser* (1985), S. 269ff.

Prognostizierte Werte zu $t = 1$:

$$ZAF(1) = ZKIW(1) + ZKAW(1) - DKAW(1)$$

$$ZKIW(1) = \psi_0 \cdot FK(0) \cdot ZI$$

$$ZKAW(1) = \sum_{i=1}^{n} KAW(0)_i \cdot ZA_i \cdot K(1)_i = FK(0) \cdot \sum_{i=1}^{n} [\psi_i \cdot ZA_i \cdot (1. + KDIF_i)]$$

$$DKAW(1) = FK(0) \cdot \left(-\sum_{i=1}^{n} \psi_i \cdot KDIF_i \right)$$

$$EKST(1) = \sum_{i=1}^{n} \{TGAW(0)_i \cdot [K(1)_i - T(0)_i]\}$$

Nebenergebnis:

$$ZAEF_i = ZA_i \cdot (1. + KDIF_i) + KDIF_i$$

wobei: $EK(0)$	Eigenkapital zu $t = 0$
$GK(0)$	Gesamtkapital zu $t = 0$
VSG	Verschuldungsgrad, definiert als $FK(0)/EK(0)$
$FK(0)$	Fremdkapital zu $t = 0$
$KIW(0)$	Kreditmittel in inländischer Währung zu $t = 0$
$KAW(0)_i$	Kreditmittel in der ausländischen Währung i zu $t = 0$
$K(t)_i$	Preisnotierter Kassakurs der ausländischen Währung i zu $t = 0$
ψ_0	Anteil der Kreditmittel in inländischer Währung am Fremdkapital zu $t = 0$
ψ_i	Anteil der Kreditmittel in ausländischer Währung i am Fremdkapital zu $t = 0$
$ZAF(1)$	Zahlungsausgänge für finanzielle Inputs zu $t = 1$
$ZKIW(1)$	Zinsen für Kreditmittel in inländischer Währung zu $t = 1$

$ZKAW(1)$	Zinsen für Kreditmittel in ausländischer Währung zu $t=1$
$DKAW(1)$	Wechselkurserfolg bei der Tilgung von Kreditmitteln in ausländischer Währung zu $t=1$
ZI	Zinssatz für Kreditmittel in inländischer Währung
ZA_i	nomineller Zinssatz für Kreditmittel in der ausländischen Währung i
$KDIF_i$	Ausmaß der eingetretenen Wechselkursänderung zwischen der inländischen Währung und der ausländischen Währung i aus inländischer Sicht, definiert als $$KDIF_i = \frac{K(1)_i - K(0)_i}{K(0)_i}$$ mit $K(t)_i$ = preisnotierter Kassakurs der Auslandswährung des Landes i zu t
$EKST(1)$	Ergebnis der Kurssicherung über Devisentermingeschäfte zu $t=1$
$TGAW(0)_i$	Devisentermingeschäft in der ausländischen Währung i
$T(0)_i$	Devisenterminkurs für die ausländische Währung i zu $t=0$ (für Erfüllungszeitpunkt $t=1$)
$ZAEF_i$	effektive Verzinsung für Kreditmittel in der ausländischen Währung i
$i=1,2,\dots,n$	Zahl der ausländischen Währungen, auf die Kreditverträge lauten

Für den Bereich der Beschaffung finanzieller Inputs sind ebenso einige vereinfachende Annahmen in *Moser* (1985) getroffen worden: Für finanzielle Dispositionen – d.h. Kreditaufnahme und Kurssicherung durch Devisentermingeschäfte – stehen sowohl die inländische Währung (zur Kreditaufnahme) als auch die ausländischen Währungen B, C und D zur Kreditaufnahme und Abschluss von Devisentermingeschäften zur Verfügung. Es wird weiters davon ausgegangen, dass in der Ausgangsperiode das Fremdkapital zur Gänze in inländischer Währung aufgenommen wurde und daher kein Wechselkursrisiko beinhaltet.[1]

3.2.2 Erster Erweiterungsschritt: Modifikationen der Verknüpfungen innerhalb einer Periode

Die in diesem Abschnitt vorgestellten Erweiterungen der Verknüpfungen innerhalb einer Periode beziehen sich weitestgehend auf *Modifikationen* der Modellgleichungen aus dem Modell von *Moser* (1985). Diese zielen vor allem auf eine höhere Flexibilität bezüglich der zugrunde liegenden vereinfachenden Annahmen ab, um die im Vergleich zur rein theoretischen Darstellung des Modells üblicherweise erhöhten Anforderungen an die konkrete Einsatzfähigkeit in komplexeren Situationen in der Unternehmenspraxis leichter begegnen zu können. Bei den Erweiterungen fließen insbesondere Modifikationen, die auf *Vorteilen einer Implementierung* in einem Computerprogramm basieren, ein. Somit kann dieser Abschnitt bereits als ein Zwischenschritt in der Entwicklung des Corporate Models von *Moser* (1985) zu einem Computersimulations-Modell gesehen werden.

Dieser Abschnitt ist dabei wie folgt aufgebaut: Zunächst erfolgt zu den einzelnen Sektoren eines jeden Bereichs eine kurze verbale Zusammenfassung der Erweiterungen; worauf sodann – wie im vorigen Abschnitt – die Darstellung der formalen Modellierung folgt. Eine Ausnahme stellt lediglich der Bereich der Beschaffung finanzieller Inputs dar, der – wie im vorigen Abschnitt – zunächst die verbalen Ausführungen voranstellt und dann die gesamte formale Darstellung folgen lässt. Bei der Präsentation der formalen Modellierung wird versucht, sich stets eng an die Notation des Corporate Models von *Moser* (1985) anzulehnen bzw. daran unmittelbar anzuknüpfen.

Für die Modellierung des Absatzbereichs stellen sich die Erweiterungen für die einzelnen Sektoren wie folgt dar:

[1] Vgl. *Moser* (1985), S. 271ff.

- *Inlandsabsatz ohne Importkonkurrenz*: Dieser Sektor entspricht gänzlich den Modellierungen in *Moser* (1985);
- *Inlandsabsatz mit Importkonkurrenz:* Die Berücksichtigung einer unbegrenzten Zahl von ausländischen Konkurrenzprodukten mit jeweils unterschiedlichen Preisen, Preisänderungskoeffizienten und (gegenüber der inländischen Währung) preisnotierten Wechselkursen, wobei hier die vereinfachende Annahme getroffen wird, dass jeweils nur ein Konkurrenzprodukt aus einem ausländischen Markt existiert. Durch die flexible Festlegung der Marktreaktionsfunktion können sämtliche ausländische Konkurrenzprodukte bei der Evaluierung der Auswirkungen der verschiedenen Preise auf die abgesetzte Menge des Unternehmens in diesem Sektor berücksichtigt werden. Formal stellt sich diese Modellierung wie folgt dar:

  Ausgangssituation zu $t=0$:

  $IUMSM(0) = PIM(0) \cdot QIM(0)$

  Prognostizierte Werte zu $t=1$:

  $IUMSM(1) = PIM(1) \cdot QIM(1)$

  $PIM(1) = PIM(0) \cdot (1.+\alpha)$

  $QIM(1) = f\lfloor PIM(1), PVA(1)_j \rfloor$ mit

  $PVA(1)_j = PVA(1)_1, \ldots, PVA(1)_m$

  Hilfsgrößen:

  $PVA(0)_j = PAK(0)_j \cdot K(0)_j$

  $PVA(1)_j = PVA(0)_j \cdot (1.+\beta_j) \cdot (1.+KDIF_j)$

  $KDIF_j = \lfloor K(1)_j - K(0)_j \rfloor / K(0)_j$

  wobei:

$IUMSM(t)$	Umsatz im Inlandsgeschäft mit Importkonkurrenz zu t
$PIM(t)$	Inländischer Absatzpreis zu t
$QIM(t)$	Inländische Absatzmenge zu t

α	Preisänderungskoeffizient/ Inlandsabsatz
$PAK(0)_j$	Preis für das ausländische Konkurrenzprodukt j in ausländischer Währung) zu $t=0$ / Inlandsabsatz mit Importkonkurrenz
$PVA(t)_j$	Vergleichspreis für das ausländische Konkurrenzprodukt j zu t
β_j	Preisänderungskoeffizient/ ausländisches Konkurrenzprodukt j beim Inlandsabsatz (mit Importkonkurrenz)
$KDIF_j$	Wechselkursveränderung zwischen der Inlandswährung und der Währung des ausländischen Konkurrenzproduktes j
$K(t)_j$	Preisnotierter Kassakurs für die Währung des ausländischen Konkurrenzproduktes j zu t
$j=1,2,...,m$	Anzahl der ausländischen Konkurrenzprodukte

- *Auslandsabsatz:* Die mögliche Berücksichtigung einer unbegrenzten Zahl an ausländischen Absatzmärkten mit (gegenüber der inländischen Währung) preisnotierten Wechselkursen und mit einer jeweils möglichen unterschiedlichen Anzahl von (im Auslandsmarkt heimischen) Konkurrenten, Preisen, sowie Preisänderungskoeffizienten. Die flexible Festlegung der Marktreaktionsfunktionen ermöglicht ebenso für jeden Auslandsmarkt die Evaluierung der im jeweiligen Auslandsmarkt heimischen Zahl an Konkurrenten mit deren Preisstrategien auf die abgesetzte Menge durch das Unternehmen. Formal stellt sich diese Modellierung wie folgt dar:

  Ausgangssituation zu $t=0$:

  $$AUMS(0)_i = PA(0)_i \cdot QA(0)_i \cdot K(0)_i$$

  Prognostizierte Werte zu $t=1$:

  $$AUMS(1)_i = PA(1)_i \cdot QA(1)_i \cdot K(1)_i$$

  $$PA(1)_i = PA(0)_i \cdot (1.+\gamma_i) \cdot (1.+KDAS_i)$$

$$KDAS_i = [K(0)_i - K(1)_i]/K(0)_i$$

$QA(1)_i = f_i \lfloor PA(1)_i, PAAK(1)_{i,j} \rfloor$ mit

$$PAAK_{i,j}(1) = PAAK(1)_{i,1}, PAAK(1)_{i,2}, \ldots, PAAK(1)_{i,m}$$

Hilfsgrößen:

$$PAAK(1)_{i,j} = PAAK(0)_{i,j} \cdot (1. + \beta_{i,j})$$

wobei: $AUMS(t)_i$	Auslandsumsatz am Auslandsmarkt i zu t
$PA(t)_i$	Ausländischer Absatzpreis am Auslandsmarkt i zu t
$PAAK(t)_{i,j}$	Preis des ausländischen Konkurrenzproduktes j im Auslandsmarkt i (in der Auslandswährung i) zu t
$QA(t)_i$	Ausländische Absatzmenge am Auslandsmarkt i zu t
$K(t)_i$	Preisnotierter Kassakurs der Auslandswährung des Landes i zu t
γ_i	Preisänderungskoeffizient für den Auslandsmarkt i / Auslandsabsatz
$\beta_{i,j}$	Preisänderungskoeffizient für das Konkurrenzprodukt j im Auslandsmarkt i
$KDAS_i$	Ausmaß der eingetretenen Wechselkursänderung zwischen der Inlandswährung und der Auslandswährung des Landes i aus ausländischer Sicht
$i = 1,2,..,n$	Anzahl der bearbeiteten Auslandsmärkte
$j = 1,2,...,m$	Anzahl der ausländischen Konkurrenzprodukte im Auslandsmarkt i

Für die Modellierung der Beschaffungsseite reale Inputs stellen sich die Erweiterungen für die einzelnen Sektoren wie folgt dar:

- *Beschaffung auf dem Inlandsmarkt ohne Importkonkurrenz:* Die Berücksichtigung einer unbegrenzten Zahl an realen Inputs mit jeweils unterschiedlichen Ausgaben, Fixkostenkoeffizienten sowie Preisänderungskoeffizienten für die Periode. Formal stellt sich diese Modellierung wie folgt dar:

Ausgangssituation zu $t = 0$:

$$VKIO(0) = \sum_{i=1}^{n} \left(KIO_i(0) \cdot \left(1. - FKK_i^{IO}\right)\right)$$

$$ZAIO(0) = \sum_{i=1}^{n} \left(KIO_i(0) + BLIO_i(0)\right)$$

Prognostizierte Werte zu $t = 1$:

$$ZAIO(1) = \sum_{i=1}^{n} \left(KIO_i(1) + DBLIO_i\right)$$

$$KIO_i(1) = KIM_i(0) \cdot \left[\left(1. + \left(1. - FKK_i^{IO}\right) \cdot PDIF_i\right)\right] \cdot \left(1. + \delta_i\right)$$

$$DBLIO_i = BLIO_i(0) \cdot PDIF_i \cdot \left(1. + \delta_i\right)$$

wobei:

$ZAIO(t)$	Zahlungsausgänge für Beschaffungsvorgänge auf dem Inlandsmarkt ohne Importkonkurrenz zu t
$KIO_i(t)$	Ausgaben für das eingesetzte Input i auf dem Inlandsmarkt ohne Importkonkurrenz zu t
$BLIO_i(t)$	Lagerbestand des auf dem Inlandsmarkt ohne Importkonkurrenz beschafften Inputs i zu t
$VKIO_i(0)$	Variabler Teil der Ausgaben für das eingesetzte Input i auf dem Inlandsmarkt ohne Importkonkurrenz zu $t = 0$
FKK_i^{IO}	Fixkostenkoeffizient für den realen Input i für den Ausgabenbereich Inlandsmarkt ohne Importkonkurrenz
$DBLIO_i$	Zahlungsstromwirksame Lagerbestandsveränderung zwischen $t = 0$ und $t = 1$ bei auf dem Inlandsmarkt ohne Import-konkurrenz beschafften Input i

$PDIF_i$	Änderung der Produktionsmenge zwischen $t=0$ und $t=1$ für den realen Input i
δ_i	Preisänderungskoeffizient/ Beschaffung des Inputs i auf dem Inlandsmarkt ohne Importkonkurrenz
n	Anzahl der zu beschaffenden realen Inputs auf dem Inlandsmarkt ohne Importkonkurrenz

- *Beschaffung auf dem Inlandsmarkt mit Importkonkurrenz:* (1) Die Berücksichtigung einer unbegrenzten Zahl an realen Inputs mit jeweils unterschiedlichen Gesamtausgaben, Fixkostenkoeffizienten, sowie (inländischen) Preisentwicklungen und gleichzeitig die mögliche Berücksichtigung von jeweils einem ausländischen Konkurrenzprodukt mit dem jeweiligen ausländischen Preis, Preisänderungskoeffizienten und jeweils gegenüber der inländischen Währung preisnotierten Wechselkurs; sowie (2) die Berücksichtigung von *beiden* Ausgangssituationen in einer Periode für jedes zu beschaffende reale Input: Das ausländische Konkurrenzprodukt ist teurer oder billiger als der jeweilige inländische reale Input. Formal stellt sich diese Modellierung wie folgt dar:

  Ausgangssituation zu $t=0$:

$$ZAIM(0)=\sum_{i=1}^{m}\left(KIM_i(0)+BLIM_i(0)\right)$$

$$VKIM(0)=\sum_{i=1}^{m}\left(KIM_i(0)\cdot\left(1.-FKK_i^{IM}\right)\right)$$

$$\pi_i(0)=\left[BPA_i(0)\cdot K_i(0)-BPI_i(0)\right]/BPI_i(0)$$

  Prognostizierte Werte zu $t=1$:

$$ZAIM(1)=KIM(1)+DBLIM$$

$$ZAIM(1)=\sum_{i=1}^{m}\left(KIM_i(1)+DBLIM_i\right)$$

$$KIM_i(1)=KIM_i(0)\cdot\left[\left(1.+\left(1.-FKK_i^{IM}\right)\cdot PDIF_i\right)\right]\cdot\varphi_i$$

$$DBLIM_i=BLIO_i(0)\cdot PDIF_i\cdot\varphi_i$$

$$\varphi_i = \begin{cases} \min\{(1.+\varepsilon_i);[1.+\pi_i(0)]\cdot(1.+\zeta_i)\cdot(1.+KDIF_i)\}, wenn \quad \pi_i(0)\geq 0 \\ \min\{(1.+\varepsilon_i)/(1.+\pi_i(0));(1.+\zeta_i)\cdot(1.+KDIF_i)\}, wenn \quad \pi_i(0)<0 \end{cases}$$

wobei:

$ZAIM(t)$	Zahlungsausgänge für Beschaffungsvorgänge auf dem Inlandsmarkt mit Importkonkurrenz zu t
$KIM_i(t)$	Ausgaben für das eingesetzte Input i auf dem Inlandsmarkt mit Importkonkurrenz zu t
$BLIM_i(t)$	Lagerbestand des auf dem Inlandsmarkt mit Importkonkurrenz beschafften Inputs i zu t
$VKIM_i(0)$	Variabler Teil der Ausgaben für das eingesetzte Input i auf dem Inlandsmarkt mit Importkonkurrenz zu $t=0$
FKK_i^{IM}	Fixkostenkoeffizient für den Input i für den Ausgabenbereich Inlandsmarkt mit Importkonkurrenz
$\pi_i(0)$	Preisunterschied des Beschaffungspreises für den ausländischen Input i gegenüber dem inländischen Input i zu $t=0$
$BPA_i(0)$	Beschaffungspreis für den konkurrierenden ausländischen Input i in der ausländischen Währung (= Heimatwährung des Anbieters) zu $t=0$
$BPI_i(0)$	Beschaffungspreis für den inländischen Input zu $t=0$ (Inlandsmarkt mit Importkonkurrenz)
$K_i(0)$	Preisnotierter Kassakurs für die ausländische Währung des ausländischen Konkurrenzproduktes (Inlandsmarkt mir Importkonkurrenz) zu $t=0$
$DBLIM_i$	Zahlungsstromwirksame Lagerbestandsveränderung zwischen $t=0$ und $t=1$ bei auf dem Inlandsmarkt mit Importkonkurrenz beschafften Inputs i
$PDIF_i$	Änderung der Produktionsmenge zwischen $t=0$ und $t=1$ für den realen Input i

φ_i	Hilfskoeffizient (Auswahl der minimalen Preisänderung) für den realen Input i
ε_i	Preisänderungskoeffizient/ Beschaffung des Inputs i auf dem Inlandsmarkt mit Importkonkurrenz
ζ_i	Preisänderungskoeffizient/ Auslandsbeschaffung des Inputs i in Konkurrenz mit Inlandsbeschaffung
$KDIF_i$	Ausmaß der eingetretenen Wechselkursänderung zwischen der Inlands- und der Währung für den ausländischen Input, definiert als: $$KDIF_i = \frac{K_i(1) - K_i(0)}{K_i(0)}$$ mit $K_i(t)$=preisnotierter Kassakurs für die Auslandswährung für den ausländischen Input zu t
m	Anzahl der zu beschaffenden realen Inputs auf dem Inlandsmarkt ohne Importkonkurrenz

- *Beschaffung auf dem Auslandsmarkt:* Die mögliche Berücksichtigung einer unbegrenzten Zahl an realen Inputs von ausländischen Beschaffungsmärkten mit jeweils unterschiedlichen Gesamtausgaben, Fixkostenkoeffizienten, sowie Preisen, Preisänderungskoeffizienten und jeweils gegenüber der inländischen Währung preisnotierten Wechselkursen. Formal stellt sich diese Modellierung wie folgt dar:

Ausgangssituation zu $t = 0$:

$$ZAA(0)_{i,j} = KA(0)_{i,j} + BLA(0)_{i,j}$$

$$VKA(0)_{i,j} = KA(0)_{i,j} \cdot \left(1. - FKK_{i,j}^{A}\right)$$

Prognostizierte Werte zu $t = 1$:

$$KA(1)_{i,j} = KA(0)_{i,j} \cdot \left[1. + \left(1. - FKK_{i,j}^{A}\right) \cdot PDIF\right] \cdot \left(1. + \eta_{i,j}\right) \cdot \left(1. + KDIF_i\right)$$

$$DBLA_{i,j} = BLA_{i,j} \cdot PDIF \cdot \left(1. + \eta_{i,j}\right) \cdot \left(1. + KDIF_i\right)$$

$$ZAA(1)_{i,j} = KA(1)_{i,j} + DBLA_{i,j}$$

$$ZAA(1) = \sum_{i=1}^{n}\sum_{j=1}^{m}\left(KA(1)_{i,j} + DBLA_{i,j}\right)$$

wobei: $ZAA(t)_{i,j}$	Zahlungsausgänge für den Beschaffungsvorgang für den auf dem Auslandsmarkt i beschafften Input j zu t
$ZAA(t)$	Gesamtzahlungsausgang für Beschaffungsvorgänge in dem Bereich Beschaffung realer Inputs auf Auslandsmärkten
$KA(t)_{i,j}$	Ausgaben für den eingesetzten Input j auf dem Auslandsmarkt i zu t
$BLA(t)_{i,j}$	Lagerbestand des auf dem Auslandsmarkt i beschafften Input j zu t
$VKA(0)_{i,j}$	Variabler Teil der Ausgaben für den eingesetzten Input j auf dem Auslandsmarkt i zu t
$FKK_{i,j}^{A}$	Fixkostenkoeffizient für den auf dem Auslandsmarkt i eingesetzten Input j
$DBLA_{i,j}$	zahlungsstromwirksame Lagerbestandsveränderung zwischen $t=0$ und $t=1$ bei auf dem Auslandsmarkt i beschafften Input j
$PDIF$	Änderung der Produktionsmenge zwischen $t=0$ und $t=1$
$\eta_{i,j}$	Preisänderungskoeffizient für den auf dem Auslandsmarkt i beschafften Input j / Beschaffung auf dem Auslandsmarkt
$KDIF_i$	Ausmaß der eingetretenen Wechselkursänderung zwischen der Inlandswährung und der Auslandswährung des Landes i, definiert als: $$KDIF_i = \frac{K(1)_i - K(0)_i}{K(0)_i}$$ mit $K(t)_i$ = preisnotierter Kassakurs der Auslandswährung des Landes i zu t

$i = 1,2,...,n$	Anzahl der Auslandsmärkte, auf denen Inputs beschafft werden
$j = 1,2,...,m$	Anzahl der Inputs die im Auslandsmarkt i beschafft werden

Schließlich stellen sich die Erweiterungen für Modellierung der Beschaffungsseite finanzielle Inputs wie folgt dar:

- *Beschaffung finanzieller Inputs:* (1) Die Berücksichtigung einer unbegrenzten Zahl von unterschiedlichen ausländischen Währungen, in denen Finanzdispositionen – Kreditaufnahmen und Kurssicherungen mittels Devisentermingeschäften – vorgenommen werden können; sowie (2) die Berücksichtigung von *unterschiedlichen* Zinssätzen für die Bereiche Fremdkapitalaufnahme in inländischen sowie ausländischen Währungen durch das Unternehmen und zur Bestimmung der Terminkurse für etwaige Kurssicherungstransaktionen. Formal stellt sich diese Modellierung wie folgt dar:

  Ausgangssituation zu $t = 0$:

  $$EK(0) = GK(0)/(1.+VSG)$$

  $$FK(0) = GK(0) \cdot VSG(0)/(1.+VSG)$$

  $$FK(0) = KIW(0) + \sum_{i=1}^{n} \left[KAW(0)_i \cdot K(0)_i \right]$$

  $$KIW(0) = \psi_0 \cdot FK(0)$$

  $$KAW(0)_i = \psi_i \cdot FK(0)/K(0)_i$$

  Prognostizierte Werte zu $t = 1$:

  $$ZAF(1) = ZKIW(1) + ZKAW(1) - DKAW(1)$$

  $$ZKIW(1) = \psi_0 \cdot FK(0) \cdot ZI$$

  $$ZKAW_i = KAW(0)_i \cdot ZA_i \cdot K(1)_i$$

$$ZKAW(1) = \sum_{i=1}^{n} KAW(0)_i \cdot ZA_i \cdot K(1)_i =$$

$$FK(0) \cdot \sum_{i=1}^{n} [\psi_i \cdot ZA_i \cdot (1. + KDIF_i)]$$

$$DKAW(1) = FK(0) \cdot \left(- \sum_{i=1}^{n} \psi_i \cdot KDIF_i \right)$$

$$SWS_i = (TZI - TZA_i)/(1 + TZA_i)$$

$$T(0)_i = K(0)_i + SWS_i$$

$$EKST(1) = \sum_{i=1}^{n} \{TGAW(0)_i \cdot [K(1)_i - T(0)_i]\}$$

Nebenergebnis:

$$ZAEF_i = ZA_i \cdot (1. + KDIF_i) + KDIF_i$$

wobei: $EK(0)$	Eigenkapital zu $t = 0$
$GK(0)$	Gesamtkapital zu $t = 0$
VSG	Verschuldungsgrad, definiert als $FK(0)/EK(0)$
$FK(0)$	Fremdkapital zu $t = 0$
$KIW(0)$	Kreditmittel in inländischer Währung zu $t = 0$
$KAW(0)_i$	Kreditmittel in der ausländischen Währung i zu $t = 0$
$K(t)_i$	Preisnotierter Kassakurs der ausländischen Währung i zu $t = 0$
ψ_0	Anteil der Kreditmittel in inländischer Währung am Fremdkapital zu $t = 0$
ψ_i	Anteil der Kreditmittel in ausländischer Währung i am Fremdkapital zu $t = 0$
$ZAF(1)$	Zahlungsausgänge für finanzielle Inputs zu $t = 1$
$ZKIW(1)$	Zinsen für Kreditmittel in inländischer Währung zu $t = 1$

$ZKAW(1)$	Zinsen für Kreditmittel in ausländischer Währung zu $t=1$
$DKAW(1)$	Wechselkurserfolg bei der Tilgung von Kreditmitteln in ausländischer Währung zu $t=1$
ZI	Zinssatz für Kreditmittel in inländischer Währung
ZA_i	nomineller Zinssatz für Kreditmittel in der ausländischen Währung i
$KDIF_i$	Ausmaß der eingetretenen Wechselkursänderung zwischen der inländischen Währung und der ausländischen Währung i aus inländischer Sicht, definiert als $KDIF_i = \frac{K(1)_i - K(0)_i}{K(0)_i}$ mit $K(t)_i$ = preisnotierter Kassakurs der Auslandswährung des Landes i zu t
$EKST(1)$	Ergebnis der Kurssicherung über Devisentermingeschäfte zu $t=1$
$TGAW(0)_i$	Devisentermingeschäft in der ausländischen Währung i
$T(0)_i$	Devisenterminkurs für die ausländische Währung i zu $t=0$ (für Erfüllungszeitpunkt $t=1$)
$ZAEF_i$	effektive Verzinsung für Kreditmittel in der ausländischen Währung i
$i=1,2,\dots,n$	Zahl der ausländischen Währungen, auf die Kreditverträge lauten
TZA_i	nomineller ausländischer Zinssatz für die Berechnung des Swapsatzes für die ausländische Währung i
TZI	nomineller inländischer Zinssatz für die Berechnung der Swapsätze gegenüber ausländischen Währungen

Nach der Darstellung der Erweiterungen des Basismodells von *Moser* (1985), insbesondere mit dem Fokus auf die Implementierung in einem Computerprogramm, wird in dem nun folgenden Abschnitt der Versuch einer Dynamisierung des Modells erörtert.

3.2.3 Zweiter Erweiterungsschritt: Dynamisierung des Modells durch die Verknüpfungen zwischen den Perioden

In diesem Abschnitt wird die gewählte Modellierung der Verknüpfungen zwischen den Perioden präsentiert. Zuerst sind für die Dynamisierung grundlegende und sinnvolle Annahmen zu treffen. Für die vorliegende Modellierung eines Unternehmens gelten die folgenden grundlegenden Annahmen:

(1) *Werte der Input-Variablen des Modells sind dynamisch über die Zeit veränderlich,*

(2) *die Verknüpfungen zwischen den Variablen innerhalb einer Periode sind dynamisch unveränderlich.*

Auf der Basis dieser grundlegenden Annahmen wird auf eine Klassifikation der Variablen von *Naylor* (1979), die sich insbesondere für Modellierungen von Unternehmen (*Corporate Planning models*) eignet, im folgenden Abschnitt aufgebaut.

3.2.3.1 Die dynamische Klassifikation der Variablen

Die Dynamisierung des Computersimulations-Modells beruht auf einer Klassifikation der Variablen von *Naylor* (1979), der die einzelnen Variablen in einer dynamischen Unternehmens-Modellierung als:[1]

- *external variables* (X);
- *random variables* (U);
- *policy variables* (Z);

[1] Vgl. *Naylor* (1979), S. 28ff.

- *lagged output variables* (Y_{t-n}); sowie
- *output variables* (Y)

klassifiziert. Die Abb. 14 versucht das Konzept zur Klassifikation der Variablen von *Naylor* (1979) in Form eines einfachen Diagramms zu illustrieren. Anschließend folgen kurze Erläuterungen zu den einzelnen Arten von Variablen in einem typischen Unternehmensmodell.

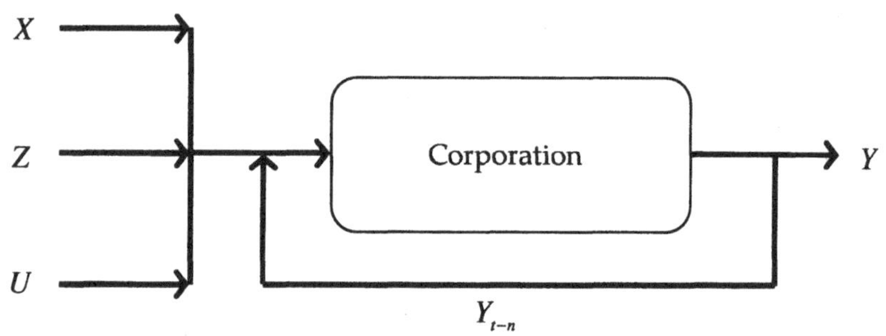

Abb. 14: Schema zur Klassifikation der Variablen von *Naylor* (1979)
Quelle: leicht abgeändert entnommen aus *Naylor* (1979), S. 28.

Bevor die konkrete Dynamisierung des Modells erfolgen kann, sind noch knappe Erläuterungen hinsichtlich der inhaltlichen *Bedeutung* und *Anwendung* zu der voran stehenden, rein aufzählenden Klassifikation der Variablen von *Naylor* (1979) anzufügen:[1]

- *External variables* (X): Einige Variablen beeinflussen das Verhalten des (Unternehmens-)Modells, werden aber in umgekehrter Richtung nicht von dem Verhalten des (Unternehmens-)Modell beeinflusst. Diese Variablen werden in der deutschsprachigen Literatur üblicherweise als *externe* oder *exogene Variablen* bezeichnet. Die Kausalität für diese Klasse von Variablen ist nur in eine Richtung, d.h. unidirektional von den Größen auf das Unternehmen, vorhanden.

[1] Vgl. hiezu *Naylor* (1979), S. 28ff. Die englischen Bezeichnungen der grundlegenden Arten von Variablen in einem typischen Unternehmensmodell werden im Text mit einem sinngemäßen deutschen Begriff (in kursiver Schrift) bezeichnet.

- *Random variables* (U): Um die beträchtliche Unsicherheit von externen Variablen in einem Model zu berücksichtigen, können diese Variablen als *Zufallsvariablen*, die ganz bestimmten statistischen Wahrscheinlichkeitsverteilungen folgen, modelliert werden.[1] Die Einbeziehung von Zufallsvariablen transformiert ein zuvor rein deterministisches Model in ein stochastisches Modell. Modelle, die stochastische Variablen beinhalten, werden unter anderem auch als Risikoanalyse-Modelle (*risk analysis models*) bezeichnet.
- *Policy variables* (Z): Dieser Typ von Variablen erlaubt dem Management des Unternehmens einen gewissen Grad an Kontrolle, da diese Variablen durch das Management autonom festgelegt werden können. Daher werden sie in der Regel als *Entscheidungsvariablen* oder *Strategievariablen* bezeichnet.
- *Lagged output-variables* (Y_{t-n}): Um das Model dynamisch modellieren zu können und nicht allzu hohe Einbußen in der Realitätsnähe hinnehmen zu müssen, ist die Einführung einer besonderen Klasse von Input-Variablen erforderlich. Die Werte für diese Klasse von Input-Variablen bestimmen sich aus Werten von Variablen aus vorhergehenden Zeitperioden. Diese Klasse von Variablen kann man treffenderweise als *zeitversetzte Variablen* bezeichnen.
- *Output variables* (Y): Diese Klasse von Variablen beschreibt das Verhalten des Unternehmens oder eines Unternehmensbereichs und wird in deutscher Übersetzung je nach Fachgebiet üblicherweise als *abhängige Variable, Response-Variable, endogene Variable* oder auch als *Ergebnisvariable* bezeichnet. Abhängige Variablen können beispielsweise – wie in der vorliegenden Modellierung des Gesamtunternehmens – die Zahlungsströme in jeder Periode oder die abgesetzte Menge in jedem Markt beinhalten. Die abhängigen Variablen werden

[1] Bei der Modellierung von Variablen als Zufallsvariablen nimmt in der Regel der Komplex der Modellierung von Abhängigkeiten eine besondere Stellung ein. Siehe hiezu Kapitel 4.

in der Regel erst dann festgelegt, wenn die Stoßrichtung für die Analyse mit Hilfe des Modells und die konkreten Ziele ausreichend präzise definiert sind.

Abschließend ist noch bemerken, dass sich einerseits einige Klassen in der Klassifikation gegenseitig ausschließen und andererseits eine Variable durchaus zwei sich nicht-ausschließenden Klassen zugeordnet werden kann. Das soeben vorgestellte Konzept zur Klassifikation von Variablen von *Naylor* (1979) wird nun im nächsten Abschnitt auf die Dynamisierung des vorliegenden und zuvor erweiterten Corporate Model von *Moser* (1985) angewendet.

3.2.3.2 Entwicklung des Dynamischen Corporate Model

Gemäß der zuvor präsentierten Klassifikation von *Naylor* (1979) sind nun die einzelnen Input-Variablen, die über die Zeit dynamisch veränderbar sein sollen, zu den einzelnen Klassen zuzuordnen. Diese Zuordnung sowie Festlegung der einzelnen Input-Variablen durch ein *externes Modell* (spezifisches Modell für Szenarien von Umweltfaktoren), den *Modellbenutzer* oder im Zuge des Berechnungsexperiment durch das *Modell* selbst, erfolgt für die einzelnen Teilbereiche jeweils in Form von übersichtlichen Tabellen. Für den ersten Teilbereich der Modellierung der Absatzseite erfolgt dies in der nachfolgenden Tab. 1.

In gleicher Weise wird die Klassifizierung der einzelnen Input-Variablen für den Teilbereich Modellierung der Beschaffung realer Inputs in Tab. 2 aufgelistet. Abschließend erfolgt dann in Tab. 3 analog die Klassifizierung der einzelnen Input-Variablen für die dynamische Modellierung des Teilbereichs: Beschaffung finanzieller Inputs.

Folgende Bemerkungen fassen die dynamische Modellierung des Unternehmensmodells zusammen: Die Festlegung der Variablen erfolgt – wie in den Tabellen 1 bis 3 konkret aufgelistet – entweder durch ein *externes Modell*, den *Modellbenutzer* oder im Zuge des Durchlaufs des *Modells* selbst. Dabei setzt die Festlegung der einzelnen Input-Variablen durch ein externes Modell – wie beispielsweise in Form eines Modells für einen *Szenarien-*

Input-Variable	Zuordnung nach der Klassifikation von *Naylor* (1979)	Festlegung der Variable
$PIO(0)$	(Y_{t-n})	*Modell*
α	(Z)	*Modellbenutzer*
$K(0)_j$	(X), (U)	*externes Modell*
$K(1)_j$	(X), (U)	*externes Modell*
$PIM(0)$	(Y_{t-n})	*Modell*
$PAK(0)_j$	(Y_{t-n})	*Modell*
β_j	(X)	*Modellbenutzer*
$K(0)_i$	(X), (U)	*externes Modell*
$K(1)_i$	(X), (U)	*externes Modell*
$PAAK(0)_{i,j}$	(Y_{t-n})	*Modell*
$\beta_{i,j}$	(X)	*Modellbenutzer*
γ_i	(Z)	*Modellbenutzer*
λ	(Z)	*Modellbenutzer*
$PM(0)$	(Y_{t-n})	*Modell*
$FWL(0)$	(Y_{t-n})	*Modell*

Tab. 1: Zuordnung der Input-Variablen für die dynamische Modellierung des Teilbereichs: Absatzseite[1]

Simulator – voraus, dass diese zuvor als externe (Zufalls-)Variablen klassifiziert sind. Input-Variable, deren dynamische Werte durch das *Modell* festgelegt werden, sind als endogene – das heißt im Modell errechnete – Variablen anzusehen. Für den Fall der Festlegung der Input-Variablen durch den Modellbenutzer können die Verknüpfungen, um der Forderung nach hoher Flexibilität im Modellbau zu begegnen, nach bestimmten Regeln optional festgelegt werden. Diese Regeln, die dem *Modellbenutzer*

[1] Es muss darauf hingewiesen werden, dass die Festlegung der Input-Variablen durch das Modell natürlich erst ab der *zweiten* Periode erfolgen kann. Für die erste Periode müssen diese Input-Variablen durch den *Modellbenutzer* exogen (sozusagen als Startwert) vorgegeben werden.

Input-Variable	Zuordnung nach der Klassifikation von *Naylor* (1979)	Festlegung der Variablen
$KIO(0)_j$	(Y_{t-n})	*Modell*
$BLIO(0)_j$	(Y_{t-n})	*Modell*
FKK_j^{IO}	(X)	*Modellbenutzer*
δ_j	(X)	*Modellbenutzer*
$K(0)_j^{IM}$	(X), (U)	*externes Modell*
$K(1)_j^{IM}$	(X), (U)	*externes Modell*
$KIM(0)_j$	(Y_{t-n})	*Modell*
$BLIM(0)_j$	(Y_{t-n})	*Modell*
FKK_j^{IM}	(X)	*Modellbenutzer*
ε_j	(X)	*Modellbenutzer*
ζ_j	(X)	*Modellbenutzer*
$BPA(0)_j$	(Y_{t-n})	*Modell*
$BPI(0)_j$	(Y_{t-n})	*Modell*
$K(0)_i^A$	(X), (U)	*externes Modell*
$K(1)_i^A$	(X), (U)	*externes Modell*
$KA(0)_{i,j}$	(Y_{t-n})	*Modell*
$BLA(0)_{i,j}$	(Y_{t-n})	*Modell*
$FKK_{i,j}^A$	(X)	*Modellbenutzer*
$\eta_{i,j}$	(X)	*Modellbenutzer*
$PM(0)$	(Y_{t-n})	*Modell*
$FWL(0)$	(Y_{t-n})	*Modell*

Tab. 2: Zuordnung der Input-Variablen für die dynamische Modellierung des Teilbereichs: Beschaffung realer Inputs[1]

[1] Es muss darauf hingewiesen werden, dass die Festlegung der Input-Variablen durch das Modell natürlich erst ab der *zweiten* Periode erfolgen kann. Für die erste Periode

Input-Variablen für jede Periode	Zuordnung nach der Klassifikation von Naylor (1979)	Festlegung der Variablen
$K(0)_i$	(X), (U)	*externes Modell*
$K(1)_i$	(X), (U)	*externes Modell*
$FK(0)$	(Z)	*Modellbenutzer*
ψ_o	(Z)	*Modellbenutzer*
ψ_i	(Z)	*Modellbenutzer*
ZI	(X), (U)	*externes Modell*
ZA_i	(X), (U)	*externes Modell*
TZI	(X), (U)	*externes Modell*
TZA_i	(X), (U)	*externes Modell*
$TGAW(0)_i$	(Z)	*Modellbenutzer*

Tab. 3: Zuordnung der Input-Variablen für die dynamische Modellierung des .Teilbereichs: Beschaffung finanzieller Inputs

bei der Festlegung der Input-Variablen zur Verfügung stehen, sowie einige exemplarisch modellierte Verknüpfungen sind im anschließenden Abschnitt beschrieben.

3.2.3.3 Optionale Verknüpfungen zwischen den Perioden

Für die durch den *Modellbenutzer* festzulegenden Variablen, d.h. die in den Tab. 1 bis 3 mit (X) und (Z) klassifizierten Variablen, stehen im Rahmen der dynamischen Modellierung die folgenden Optionen zur Verfügung:

(1) Input-Variable wird als *konstant* festgelegt;

---

müssen diese Input-Variablen durch den *Modellbenutzer* exogen, so zusagen als Startwert, vorgegeben werden.

(2) Input-Variable wird *manuell* für jede Periode festgelegt;

(3) Input-Variable wird in einer *funktionalen Form* mit einer *exogenen Input-Variablen* (X) *verknüpft*; sowie

(4) Input-Variable wird in einer *funktionalen Form* mit einer *zeitversetzten endogenen Variablen* (Y_{t-n}) *verknüpft*.

Als Beispiel für den Teilbereich Absatzseite soll der durch den Modellbenutzer festzulegende Preisänderungskoeffizient α dienen: Die Optionen (1) und (2) sollen aufgrund ihrer Eindeutigkeit nicht näher betrachtet werden; wohingegen die Option (3) zur Festlegung des Preisänderungskoeffizienten α für die Periode t beispielsweise an die vom Unternehmensmodell exogene Input-Variable Wechselkurs $K(t-1)_j$ und $K(t)_j$ geknüpft werden kann. Formal würde sich eine solche Verknüpfung beispielsweise darstellen als

$$\alpha(t) = \left(K(t)_j - K(t-1)_j\right) / K(t-1)_j ,$$

wobei $K(t)_j$ und $K(t-1)_j$ den preisnotierten Wechselkurs für die Währung des Konkurrenzproduktes j für die Periode t beziehungsweise $t-1$ bezeichnen. Verbal würde eine solche Verknüpfung die Anpassung des Absatzpreises für das Produkt des Unternehmens an die relative Wechselkursveränderung der Währung des Konkurrenzproduktes j in der Periode t ausdrücken. Die Option (4) kann für die Input-Variable α beispielsweise mit der Ergebnisvariablen $IUMM$ aus der vorhergehenden Periode $t-1$ in der folgenden Form

$$\alpha_t = \alpha_{t-1}\left(1 + \left(IUMM_{t-2} - IUMM_{t-1}\right) / IUMM_{t-2}\right),$$

wobei $IUMM$ den Umsatz bezeichnet, festgelegt werden.

3.3 Implementierung des Dynamischen Corporate Models in Matlab®

3.3.1 Vorbemerkungen

In den nun folgenden Abschnitten geht es um die aus Sicht des praktischen Einsatzes des Modells interessante Frage nach einer Umsetzung des Modells in ein lauffähiges *Computerprogramm*. Mit Hilfe eines solchen entwickelten Computerprogramms können dann im Vergleich zur rein manuellen Modellanalyse, Berechnungsexperimente am Modell – insbesondere bei Simulationen – mit viel weniger Arbeits- und Zeitaufwand durchgeführt werden.

Die Beschreibung der Umsetzung eines Modells in ein Computerprogramm wird üblicherweise, so auch in der vorliegenden Arbeit, prägnant unter dem Begriff *Implementierung* zusammengefasst. Die vorliegende Arbeit versucht, sowohl eine übersichtliche Präsentation der *Architektur des Computerprogramms* als auch eine detaillierte Erörterung des *Ablaufs* und *Interaktion* der einzelnen *Programmmodule* sowie ihre Aufgaben zu liefern. Die Darstellung und Beschreibung der einzelnen Module und Prozeduren wird, wenn es für das Verständnis des Programmkodes als hilfreich angesehen wird, durch den Einsatz von Flussdiagrammen unterstützt.

Der Programmcode wird – wie meist üblich – in englischer Sprache abgefasst und ist gänzlich im Anhang 8.5 aufgelistet. Dementsprechend werden die im Programmkode verwendeten Bezeichnungen der Variablen, Module etc. in englischer Sprache in den folgenden Darstellungen beibehalten. So wird die Implementierung des theoretischen Dynamischen Corporate Models in den Programmcode mit der englischen Begriffskette *D*ynamic *CO*rporate *M*odel *SIM*ulator – oder kurz *DCOMSIM* – verwendet. Eine Gegenüberstellung sämtlicher Begriffspaare aus dem theoretischen Modell aus Kapitel 3.2 und der nun erfolgten Implementierung ist im Anhang 8.1 zu finden.

Die Implementierung basiert auf der weit verbreiteten Programmiersprache von MATLAB® aus zwei Gründen: Erstens weist sie im Gegensatz zu den üblichen, speziell auf Standard-Simulationen ausgerichteten Softwarepakete eine weitaus größere Flexibilität für neu entwickelte Simulationsmodelle auf. Zweitens eignet sie sich besonders für die in einer Simulation notwendigen numerischen Berechnungen, die Entwicklung von Algorithmen sowie gleichermaßen für die Visualisierung der gewonnen Ergebnisse.

3.3.2 Grundlegende Architektur des Corporate Model Simulators (DCOMSIM)

Die Implementierung des *Dynamic Corporate Model Simulators (DCOMSIM)* ist in einzelnen Modulen, die jeweils bestimmte Aufgaben erfüllen, realisiert. In der nachfolgenden Tab. 4 sind die einzelnen Modulbezeichnungen mit ihren Aufgaben prägnant aufgelistet.

Der modulare Charakter der Implementierung sowie der chronologische Ablauf der Module sind anschaulich anhand der in Abb. 15 aufgezeigten grundlegenden Architektur von DCOMSIM erkennbar. In den folgenden Abschnitten wird sodann der Ablauf, die Interaktion sowie die erwarteten Input- und Output- Daten der einzelnen Module näher erläutert.

3.3.3 Das Modul Global Input Check

Wie in der Abb. 15 ersichtlich ist, stellt das Modul *Global Input Check* das erste Modul des *Dynamic Corporate Model Simulators (DCOMSIM)* dar. Dieses Modul hat die Aufgabe sämtliche Input-Daten hinsichtlich der *Zulässigkeit, Vollständigkeit* sowie auf *Konsistenz* hin zu überprüfen. Der Ablauf des Programms ist in der Abb. 16 in Form eines Flussdiagramms[1] abgebildet.

Erweist sich die Überprüfung der Input-Daten durch das Modul *Global Input Check* als nicht erfolgreich, so wird eine konkrete Fehlermeldung zu der erkannten Verletzung der Zulässigkeit, Formatierung oder Konsistenz der Input-Daten ausgegeben und daraufhin der Simulationsversuch abge-

[1] Vgl. den Anhang 8.4 zur Legende der Flussdiagramm-Symbole.

Bezeichnung des Moduls	Bezeichnung im Programmkode	Aufgaben des Moduls
Global Input Check	*Global_Input_Check*	Das Modul *überprüft* die eingegebenen Input-Daten für *DComSim* auf Vollständigkeit, Formatierung und Konsistenz.
Dynamic File Configurator	*DFC*	Das Modul *initialisiert* alle Input-Daten für die erste Periode und alle Input-Variablen mit der Option 'C', 'M' oder 'L' für *DComSim* und *speichert* die Input-Daten für die erste Periode in einer Datei
Input Check	*Input_Check*	Das Modul *überprüft* die eingegebenen Input-Daten für *ComSim* auf Vollständigkeit, Formatierung und Konsistenz
COMSIM Input Configurator	*CIC*	Das Modul *wählt* die Input-Daten für die jeweilige zu simulierende Periode aus und *speichert* diese jeweils in einer Datei
Corporate Model Simulator	*COMSIM*	Das Modul *berechnet* die Ergebnisdaten für die jeweilige Periode sowie ausgewählte Input-Daten für die folgenden Perioden
Dynamic File Modifer	*DFM*	Das Modul *berechnet* die Input-Variablen mit der Option 'O' und speichert diese in einer Datei

Tab. 4: Einzelne Module des Dynamic Corporate Model Simulators (*DCOMSIM*) und deren Funktionen

brochen. Sämtliche Input-Daten für den *Dynamic Corporate Model Simulator (DCOMSIM)* und demnach auch für das Modul *Global Input Check* müssen in einer mat-Datei mit einem beliebigen Namen, der in einer Variablen *g_filename* gespeichert wird (siehe Abb. 16), übergeben werden.

3.3.4 Das Modul Dynamic File Configurator (DFC)

An das Modul *Dynamic File Configurator* (*DFC*) sind zwei Aufgaben zugewiesen: Erstens sind Variablen für die erste zu simulierende Periode aus den an sie übergebenen Input-Daten in einer mat-Datei (*g_filename*) zu *initialisieren*. Zweitens sind alle Input-Variablen die eingangs mit der Op-

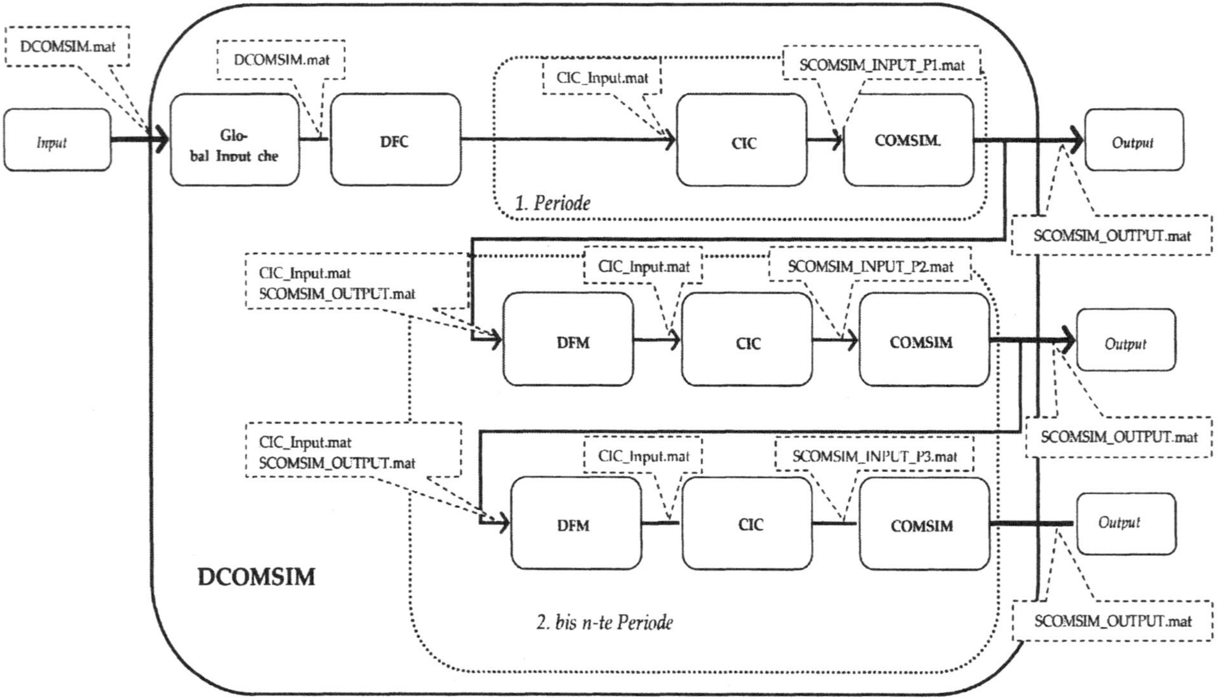

Abb. 15: Grundlegende Architektur von dem *Dynamic Corporate Model Simulator (DCOMSIM)*

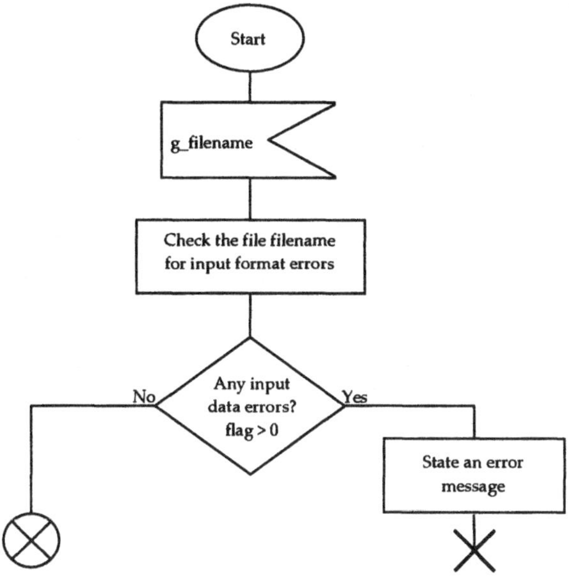

Abb. 16: Flussdiagramm des Moduls *Global Input Check*

tion 'L' [1] versehen sind, mit den entsprechenden externen Variablen zu verknüpfen und für alle Perioden zu *konfigurieren*. In diesem Zusammenhang bietet es sich an, die optionalen Verknüpfungen aus dem Modellierungsteil in Kap. 3.2.3.3 für den Dynamic Corporate Model Simulator anzuführen. Eine Auflistung der findet sich dazu in Tab. 5. Eine detaillierte Darstellung des konkreten chronologischen Ablaufs und Aufbau des Moduls *DFC* findet sich in Form eines Flussdiagramms in der Abb. 17.

Im Zuge der Abarbeitung des Moduls *DFC* wird die Prozedur *Inititalize_Variable* (siehe Abb. 17), sowie in weiterer Folge die Sub-Prozeduren *User_Specified_Option* sowie *Decoder1* aufgerufen. Es ist zusätzlich noch anzumerken, dass der Modellbenutzer die konkrete funktionale Form autonom und individuell für jede zulässige Variable in einer Matlab m-Datei festlegen kann.

[1] Vgl. Kapitel 3.2.3.3.

Wahl-Optionen für die einzelne Input-Variablen	Abkürzung der Wahl-Option	Beschreibung der Wahl-Option
Constant	*C*	Diese Option legt die Input-Variable als konstant fest, d.h. derselbe Wert für eine Input-Variable für jede Periode
Manual	*M*	Mit dieser Option wird die Input-Variable manuell (vom Modellbenutzer) festgelegt, d.h. die einzelnen Werte für alle Perioden
Linked	*L*	Mit dieser Option wird die Input-Variable in einer bestimmten Form an eine oder mehrere exogene Variablen verknüpft
Own Dependence	*O*	Diese Option verknüpft in einer bestimmten Form die Input-Variable mit derselbe zeitversetzten Input-Variable oder anderen zeitversetzten Input-Variablen

Tab. 5: Auflistung der einzelnen Wahl-Optionen für die mit (X) oder (Z) klassifizierten Input-Variablen

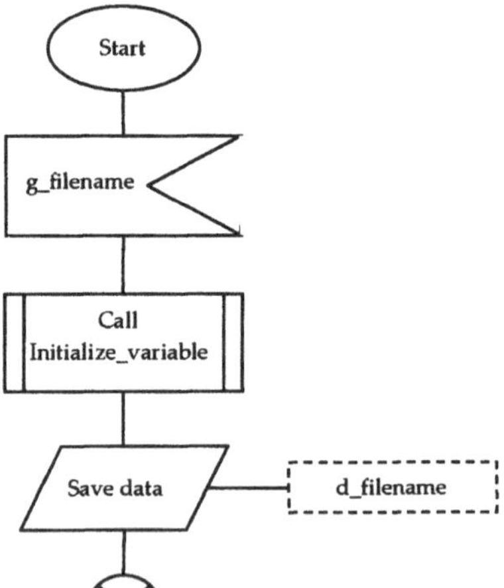

Abb. 17: Flussdiagramm des Moduls *Dynamic File Configurator (DFC)*

3.3.5 Das Modul COMSIM Input Configurator (CIC)

Nachdem die Variablen für die erste zu simulierende Periode durch das Modul *DFC* initialisiert und bestimmte Variablen für alle Perioden konfiguriert sind, besteht für das Modul *COMSIM Input Configurator (CIC)* die Aufgabe, alle Variablen in eine für das Modul *COMSIM* lesbare Form zu *konfigurieren*.

Der chronologische Ablauf des Moduls ist in Abb. 18 in Form eines kurzen Flussdiagramms abgebildet.

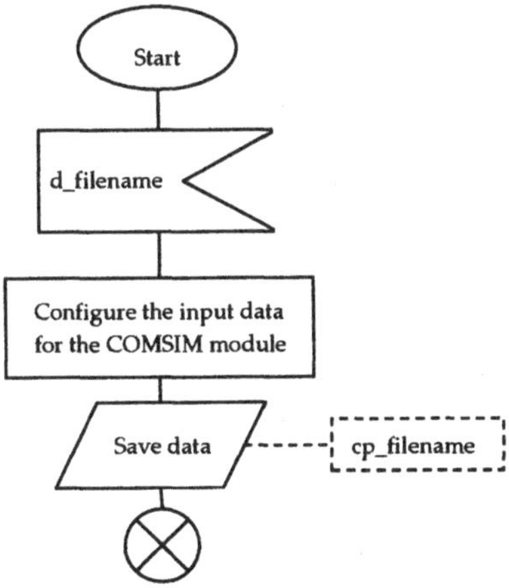

Abb. 18: Flussdiagramm des Moduls *ComSim Input Configurator (CIC)*

3.3.6 Das Modul Corporate Model Simulator (COMSIM)

Schließlich wird das Modul *Corporate Simulator (COMSIM)* zur Berechnung der interessierenden Ergebnisvariablen für jede zu simulierende Periode aufgerufen. Somit beinhaltet das Modul *ComSim* die Implementierung der Verknüpfungen innerhalb der Perioden.[1] Wie im Flussdiagramm des Moduls *ComSim* in nachstehender Abb. 19 ersichtlich, werden im Modul die Prozeduren *MARKREV, PROCOST* sowie *PROFINCF* sowie deren Sub-Prozeduren aufgerufen.

[1] Vgl. hiezu Kapitel 3.2.2.

Bevor die an das Modul *COMSIM* übergebenen Input-Daten an die einzelnen Prozeduren *MARKREV, PROCOST* sowie *PROFINCF* zur Ermittlung der Zahlungsströme weitergeleitet werden, erfolgt in der Prozedur *Input check* eine Überprüfung der Input-Daten auf Zulässigkeit, Formatierung sowie Konsistenz. Für den Ablauf der Prozedur *Input Check* kann das Flussdiagramm des Moduls *Global Input Check* in Abb. 16 herangezogen werden.

Die Prozedur *MARKREV* (siehe Abb. 20) inkorporiert den Teilbereich Absatz mit den Sektoren Inlandsabsatz ohne sowie mit Importkonkurrenz und den Auslandsabsatz in allen Auslandsmärkten.

Wie in Abb. 20 ersichtlich ist, wird zunächst der Umsatz auf dem inländischen Absatzmarkt ermittelt, wobei die konkreten Berechnungen in der Sub-Prozedur *DMREV* durchgeführt werden. Im Anschluss daran erfolgt die Ermittlung der Umsätze in den verschiedenen ausländischen Absatzmärkten durch die Sub-Prozedur *FMREV*. Beide Sub-Prozeduren sind vom Aufbau sowie Ablauf her identisch und deshalb gemeinsam in Form eines Flussdiagramms in Abb. 21 dargestellt.

Gemäß dem Corporate Model von *Moser* (1985) in Kapitel 3.2.1 erfolgt nach der Berechnung des Absatzes im Modul *COMSIM* die Ermittlung der Zahlungsströme für die Beschaffung der realen Inputs. Der im Modell in drei Sektoren unterteilte Teilbereich Beschaffung realer Inputs ist im Modul *COMSIM* in drei Prozeduren (siehe Abb. 22) aufgegliedert:

- Beschaffung auf dem inländischen Beschaffungsmarkt ohne Importkonkurrenz in der Sub-Prozedur *DMCOST*,
- Beschaffung auf dem ausländischen Beschaffungsmarkt in der Sub-Prozedur *FMCOST*, sowie
- Beschaffung auf dem inländischen Beschaffungsmarkt mit Importkonkurrenz in der Sub-Prozedur *DFMCOST*.

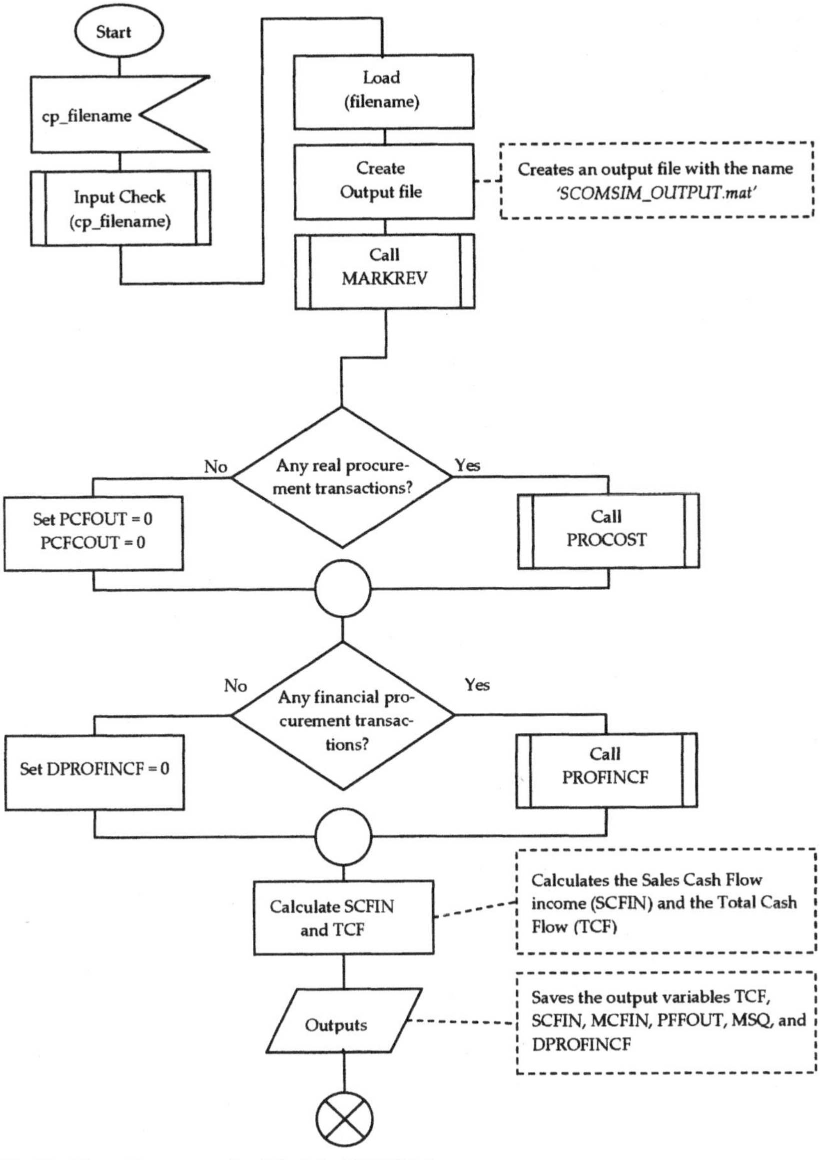

Abb. 19: Flussdiagramm des Moduls *COMSIM*

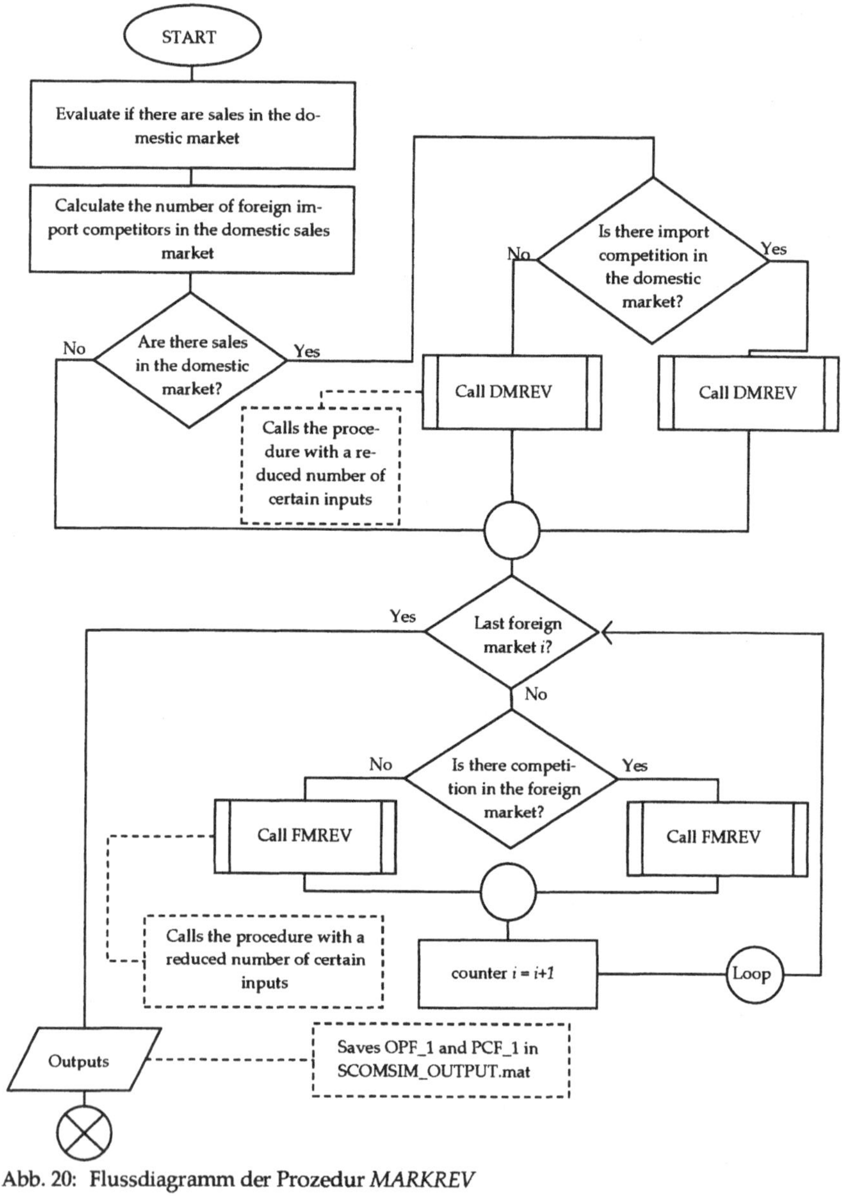

Abb. 20: Flussdiagramm der Prozedur *MARKREV*

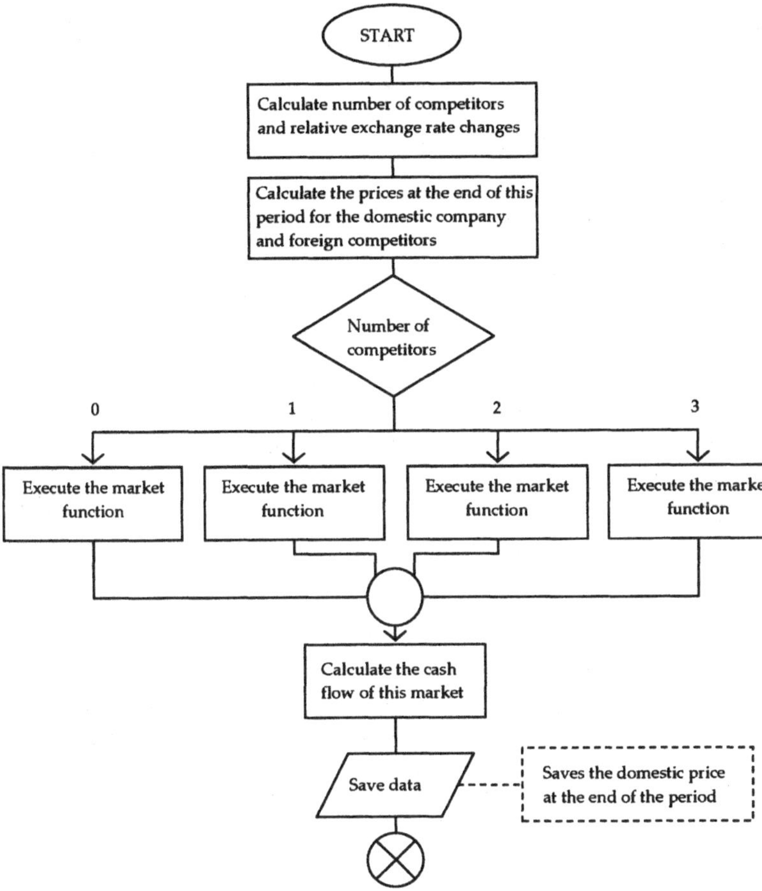

Abb. 21: Flussdiagramm zur Prozedur *DMREV* und *FMREV*

Zuletzt werden in der Prozedur PROFINCF im Modul COMSIM die Zahlungsströme aus dem Teilbereich Beschaffung finanzieller Inputs für die aktuelle Periode ermittelt.

Dabei können Zahlungsströme (siehe Abb. 23) aus folgenden Transaktionen innerhalb einer Periode entstehen:

- Aufnahme von Fremdkapital in inländischer Währung, und

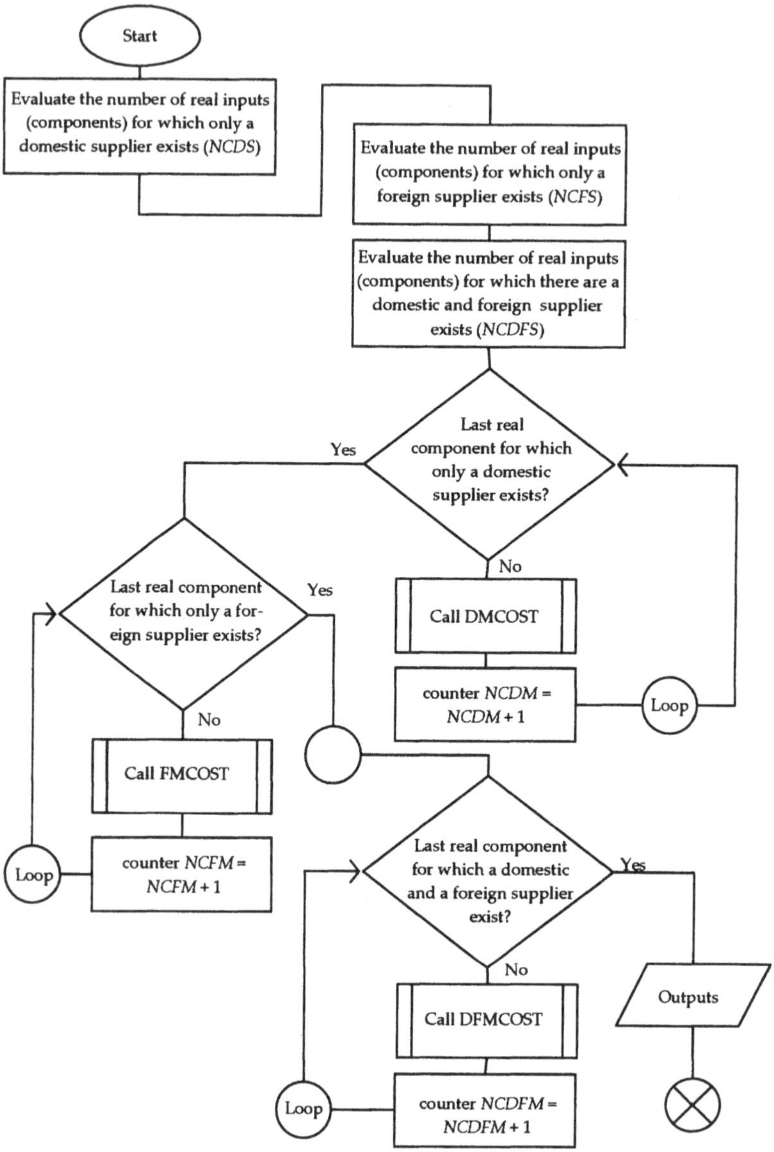

Abb. 22: Flussdiagramm der Prozedur *PROCOST*

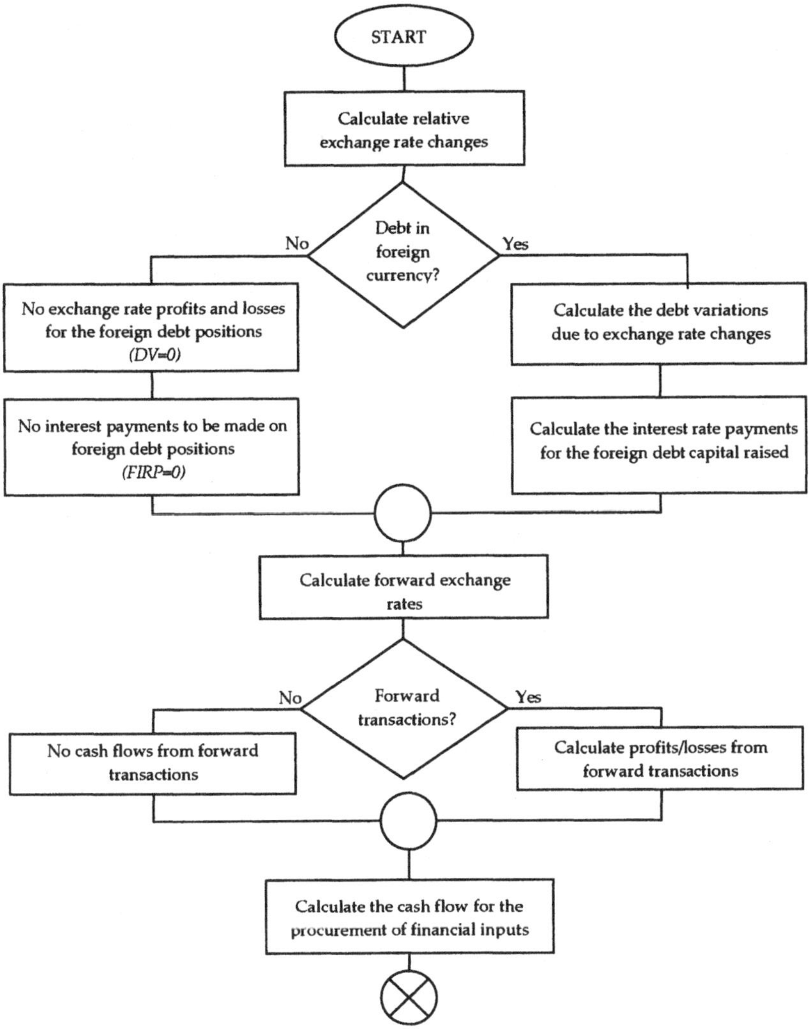

Abb. 23: Flussdiagramm der Prozedur *PROCOST*

- Aufnahme von Fremdkapital in ausländischen Währungen;
- sowie durch Devisentermingeschäfte.

3.3.7 Das Modul Dynamic File Modifier (DFM)

Ähnlich wie zuvor im Kapitel 3.3.2 für das Modul *Dynamic File Configurator (DFC)*, besteht die Aufgabe des Moduls *Dynamic Corporate Modifier (DFM)* darin, sämtliche Input-Variablen zu *konfigurieren*. Der Unterschied zum ersteren Modul liegt darin, dass *DFM* Werte für Input-Variablen ermittelt, die eingangs derart deklariert wurden, dass diese in einer bestimmten funktionalen Form von den konkreten Ausprägungen der selbigen oder anderer Variablen aus vorigen Zeitperioden abhängen. Somit erfolgt der Aufruf des Moduls *DFM* in jeder neuen Periode, wie in Abb. 15 zur grundlegenden Architektur des Dynamic Corporate Model Simulator darlegt. Die Simulation einer weiteren Periode erfolgt sodann analog zum eben dargestellten Ablauf.

3.4 Zwischenresümee

Im Kapitel 3 wird das Hauptaugenmerk auf die Modellierung und Implementierung eines Unternehmensmodells – basierend auf dem Corporate Model von *Moser* (1985) – zur Messung und Analyse des ökonomischen Wechselkursrisikos gelegt. Dafür wird anfangs das zur Modellierung der Verknüpfungen innerhalb einer Periode gewählte Corporate Model von *Moser* (1985) vorgestellt. Dieses Basismodell erfährt dann einige Erweiterungen, die sich vor allem aus einer späteren Implementierung in einem Computerprogramm aufdrängen. Der erste Teil zur Modellierung schließt dann mit der Vorstellung des Konzepts der Klassifikation der Variablen von *Naylor* (1979) sowie der darauf beruhenden konkreten Dynamisierung des Unternehmensmodells.

Der zweite Teil des Kapitels 3 widmet sich ausschließlich der Darstellung der Implementierung des Modells in der Programmiersprache von Matlab®. Ziel der Darstellung ist das Verständnis des Aufbaus und der Abfolge des Computerprogramms und somit eine Referenz bei der Adaptierung bzw. Weiterentwicklung. Dabei beginnt die Darstellung mit allgemeinen Vorbemerkungen und geht dann zur Erörterung der grundlegenden Architektur des Dynamic Corporate Model Simulators (DCOMSIM) über. Den Abschluss des zweiten Teils bildet dann die Präsentation der einzelnen Programmmodule mit ihren Aufgaben, die teilweise durch Flussdiagramme illustrativ unterstützt wird.

Eine Legende zu den verwendeten Flussdiagramm-Symbolen, eine tabellarisch aufgelistete Gegenüberstellung der Variablen aus dem Modell und des implementierten Simulators sowie der gesamte Programmcode sind im Anhang 8.1 bzw. 8.5 beigefügt.

4
Zur Modellierung und Implementierung eines Szenarien-Simulators

4.1 Zur Problemstellung

Betrachtet man als Ausgangspunkt wieder – wie im Kapitel zuvor – die Abbildung des gesamten stochastischen Systems (siehe Abb. 24), so wird schnell ersichtlich, dass es sich bei dem Szenarien-Simulator um ein so genanntes *Input Model* handelt. Konkret handelt es sich um ein stochastisches Input-Model, welches zahlreiche mit Unsicherheit behaftete Input-Daten für das dynamisierte Gesamtunternehmensmodell modelliert und im Zuge einer stochastischen Simulation konkrete Ausprägungen für die stochastischen Größen generiert.

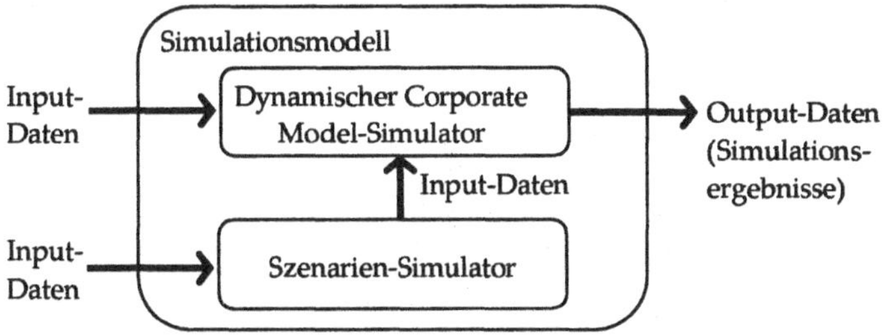

Abb. 24: Aufbau des gesamten stochastischen Simulationsmodells

Um einen Szenarien-Simulator, so wie dieser in der vorliegenden Arbeit als stochastisches Input Model begriffen wird, zu modellieren und schließlich zu implementieren, ist es erforderlich die *wesentlichsten Fragenkreise* zu diesem breiten Themenkomplex in knapper Form zu erörtern. Dieses Kapitel versucht somit die notwendigen *Grundlagen* zur stochastischen Input

Modellierung[1] im Rahmen eines Szenarien-Simulators für die vorliegende Problemstellung zu liefern. Abschließend wird sodann ein *Beispiel* für eine konkrete Modellierung und Implementierung eines Szenarien-Simulators, der sodann im anschließenden fünften Kapitel für eine Simulationsstudie verwendet wird, aufgezeigt. Bei der Darstellung der Grundlagen zur stochastischen Input-Modellierung wird ein spezieller Fokus auf die Modellierung der dynamischen Abhängigkeiten von stochastischen Größen durch Zeitreihenmodelle und die Modellierung sowie Implementierung von stochastischen Abhängigkeiten zwischen den stochastischen Größen durch Copula-Funktionen[2] gelegt.

Obwohl versucht wird die wesentlichsten Fragekreise der Input Modellierung detailliert zu erörtern, kann keine – da diese den Rahmen der vorliegenden Arbeit bei weitem sprengen würde – auch nur annähernd lückenlose Darstellung der bis dato gewonnenen Erkenntnisse erfolgen. Deshalb werden selektiv jeweils nur einige Input-Modelle, die für den weiteren Gang der Arbeit als geeignet betrachtet werden, vorgestellt. Für eine über die in dieser Arbeit hinausgehende Behandlung von Fragenkreisen kann der/die interessierte Leser/in auf die in dieser Arbeit umfangreichen Literaturhinweise zurückgreifen.

Der Aufbau dieses Kapitels stellt sich wie folgt dar: Zunächst erfolgt ein Überblick über die Thematik mit Bemerkungen zu den *Grundlagen* und generellen *Vorteilen* der *Input Modellierung*. Daran knüpfen dann die Fragenstellung und Diskussion zur möglichen Berücksichtigung der Theorie der Kaufkraftparitäten und der Theorie der Zinsparitäten im Rahmen der Input Modellierung in Form eines Szenarien-Simulators für die vorliegende Problemstellung an. Im Anschluss daran wird dem großen Fragenkomplex der Modellierung und Implementierung von – sowohl dynami-

---

[1] Vgl. zu diesem breiten Themenkomplex des 'stochastic input modeling' *Nelson/Yamnitzky* (1998), *Biller/Nelson* (2002) sowie *Leemis* (2003).

[2] Hierbei handelt es sich um einen Ansatz zur Konstruktion von *eindeutigen* gemeinsamen multivariaten Verteilungen zwischen stochastischen Größen sowie die Generierung von Zufallsvektoren aus diesen modellierten multivariaten Verteilungen.

schen als auch statischen – stochastischen Abhängigkeiten, die bei der Input Modellierung einen großen Stellenwert einnehmen, zwei eigene Abschnitte gewidmet.[1] Im ersten Abschnitt erfolgt eine Darstellung über *ausgewählte Zeitreihenmodelle* zur Modellierung der Dynamik der stochastischen Größen, die für diese Problemstellung eine Anwendung finden können. Der Fragenkomplex der Modellierung und Implementierung von (statischen) stochastischen Abhängigkeiten zwischen den stochastischen Größen erfolgt in dieser Arbeit im Rahmen des *Copula-Ansatzes.*

4.2 Überblick, Grundlagen und Vorteile der stochastischen Input Modellierung

Als ersten Schritt gilt es grundlegend zu klären, welche *Annahmen* hinter der stochastischen Input Modellierung stehen und worin die möglichen *Vorteile* gegenüber der Verwendung bereits vorhandener Daten für die Modellanalyse zu sehen sind. Abschließend erfolgt als Basis für die darauf folgende Diskussion eine grundlegende auf *Leemis* (2003) basierende Taxonomie der Input-Modelle, wobei die zur Bearbeitung der vorliegenden Problemstellung als geeignet erachtete Input-Modelle hervorgehoben sind.

Als *Annahme* lässt sich generell anführen, dass stochastische Input Modelle, wie das für einen Szenarien Simulator zugrunde gelegte Modell eines darstellt, die *Unsicherheit* in einem stochastischen (Gesamt-)Modell verkörpern. Zur Beantwortung von Fragestellungen und Analyse von Modellen reicht es oft nicht aus nur mit Erwartungswerten zu rechnen[2] und die Variation in den Ergebnisgrößen zu vernachlässigen, weil ansonsten falsche Entscheidungen resultieren können. Bei Vorliegen einer solchen Problemstellung wird daher oft auf die stochastische Input-Modellierung

[1] Der triviale (Spezial-)Fall der Unabhängigkeit von Größen wird in den einzelnen Abschnitten ebenso behandelt.

[2] In *Biller/Nelson* (2002), S. 35 wird ebenso angeführt, dass man bei der Rechnung mit Erwartungswerten für die mit Unsicherheit behafteten Größen in einem Model nicht automatisch das erwartete Ergebnis des Models entdeckt.

zurückgegriffen. Die *Vorteile* gegenüber der Verwendung bereits – meist nur in geringerem Umfang – vorhandener Daten, die sich für die Modellanalyse anführen lassen, sind in der nun folgenden Aufzählung kurz zusammengefasst:[1]

- Eine Stichprobe ist fast immer eine nicht perfekte Darstellung des Prozesses, der diese Stichprobe erzeugt hat. Somit kann die Input Modellierung auf Basis der Stichprobe(n) mögliche Lücken in den Daten schließen und die Daten glätten.
- Durch die Input Modellierung kann die Berücksichtigung von ungewöhnlichen – in der statistischen Fachliteratur oft als „extrem" bezeichneten – Ereignissen eingeschlossen werden, die möglicherweise in einer Stichprobe nicht repräsentiert werden.
- Die Input Modellierung kann explizit die identifizierten Abhängigkeiten berücksichtigen oder auch unterschiedliche Abhängigkeiten bzw. Abhängigkeitsstärken zur Analyse des Einflusses auf die Ergebnisse des Gesamtmodells analysieren.
- Ein Wechsel des Input Prozesses kann bei der Input Modellierung berücksichtigt werden, wenn logisch zwingende Gründe dafür vorliegen.

Konkret besteht die Aufgabe der Input-Modellierung in vielen Anwendungen darin, eine (multivariate) Wahrscheinlichkeitsverteilung als Input-Modell auszuwählen und die dafür benötigten Parameter zu schätzen.[2] Dies stellt jedoch nur eine Möglichkeit für ein Input-Modell dar. Eine auf *Leemis* (2003) basierende *Taxonomie*[3] für Input-Modelle, die leicht abgeändert wurde, ist in Abb. 25 graphisch dargestellt. So wird der in dieser Ar-

---

[1] Vgl. *Biller/Nelson* (2002), S. 35f.

[2] Vgl. hiezu die Ausführungen in *Biller/Nelson* (2002), S. 35.

[3] Vgl. dazu die Taxonomie in *Leemis* (2003), S. 63.

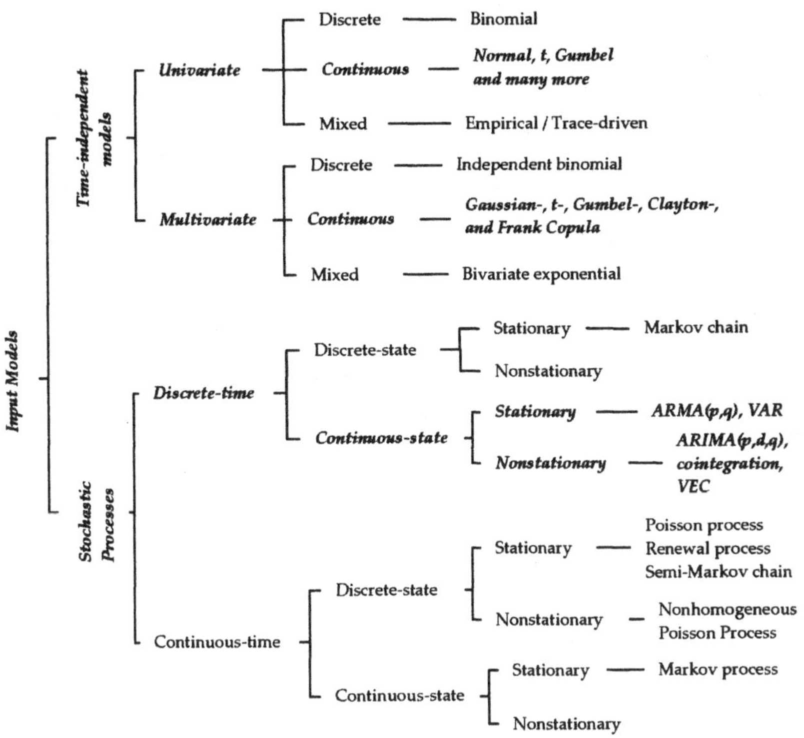

Abb. 25: Taxonomie für Input-Modelle
Quelle: leicht abgeändert übernommen aus *Leemis* (2003), S. 63.

beit verwendete Copula-Ansatz zu den multivariaten (zeitunabhängigen) Input-Modellen hinzugefügt.[1]

Die für die vorliegende Problemstellung als relevant betrachteten Input-Modelle sind in der Abb. 25 fett und kursiv hervorgehoben, wobei die Modellierung und Simulation der 'Time-independent models' in Kapitel 4.4 und die Diskussion über die hervorgehobenen Modellierungsansätze

[1] Man könnte jedoch ebenso den Copula-Ansatz in die untere Hälfte 'Stochastic processes' der Taxonomie in Abb. 25 zuordnen, wenn man die Residuen von Prozessen so modelliert, dass diese einer gemeinsamen multivariaten Verteilung folgen.

im Bereich 'Stochastic processes' in Abb. 25 im anschließenden Kapitel 4.3 erfolgt.

4.3 Modellierung und Simulation der Dynamik von stochastischen Größen durch Zeitreihenmodelle

4.3.1 Das 'Random Walk'-Modell

In dieser Arbeit fungiert das intuitiv relativ einfache 'Random Walk'-Modell als Ausgangspunkt für die Darstellung der Zeitreihenmodelle[1] im Rahmen der dynamischen Input-Modellierung für die vorliegende Problemstellung des zu entwickelnden Szenarien-Simulators. Dazu basiert die Darstellung des 'Random Walk'-Modells in dieser Arbeit auf den Ausführungen in *Campbell/Lo/MacKinlay* (1997), *Hull* (2003) sowie *Spremann* (2002).[2] Der Kerngedanke eines Random-Walk Prozesses besagt, dass sich jede Realisation dieses Prozesses jeweils aus der vorhergehenden Realisation des Prozesses und einer stochastisch unabhängigen und derselben statistischen Verteilung[3] folgenden Veränderung[4] bildet.

---

[1] Zeitreihenmodelle versuchen systematische Informationen in der Dynamik von Zeitreihen zu modellieren und zu erklären; dabei wird eine Zeitreihe als die zeitlich geordnete Folge von Beobachtungen für eine bestimmte Variable x: $x_1, x_2, \ldots, x_t, \ldots$ definiert. Der Index t kennzeichnet dabei die Zeitpunkte der einzelnen Realisationen der Variable x. Eine Zeitreihe wird in aller Regel als eine Trajektorie (d.h. als eine Realisation aus der Menge aller möglichen Zeitreihen) eines stochastischen Prozesses angesehen. Vgl. hierzu beispielsweise *Assenmacher* (2002), S. 203.

[2] Die hier relevanten Ausführungen finden sich in *Campbell/Lo/MacKinlay* (1997), S. 27ff. und S. 339ff.; *Hull* (2003), S. 209ff.; sowie *Spremann* (2002), S. 437ff.

[3] Diese Forderung wird mit dem aus der englischen Sprache entstammenden Akronym 'i.i.d' (= independent and identically distributed) abgekürzt.

[4] Diese Veränderungen werden in der Fachliteratur oft als Inkremente (engl. increments) bezeichnet. Vgl. hierzu beispielsweise *Spremann* (2002), S. 437ff. oder *Campbell/Lo/MacKinlay* (1997), S. 27ff. und S. 339ff. In der Ökonometrie werden diese Terme in aller Regel als Residuen (engl. residuals) benannt.

Formal lässt sich dies durch die folgende einfache Beziehung:[1]

$$X_t = X_{t-1} + \varepsilon_t,$$

wobei ε_t eine Sequenz von stochastisch unabhängigen und identisch verteilten Zufallsvariablen ist, ausdrücken. Der Zentrale Grenzwertsatz besagt, dass eine Summe $\varepsilon_1 + \varepsilon_2 + \ldots + \varepsilon_n$ von n unabhängigen, identisch verteilten Zufallsgrößen $\varepsilon_1, \varepsilon_2, \ldots, \varepsilon_n$, die alle den Erwartungswert μ und die (endliche) Streuung σ aufweisen, bei zunehmenden n asymptotisch normalverteilt ist. Daraus folgt für den Random-Walk Prozess, dass unabhängig von der konkreten Verteilung der Inkremente die zukünftigen Zustände eines Random-Walk Prozesses X_t asymptotisch normalverteilt sind und die Inkremente daher schon als normalverteilt angesehen werden dürfen.[2] Der Unterschied zwischen X_t und X_{t-1} ist eine normalverteilte Zufallsvariable mit einem Erwartungswert μ und einer Streuung σ; dies lässt sich formal für die Veränderung für eine ganze Zeiteinheit $\Delta t = 1$ wie folgt darstellen:[3]

$$X_t = X_{t-1} + \mu + \sigma \cdot \varepsilon_t,$$

mit ε_t als eine standard-normalverteilte unabhängige Zufallsvariable. Das 'Random Walk'-Modell ist ein Prozess *mit diskreter Zeit* und stellt das approximierte diskrete Analogon zu der in der Finanztheorie oft angeführten Brown'schen Bewegung (oder Wiener Prozess[4]) *mit kontinuierlicher Zeit* dar. Diese Beziehung zwischen dem 'Random Walk'-Modell mit diskreter Zeit und der Brownschen Bewegung mit kontinuierlicher Zeit wird nun versucht zu veranschaulichen. Unterteilt man die bisher unterstellten gan-

[1] Siehe dazu die Definition in *Spremann* (2002), S. 453.

[2] Vgl. *Spremann* (2002), S. 457. *Spremann* (2002) führt an, dass durch die Annahme von normalverteilten Inkrementen die Allgemeinheit nur wenig eingeschränkt wird.

[3] Vgl. *Spremann* (2002), S. 458.

[4] Zur Entstehungsgeschichte und den verschiedenen Bezeichnungen siehe die Fußnote 21 in *Spremann* (2002), S. 469.

zen Zeiteinheiten $\Delta t = 1$, zwischen denen der Prozess definiert ist, in kürzere Zeitintervalle Δt, so folgt:[1]

$$X_t = X_{t-\Delta t} + \mu \cdot \Delta t + \sigma \cdot \sqrt{\Delta t} \cdot \varepsilon_t ,$$

oder unter Verwendung von $\Delta X = X_t - X_{t-\Delta t}$:[2]

$$\Delta X = \mu \cdot \Delta t + \sigma \cdot \sqrt{\Delta t} \cdot \varepsilon .$$

Lässt man nun das Zeitintervall, zwischen denen der Prozess definiert ist, gegen Null konvergieren $\Delta t \to 0$, so dass der Prozess zu infinitesimal kleinen Zeitintervallen dt definiert ist, so gelangt man unter Setzung der allgemeinen Parameter $\mu = 0$ und $\sigma = 1$ zu der in Fachpublikationen oft angeführten Brown'schen Bewegung.[3] Die Brown'sche Bewegung ist ein Prozess mit kontinuierlicher Zeit und wird daher durch eine stochastische Differentialgleichung[4] beschrieben:[5]

$$dZ = \sqrt{dt} \cdot \varepsilon ,$$

mit ε als eine standard-normalverteilte unabhängige Zufallsvariable. In Fachpublikationen wird oft auch die verallgemeinerte Form der Brown'schen Bewegung (generalisierter Wiener Prozess[6]), die sich formal als:[7]

---

[1] Vgl. *Spremann* (2002), S. 458.

[2] Vgl. hiezu Formel (13-10) in *Spremann* (2002), S. 458.

[3] In dieser Arbeit wird die Brown'sche Bewegung kurz und prägnant vorgestellt, da sie als ein Grundbaustein für viele theoretische stochastische Modelle (mit kontinuierlicher Zeit) zur Modellierung der Dynamik von Preisprozessen dient. Für die Implementierung eines Szenarien Simulators können ausschließlich die Prozesse mit diskreter Zeit (Zeitreihenmodelle) zur Simulation berücksichtigt werden.

[4] Stochastische Differentialgleichungen stellen ein sehr anspruchsvolles mathematisches Gebiet dar und sind für die Problemstellung nicht weiter von Relevanz.

[5] Vgl. hiezu die Formel (13-18) in *Spremann* (2002), S. 469.; *Hull* (2003), S. 212.

[6] Vgl. dazu *Hull* (2003), S. 212.

[7] Vgl. hiezu die Formel (13-17) in *Spremann* (2002), S. 469.

$$dX = \mu \cdot dt + \sigma \cdot dZ\,,$$

darstellt, angeführt. In enger Anlehnung an die Darstellung in *Hull* (2003) wird nun versucht, den Übergang zwischen dem 'Random Walk'-Modell mit diskreter Zeit zu einer Brown'schen Bewegung mit kontinuierlicher Zeit graphisch (siehe hiezu Abb. 26) – zumindest ansatzweise – zu veranschaulichen.[1]

Dazu wird zunächst angenommen, dass sich ein Preisprozess gemäß eines einfachen 'Random Walk'-Modells mit $\mu = 0$, $\sigma = 1$ und Startwert $x_0 = 100$ verhält und dieser für 100 Zeitpunkte simuliert. Um den Übergang $\Delta t \to 0$ ansatzweise graphisch darzustellen, wird dann das Zeitintervall $\Delta t = 1$ in immer kleinere Zeitintervalle $\Delta t = 1/12$ sowie $\Delta t = 1/360$ zerlegt und der daraus resultierende simulierte Prozess graphisch dargestellt. Nach der kurzen Einführung in die Input-Modellierung und Simulation der Dynamik von stochastischen Größen anhand des 'Random Walk'-Modells, folgt nun die prägnante Darstellung von *ausgewählten* Zeitreihen-Modellen, die im Rahmen der Modellierung und Simulation eines Szenarien-Simulators für die vorliegende Problemstellung einen großen Anwendungskreis finden könnten.

4.3.2 Überblick über Zeitreihenmodelle

Das zuvor dargestellte 'Random Walk'-Modell eignet sich zwar für die Einführung in die Modellierung der Dynamik durch Zeitreihenmodelle, jedoch generiert der 'Random Walk'-Modell Zeitreihen, die keine für die Modellierung eines Szenarien-Simulators zu fassenden systematischen Muster für das dynamische Verhalten der stochastischen Größe enthalten. Da jedoch die Input-Modellierung für die vorliegende Problemstellung vor allem an systematischen Mustern in der Dynamik der einzelnen Input-Größen abzielt, wird das 'Random Walk'-Modell (siehe Abb. 26) in aller Regel nur von geringer Bedeutung sein.

[1] Vgl. hierzu *Hull* (2003), S. 212ff.

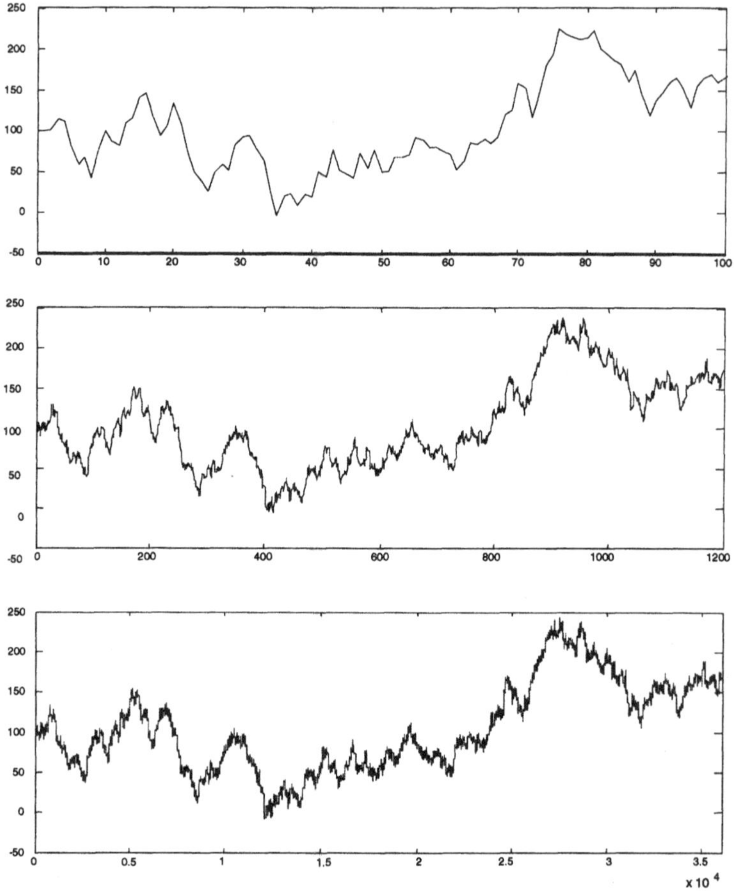

Abb. 26: Simulierte Random-Walk Prozesse mit $\Delta t \rightarrow 0$

Daraus resultiert die Notwendigkeit alternative Zeitreihenmodelle, die versuchen verschiedenartige systematische Muster aus empirischen Zeitreihen herauszufiltern, adäquat zu erfassen bzw. zu erklären und somit Rückschlüsse auf den dahinter stehenden Prozess zu erhalten, darzulegen. Zuvor muss aber dennoch darauf hingewiesen werden, dass es sich hier lediglich um ausgewählte Zeitreihenmodelle handelt und eine ausgiebige

Abhandlung aller bis dato bekannten Modelle mit den dazugehörigen Schätz- und Testverfahren den Rahmen dieser Arbeit bei weitem sprengen würde. Da jedoch der Kern der Arbeit nicht in der Zusammentragung und Darstellung aller bisher bekannten Zeitreihenmodelle und deren Schätzverfahren liegt, soll der/die interessierte Leser/in hier auf die umfangreiche Fachliteratur verwiesen werden.[1]

Zunächst erfolgt eine überblicksartige Einteilung der Zeitreihenmodelle (siehe Abb. 27). Dabei bietet sich eine grundlegende Unterscheidung zwischen 'stationären'[2] und 'nicht-stationären' Zeitreihenmodellen an sowie in univariate und multivariate Zeitreihenmodelle an. Zu dieser Unterscheidung ist anzumerken, dass in aller Regel Zeitreihen für Renditen stationäre bzw. Zeitreihen für Preise nicht-stationäre Eigenschaften aufweisen.[3] Bei der dynamischen Modellierung von (zeitabhängigen) stochastischen Größen stellt sich somit zunächst die Frage, ob ein stationäres oder nicht-stationäres Zeitreihenmodell bzw. ein univariates oder ein multivariates Zeitreihenmodell geschätzt werden kann. Die konkrete Vorgangsweise zur Auswahl der Zeitreihenmodelle, Schätzung und Diagnostik sowie die Handhabung der damit verbundenen Spezialprobleme ist ein sehr umfangreicher Themenkomplex, der in der vorliegenden Arbeit nicht nä-

---

[1] Monographien zur Ökonometrie und insbesondere Zeitreihenanalyse sind beispielsweise *Greene* (2000); *Mills* (1999); *Assenmacher* (2002); *Alexander* (2001); sowie *Poddig/Dichtl/Petersmeier* (2000).

[2] Man unterscheidet hierbei weiters in die 'schwache' und 'strenge' Form der Stationarität. Überlicherweise betrachtet man nur die schwache Form der Stationarität. Diese ist dann gegeben, wenn Erwartungswert, Varianz und Autokovarianzen der Zufallsvariablen für alle Zeitpunkte konstant sind (d.h. nicht vom Zeitindex t abhängig sind). Vgl. hierzu *Schröder* (2002), S. 15.

[3] Die Frage nach der Stationarität einer Zeitreihe wird bis dato in aller Regel durch sogenannte ‚unit root' (oder Einheitswurzel-) Tests untersucht. Dabei handelt es sich um einen statistischen Hypothesentest mit der Nullhypothese der Nicht-Stationarität gegen die Alternativhypothese der Stationarität. In der Finanzmarkt-Ökonometrie werden hier vor allem der Dickey-Fuller Test bzw. der Augmented-Dickey Fuller Test verwendet. Vgl. hiezu *Alexander* (2001), S. 324ff. oder *Kugler* (2002), S. 266ff.

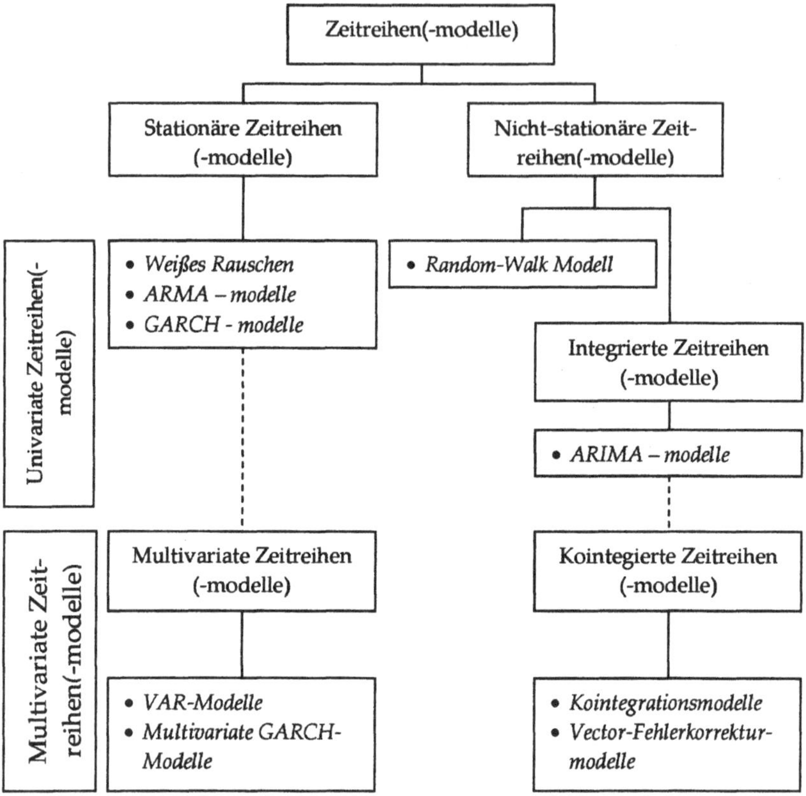

Abb. 27: Überblick über Zeitreihen(-modelle)

her behandelt wird.[1] Die in der Abb. 27 angeführten Zeitreihenmodelle werden nur in Form einer abrissartigen Präsentation kurz vorgestellt.

[1] Hierzu wird der/die interessierte Leser/in auf die umfangreiche Fachliteratur im Bereich der angewandten Ökonometrie und hier vor allem auf Monographien zur Zeitreihenanalyse, wie *Greene* (2000); *Mills* (1999); *Assenmacher* (2002); *Alexander* (2001); sowie *Poddig/Dichtl/Petersmeier* (2000) verwiesen werden. Weiters können die Parameter von Zeitreihenmodellen anhand von empirischen Daten mit speziell dafür entwickelten ökonometrischen Softwarepakten wie etwa EViews® oder SAS geschätzt und auf statistische Signifikanz geprüft werden.

Zunächst werden die Basiskomponenten zur Modellierung von univariaten stationären Zeitreihen, die größtenteils auf den Ausführungen in *Alexander* (2001) beruhen, kurz vorgestellt. Nach der klassischen univariaten Zeitreihenanalyse von *Box/Jenkins* (1976) werden Zeitreihen auf Vorliegen von Autokorrelationen zwischen den einzelnen Realisationen mit jeweils ihren eigenen zeitversetzten Realisationen geprüft.

Im Fall von Autokorrelationen können diese in ökonometrischen Modellen, die als generell als *'Autoregressive Moving Average' (ARMA)-Modelle* zusammengefasst werden, geschätzt und auf ihre statistische Signifikanz geprüft werden. So kann beispielsweise ein $AR(p)$ -Modell in der Form[1]

$$x_t = c + \alpha_1 x_{t-1} + \alpha_2 x_{t-2} + \ldots + \alpha_p x_{t-p} + \varepsilon_t ,$$

auf eine univariate stationäre Zeitreihe schätzen. Weiters können die Fehler dieses $AR(p)$-Modells als lineare Kombination von weißem Rauschen[2] für verschiedene 'Lags' dargestellt werden. Diese lineare Kombination kann ebenfalls in Form eines $MA(q)$-Modells in der Form[3]

$$x_t = c + \varepsilon_t + \beta_1 \varepsilon_{t-1} + \beta_2 \varepsilon_{t-2} + \ldots + \beta_q \varepsilon_{t-q} ,$$

erfasst werden. Abhängig von der vorliegenden Zeitreihe können $AR(p)$ und $MA(q)$ ebenso zu einem $ARMA(p,q)$-Modell in der Form[4]

$$x_t = c + \alpha_1 x_{t-1} + \alpha_2 x_{t-2} + \ldots + \alpha_p x_{t-p} + \varepsilon_t + \beta_1 \varepsilon_{t-1} + \beta_2 \varepsilon_{t-2} + \ldots + \beta_q \varepsilon_{t-q} ,$$

kombiniert werden.[5]

---

[1] Entnommen aus *Alexander* (2001), S. 331.

[2] Siehe zum Begriff 'weißes Rauschen' (white noise) unten. In der ökonometrischen Modelldiagnostik stellt das 'weiße Rauschen' den gewünschten Prozess für die Residuen des geschätzten Modells dar.

[3] Entnommen aus *Alexander* (2001), S. 332.

[4] Entnommen aus *Alexander* (2001), S. 333.

[5] Siehe zur Modellidentifikation, -schätzung sowie Modelldiagnostik *Alexander* (2001), S. 333ff. oder *Buscher* (2002), S. 131ff.

Liegen hingegen keine signifikanten Autokorrelationen und ein Erwartungswert von Null in der Zeitreihe vor, so wird die Zeitreihe allgemein als *'weißes Rauschen'*

$$x_t = \varepsilon_t ,$$

wobei ε_t eine identisch-verteilte und unabhängige Zufallsvariable mit Erwartungswert Null und Varianz σ^2 bezeichnet.

Eine weitere eigene Modellklasse für univariate stationäre Zeitreihen, die die Eigenschaft der nicht-konstanten bedingten Varianz aufweisen, wird als so genannte *'Generalized Autoregressive Conditional Heteroscedastic' (GARCH) – Modelle* bezeichnet. Es gibt bereits eine große Vielzahl an verschiedenen GARCH-Modellen, wobei hier die allgemeine bedingte Varianz-Gleichung eines $GARCH(p,q)$-Modells formal als

$$\sigma_t^2 = \alpha_0 + \alpha_1 \varepsilon_{t-1}^2 + ... + \alpha_p \varepsilon_{t-p}^2 + \beta_1 \sigma_{t-1}^2 + ... + \beta_q \sigma_{t-q}^2 ,$$

wobei $\alpha_0, \alpha_1, ..., \alpha_p, \beta_1, ..., \beta_q \geq 0$ dargestellt.[1] GARCH-Modelle bieten sich oft bei der Modellierung von ‚high-frequency' Finanzdaten, d.h. Daten die jeweils in nur kurzen Zeitabständen gemessen wurden, wiedergegeben wird.

Im Laufe der Zeit wurden die bisher kurz umrissenen univariaten Zeitreihenmodelle zu multivariaten Ansätzen ausgebaut. So stellen die *'Vector Autoregressive' (VAR)-Modelle* die unmittelbare multivariate Erweiterung der zuvor beschriebenen autoregressiven (AR)-Modelle dar. Beispielsweise stellt sich ein vektorautoregressives Modell mit Order 1 – VAR(1)-Modell – für ein bivariates System als[2]

$$\begin{aligned} x_{1,t} &= \alpha_{1,0} + \alpha_{11} x_{1,t-1} + \alpha_{12} x_{2,t-1} + \varepsilon_{1,t} \\ x_{2,t} &= \alpha_{2,0} + \alpha_{2,1} x_{1,t-1} + \alpha_{22} x_{2,t-1} + \varepsilon_{2,t} \end{aligned} ,$$

[1] Siehe zu ARCH bzw. GARCH-Modellen und der Vielzahl an Varianten beispielsweise *Schmitt* (2002), S. 301ff. oder *Alexander* (2001), S. 63ff.

[2] Die Formel ist entnommen aus *Alexander* (2001), S. 340.

dar. Nach *Winker* (2002) entstanden diese vor allem aufgrund des so genannten „Endogenitätsproblems“[1] und dem Umstand, dass die Schätzung von Zusammenhängen, die unmittelbar auf einer ökonomischen Theorie beruhten bis dato keine Aussagen über dynamische Anpassungen zuließen. Weiters argumentiert *Winker* (2002), dass der Vorteil in der Modellierung von multivariaten (stationären) Zeitreihen mit VAR-Modellen darin liegt, dass kein a priori Wissen über ökonomische Zusammenhänge notwendig ist.

Liegt hingegen a priori Wissen über den dynamischen Zusammenhang von multivariaten Größen – die integrierte[2] Zeitreihen aufweisen – in Form von langfristigen Gleichgewichtsbeziehungen vor, so können diese in aller Regel durch sogenannte *Kointegrationsmodelle* adäquat erfasst werden. Diese auf *Engle/Granger* (1987) zurückgehenden Modelle liefern die statistische Theorie, um Preise, deren 'Spreads' eine 'mean-reverting-Eigenschaft' aufweisen und daher langfristig durch einen gemeinsamen stochastischen Trend miteinander verbunden sind, zu modellieren. So gelten beispielsweise zwei Zeitreihen x und y kointegriert, wenn

1) $x, y \sim I(1)$, und
2) ein α existiert, sodass eine Linearkombination $x - \alpha y \sim I(0)$ ist.

Durch eine Weiterentwicklung können Kointegrationsmodelle in der Form von *'Vector error-correction' (VEC)-Modelle,* das sich im Fall von zwei kointegrierten Zeitreihen x und y formal als

$$\begin{aligned}\Delta x_t &= \alpha_1 + \sum_{i=1}^{m_1} \beta_{1i} \Delta x_{t-i} + \sum_{i=1}^{m_2} \beta_{2i} \Delta y_{t-i} + \gamma_1 z_{t-1} + \varepsilon_{1t} \\ \Delta y_t &= \alpha_2 + \sum_{i=1}^{m_3} \beta_{3i} \Delta x_{t-i} + \sum_{i=1}^{m_4} \beta_{4i} \Delta y_{t-i} + \gamma_2 z_{t-1} + \varepsilon_{2t}\end{aligned},,$$

[1] Siehe zum 'Endogenitätsproblem' *Winker* (2002) S. 215f.

[2] Eine Zeitreihe x_t heißt ‚integriert' von der Ordnung d, mit $x_t \sim I(d)$ bezeichnet, wenn sie nach d – maliger Differenzenbildung einem stationären Prozess, mit $x_t \sim I(0)$ bezeichnet, folgt. Vgl. *Kugler* (2002), S. 265.

darstellt, sowohl die langfristige Gleichgewichtsbeziehung als auch die kurzfristige Dynamik von kointegrierten Zeitreihen modellieren.[1]

4.4 Modellierung und Simulation von statischen stochastischen Abhängigkeiten

Für die Modellierung und Implementierung eines Szenarien Simulators stellt der Komplex der statischen stochastischen Abhängigkeiten eine – wie schon die Modellierung der Dynamik (d.h. der seriellen Abhängigkeiten) – überaus wichtige Problematik dar, weil die Simulationsergebnisse hiervon in der Regel stark beeinflusst werden bzw. so stark voneinander abweichen können, dass daraus unterschiedliche Schlussfolgerungen bzw. Entscheidungen resultieren können. Daher wird in diesem Abschnitt versucht, die Grundlagen sowie weiterführende Literatur zur Modellierung von statischen stochastischen Abhängigkeiten durch Copula Funktionen – generell als *Copula-Ansatz* bezeichnet – zu liefern. Der Copula-Ansatz, dem in jüngster Zeit vermehrt Aufmerksamkeit in der Fachliteratur zukommt, besitzt einige wesentliche Vorteile gegenüber anderen (traditionellen) Ansätzen. Damit stellt dieser Copula-Ansatz eine leistungsfähige Methode, um gemeinsame Verteilungen von Zufallsgrößen eindeutig zu konstruieren und aus diesen multivariaten Verteilungen Zufallsvektoren zu generieren, dar.

Dieser Abschnitt ist wie folgt organisiert: Zunächst erfolgt eine kurze und allgemeine Einführung zu Copula Funktionen mit den Vorteilen dieses Ansatzes. Dabei wird auf die ausführliche und eher formal-orientierte Darstellung weitgehend verzichtet und dazu sowie für weiterführende Darstellungen auf die angeführte Literatur verwiesen. Daran schließt eine illustrative Darstellung zum Copula-Ansatz und der Problematik der Modellierung allein mit Hilfe des Pearson'schen Korrelationskoeffizienten als lineares Abhängigkeitsmaß zur Beschreibung von gemeinsamen Verteilungen – auf dem in *Embrechts/McNeil/Straumann* (2002) präsentierten Bei-

[1] Vgl. *Alexander* (2001), S. 347ff.

spiel aufbauend – an. Auf dieser Grundlage werden sodann einige ausgewählte Copula Funktionen als die eindeutigen Abhängigkeitsstrukturen – wie in der Literatur häufig bezeichnet – zwischen den Zufallsgrößen betrachtet und einige Beispiele dazu angeführt. Zuletzt wird auf die für die vorliegende Problemstellung wichtige Thematik der Generierung von Zufallsvektoren näher eingegangen. Im Rahmen dieser kurzen Darstellung wird jedoch ausschließlich auf die Generierung von Zufallsvektoren im Kontext von ausgewählten Copula Funktionen anhand der Durchsicht ausgewählter Literatur eingegangen. Hierzu werden einige in Fachpublikationen entwickelte Algorithmen in Matlab® für die Verwendung in einem Szenarien-Simulator implementiert.

4.4.1 Modellierung mit dem Copula-Ansatz

Der Copula-Ansatz wird verwendet, da die traditionelle Modellierung von Abhängigkeiten zwischen stochastischen Größen in finanzwirtschaftlichen Problemstellungen durch den Pearson'schen Korrelationskoeffizienten einige für die Risikoanalyse durch die stochastischen Simulation schwerwiegende Nachteile aufweist. *Embrechts/McNeil/Straumann* (2002) enthält dazu eine ausführliche Diskussion über Abhängigkeiten und Korrelation als lineares Abhängigkeitsmaß, die später in einem illustrativen Beispiels zu der Verwendung von Copulas und der Pearson'schen Korrelation als Abhängigkeitsmaß wieder aufgegriffen wird.

Ausgehend von der gemeinsamen Verteilungsfunktion

$$F(x_1,...,x_n) = P[X_1 \le x_1,...,X_n \le x_n],$$

die die Abhängigkeit zwischen den (reell-wertigen) Zufallsvariablen $X_1,...,X_n$ vollständig beschreibt, lässt sich das mathematische Konzept der Copula Funktion wie folgt darlegen:[1] Es basiert auf der Trennung der gemeinsamen Verteilungsfunktion in einen Teil, der ausschließlich die Abhängigkeitsstruktur – durch die Copula Funktion – und in einen Teil,

[1] Vgl. hiezu *Embrechts/McNeil/Straumann* (2002), S. 180f.

der die einzelnen Zufallsvariablen unabhängig voneinander – durch die Randverteilungen – beschreibt. Das Konzept der Copula Funktionen geht auf das Theorem von *Sklar* (1959) zurück: Sei $F(x_1,\ldots,x_n) = P[X_1 \leq x_1,\ldots,X_n \leq x_n]$ eine gemeinsame Verteilungsfunktion für die Zufallsvariablen $X_1,\ldots,X_n$ mit den Randverteilungen $F_1(x_1),\ldots,F_n(x_n)$, so kann F als Funktion ihrer Randverteilungen geschrieben werden als

$$F(x_1,\ldots,x_n) = C(F_1(x_1),\ldots,F_n(x_n)),$$

wobei $C(u_1,\ldots,u_n)$ eine gemeinsame Verteilungsfunktion mit gleichverteilten Randverteilungen $u \sim U(0,1)$ ist und als *Copula* bezeichnet wird. Wenn $F_1(x_1),\ldots,F_n(x_n)$ stetig sind, dann ist die Copula C *eindeutig*. Für die Simulation von einer Abhängigkeitsstruktur zwischen stochastischen Größen ist die Schlussfolgerung aus dem Theorem von *Sklar* (1959), die besagt

$$C(u_1,\ldots,u_n) = F\left(F_1^{-1}(x_1),\ldots,F_n^{-1}(x_n)\right),$$

von Bedeutung, da bei Kenntnis eines Algorithmus zur Simulation einer multivariaten Verteilung sodann – durch die Transformationsmethode – die für diese multivariate Verteilung zugrunde gelegte Copula-Funktion simuliert werden kann.[1]

Bevor einige zweidimensionale Copulas sowohl formal geschrieben als auch graphisch veranschaulicht werden, erfolgt zuvor eine allgemeine formale Definition mit drei Eigenschaften:[2] Eine 2-dimensionale Copula ist eine Funktion $C:[0,1]^2 \rightarrow [0,1]$ mit den folgenden drei Eigenschaften:

1. Für jedes $u \in [0,1]$ gilt:

$$C(0,u) = C(u,0) = 0.$$

---

[1] Vgl. *Embrechts/McNeil/Straumann* (2002), S. 218.

[2] Die Definition wurde entnommen aus *Franke/Härdle/Hafner* (2004), S. 308. Siehe zur analogen Definition für eine n-dimensionale Copula *Embrechts/McNeil/Straumann* (2002), S. 180f.

2. Für jedes $u \in [0,1]$ gilt:

$$C(u,1) = u \text{ und } C(1,u) = u.$$

3. Für jedes $(u_1, u_2), (v_1, v_2) \in [0,1] \times [0,1]$ mit $u_1 \leq v_1$ und $u_2 \leq v_2$ gilt:

$$C(v_1, v_2) - C(v_1, u_2) - C(u_1, v_2) + C(u_1, u_2) \geq 0.$$

Einige konkrete Beispiele für zweidimensionale Copulas sind die

Produktcopula:[1]

$$C^{Produkt}(u_1, u_2) = u_1 \cdot u_2$$

Gaußsche oder normale Copula:[2]

$$C_\rho^{Gauss}(u_1, u_2; \rho) = \int_{-\infty}^{\Phi^{-1}(u_1)} \int_{-\infty}^{\Phi^{-1}(u_2)} \frac{1}{2\pi(1-\rho^2)} \exp\left\{ \frac{-(s^2 - 2\rho st + t^2)}{2(1-\rho^2)} \right\} dsdt,$$

wobei $-1 \leq \rho \leq 1$

t Copula:[3]

$$C_{v,\rho}^{t}(u_1, u_2; \rho; v) = \int_{-\infty}^{t^{-1}(u_1)} \int_{-\infty}^{t^{-1}(u_2)} \frac{1}{2\pi(1-\rho^2)} \exp\left\{ 1 + \frac{s^2 - 2\rho st + t^2}{v(1-\rho^2)} \right\}^{-(v+2)/2} dsdt,$$

wobei $-1 \leq \rho \leq 1$ *und* $v > 0$

Gumbel Copula:[4]

$$C_\beta^{Gumbel}(u_1, u_2; \beta) = \exp\left\{ -\left[(-\log u_1)^{1/\beta} + (-\log u_2)^{1/\beta} \right]^\beta \right\}, \text{ wobei } 0 < \beta \leq 1$$

Clayton Copula:[5]

$$C_\theta^{Clayton}(u_1, u_2; \theta) = \left(u_1^{-\theta} + u_2^{-\theta} - 1 \right)^{-1/\theta}, \text{ wobei } \theta > 0$$

Frank Copula:[6]

1 *Embrechts/McNeil/Straumann* (2002), S. 181.
2 *Embrechts/McNeil/Straumann* (2002), S. 181.
3 *Embrechts/Lindskog/McNeil* (2001), S. 26.
4 *Embrechts/McNeil/Straumann* (2002), S. 181.
5 *Embrechts/Lindskog/McNeil* (2001), S. 31.
6 *Embrechts/Lindskog/McNeil* (2001), S. 32.

$$C_{\theta}^{Frank}(u_1, u_2; \theta) = -\frac{1}{\theta}\log\left(1 + \frac{(\exp\{-\theta u_1\} - 1)(\exp\{-\theta u_2\} - 1)}{\exp\{-\theta\} - 1}\right),$$

wobei $\theta \in \Re \setminus \{0\}$

Eine Vielzahl von weiteren zweidimensionalen Copulas sind beispielsweise in *Joe* (1997), *Franke/Härdle/Hafner* (2004) sowie in *Embrechts/McNeil/Straumann* (2002) angeführt. Abschließend wird noch auf die Vorteile der Modellierung und Konstruktion von multivariaten Verteilungen mit dem Copula-Ansatz in Verbindung im Zusammenhang mit dem Pearson'schen Korrelationskoeffizienten anhand eines illustrativen Beispiels veranschaulicht. Die Idee zu der folgenden Darstellung geht auf die Ausführungen in *Embrechts/McNeil/Straumann* (2002) zurück, die illustrativ aufzeigen, dass bei Kenntnis der Randverteilungen und des Pearson'schen Korrelationskoeffizienten als lineares Abhängigkeitsmaß generell multivariate Verteilungen *nicht eindeutig* bestimmt sind bzw. modelliert werden.

Für die vorliegende Darstellung wird das Beispiel adaptiert:[1] Es seien zwei standard-normalverteilte Zufallsvariablen X und Y mit einem Pearson'schen Korrelationskoeffizienten $\rho(X,Y) = 0{,}707$ gegeben. Wenn $(X,Y)'$ eine zweidimensionale Gauß'sche Normalverteilung besitzt, dann ist die Verteilungsfunktion F von $(X,Y)'$ gegeben durch die Gauß'sche Copula

$$F(x,y) = C_{\rho}^{Gauss}(\Phi(x), \Phi(y)).$$

Nun modelliert jede andere Copula $C \neq C_{\rho}^{Gauss}$ – daher auch oft als Abhängigkeitsstruktur bezeichnet – eine verschiedene Verteilungsfunktion F von $(X,Y)'$, die jedoch *denselben* Pearson'schen Korrelationskoeffizienten $\rho(X,Y) = 0{,}707$ besitzen kann.

Dieser Sachverhalt wird in der Abb. 28 anhand der Dichtefunktionen der Gauß'schen Copula und der Gumbel Copula, wobei beide Copulas mit

[1] Vgl. zu dem ursprünglichen Beispiel *Embrechts/McNeil/Straumann* (2002), S. 202ff.

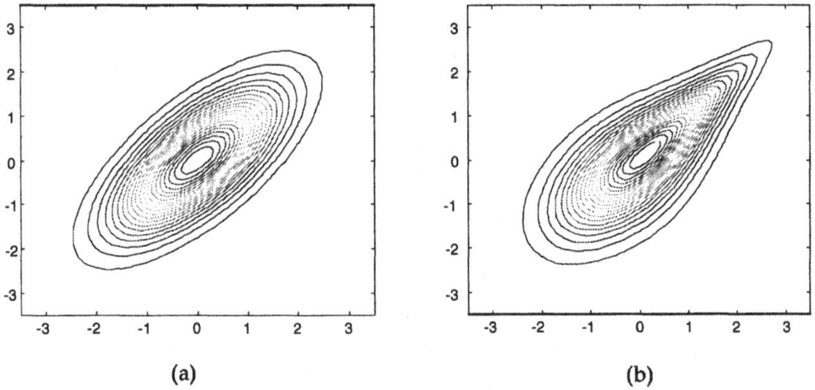

Abb. 28: Isoquanten-Graph der a) bivariaten Gauß'schen Copula(dichte) mit standard-normal-verteilten Randverteilungen und der b) bivariaten Gumbel Copula(dichte) mit Parameter $\delta = 2$ und mit standardnormal-verteilten Randverteilungen

approximativ derselben Abhängigkeitsstärke parametrisiert sind (*Kendall's* $\tau = 0{,}5$),[1] versucht graphisch zu untermauern.

4.4.2 Simulation von abhängigen Zufallsvektoren

Nachdem die mögliche Modellierung für die Inputvariablen des stochastischen Modells mittels des Copula-Ansatzes erörtert wurde, stellt sich unmittelbar im Anschluss die Frage nach der Generierung der modellierten stochastischen Größen mit Hilfe eines in einem Computerprogramm implementierten Algorithmus.

Ein häufiger Fehler, der bereits im Zuge der Modellierung von multivariaten Inputgrößen auftritt, ist das Übersehen oder gar die Vernachlässigung der gegenseitigen (statischen) Abhängigkeiten zwischen den einzelnen stochastischen Größen. Diese Problematik stellt sich jedoch nicht nur in

[1] Ein Pearson'scher Korrelationskoeffizient $\rho = 0{,}707$ bei der Gauß'schen Copula sowie der Parameter $\delta = 2$ bei der Gumbel Copula besitzen approximativ dasselbe *Kendall's* $\tau = 0{,}5$. Die Werte wurden aus *Joe* (1997), S. 146 entnommen.

der theoretischen Modellierung[1], sondern ebenso in der Generierung der abhängigen stochastischen Größen dar. In der Folge wird daher – wie zuvor für die Modellierung – der Copula-Ansatz zur Generierung von Zufallsvektoren anhand ausgewählter Literatur diskutiert. Die Vorteilhaftigkeit des für diese Arbeit gewählten Copula-Ansatzes zu traditionellen Ansätzen[2] zeigt sich – wie schon zuvor in der Modellierung – ebenso in der Generierung von Zufallsvektoren. So führt *Embrechts/McNeil/Straumann* (2002) zu dieser Thematik an, dass die Simulation aus multivariaten Verteilungen auf Basis des Copula-Ansatzes *kein theoretisches* Problem hinsichtlich einer existierenden und eindeutigen Lösung mehr ist, sondern vielmehr ein *technisches* Problem darstellt. Die größte Schwierigkeit besteht dann – nachdem die Generierung von univariaten Zufallszahlen keine Probleme bereiten sollte – darin, Realisationen aus der Copula Funktion zu generieren.[3]

Zu der Thematik der Generierung von Zufallsvektoren im Rahmen des Copula-Ansatzes wird die Darstellung in die zwei Teile 'Generierung von Zufallspaaren' und 'Generierung von Zufallsvektoren' untergliedert. Dabei stellt der erste Teil zu den bivariaten Zufallsvektoren gewissermaßen die Vorbereitung für den meist komplexeren höher-dimensionaleren Fall dar. Für beide Teile stellt sich der Aufbau wie folgt dar: Zunächst werden Algorithmen zur Gauß'schen Copula aus *Hörmann/Leydold/Derflinger* (2004) und der *t-copula* aus *Lindskog* (2001) erörtert und für die mögliche Verwendung in einem Szenarien-Simulator in Matlab® implementiert. Im Anschluss werden sodann Algorithmen zur *Gumbel-, Clayton-* bzw. *Frank-Copula* aus *Lindskog* (2001) dargestellt als auch für die mögliche Verwendung in einem Szenarien-Simulator in Matlab® implementiert. Der kommentierte Programmcode für alle in diesem Abschnitt angeführten Algorithmen und Abbildungen ist gänzlich im Anhang 8.5 aufgelistet.

[1] Die Problematik der Modellierung von stochastischen Abhängigkeiten wird in dieser Arbeit durch den Copula-Ansatz berücksichtigt. Vgl. hiezu Kapitel 4.4.1.

[2] Vgl. *Frees/Valdez* (1998) zu einer Darstellung der Vorteile des Copula-Ansatzes im historischen Kontext der Konstruktion von multivariaten Verteilungen.

[3] Vgl. *Embrechts/McNeil/Straumann* (2002), S. 218f.

4.4.2.1 Generierung von Zufallspaaren

Zur Problematik der Generierung von bivariaten Zufallsvektoren werden in *Hörmann/Leydold/Derflinger* (2004) zahlreiche Algorithmen sowohl präsentiert als auch ausgiebig hinsichtlich deren Implementierbarkeit und Geschwindigkeit diskutiert.[1] In der vorliegenden Arbeit werden jedoch nur einige wenige ausgewählte Algorithmen im Zuge des Copula-Ansatzes aus *Hörmann/Leydold/Derflinger* (2004), *Lindskog* (2001) sowie *Embrechts/McNeil/ Straumann* (2002) aufgegriffen und anschließend für den Einsatz in einem Szenarien-Simulator in Matlab® implementiert.[2]

Algorithm NORTU-Bivariate
Require: Correlation ρ (which is in this case equal to rank correlation r).
Output: Random pair from the NORTU distribution, which has uniform marginals and correlation ρ.
/* Setup */
1: Set $\rho_Y \leftarrow 2\sin\left(\frac{\pi\rho}{6}\right)$
/* Generator */
2: Generate standard normal variates Y_1 and Y_2.
3: Set $Y_2 \leftarrow \rho_Y Y_1 + \sqrt{1-\rho_Y^2}\,Y_2$.
/* (Y_1, Y_2) is multinormal distributed with variances 1 and correlation ρ_Y */
4: **Return** random pair $(\Phi_N(Y_1), \Phi_N(Y_2))$.

Abb. 29: NORTU-Bivariate Algorithmus
Quelle: entnommen aus *Hörmann/Leydold/Derflinger* (2004), S. 334.

Zu Beginn wird nun – als Vorbereitung auf den höher-dimensionaleren Fall – der *NORTU* (normal to uniform)-Algorithmus aus *Hörmann/Leydold/Derflinger* (2004) zur Generierung von Zufallspaaren, die

[1] Vgl. zur ausführlichen Darstellung dieser Problematik und zahlreichen Algorithmen zur Generierung von Zufallsvektoren die Kapitel 11 und 12 in *Hörmann/Leydold/Derflinger* (2004) und die darin zitierte Literatur.

[2] Siehe zu weiteren Algorithmen, wie beispielsweise zur Generierung von bivariaten Zufallsvektoren durch die Zero-Maximal-Methode und die Chessboard-Verteilung und den dazu publizierten Algorithmen *Hörmann/Leydold/Derflinger* (2004), S. 330ff.

eine Gauß'sche Copula als Abhängigkeitsstruktur aufweisen, präsentiert (siehe Abb. 29), implementiert und anschließend Realisationen aus diesem Algorithmus graphisch zu veranschaulichen.

Mit diesem in Abb. 29 dargelegten Algorithmus werden bivariate Zufallsvektoren mit einer Gauß'schen (Normal-)Copula als Abhängigkeitsstruktur, einer bestimmten Abhängigkeitsstärke in Form der Spearman'schen Rank Korrelation und gleichverteilten Randverteilungen generiert.[1]

Algorithm Arbitrary-Marginals

Require: Rank correlation r, cdfs F_1 and F_2 of the two marginals distributions.

Output: Random pair with desired rank correlation and marginals.

/* Setup */

1: Choose one of the Algorithms 12.7, 12.8, or 12.9 for generating uniform copula and run setup. Notice that is a modeling decision

/* Generator */

2: Generate random pair (U,V) with uniform marginals and correlation r.

3: Compute $X \leftarrow F_1^{-1}(U)$ and $Y \leftarrow F_2^{-1}(V)$ (numerically)

4: **Return** random pair (X,Y).

Abb. 30: Arbitrary-Marginals Algorithmus
Quelle: entnommen aus *Hörmann/Leydold/Derflinger* (2004), S. 337.

Dieser NORTU-Bivariate Algorithmus kann weiters vor den in Abb. 30 dargestellten Algorithmus vorangestellt werden, um darauf aufbauend einen bivariaten Zufallsvektor mit beliebigen Randverteilungen zu generieren, wie dies beispielhaft in Abb. 31 anhand von damit generierten Realisationen für ausgewählte Randverteilungen aufgezeigt wird.

Eine gewisse Flexibilität – und damit eine realitätsnähere Modellierung – von statischen Abhängigkeitsstrukturen in einem Szenarien-Simulator knüpft sich eng an die Anforderung nach der Generierung von Zufallspaaren mit weiteren Copulas als Abhängigkeitsstrukturen. In der vorlie-

[1] Anders formuliert: Mit dem NORTU-bivariate Algorithmus werden Zufallspaare aus der Gauß'schen Normal Copula mit einer festzulegenden Spearmann'schen Rank Korrelation generiert.

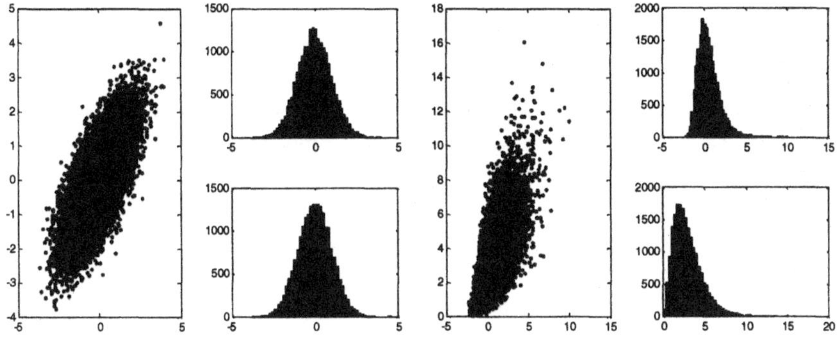

(a) (b)

Abb. 31: 10.000 generierte Zufallspaare mit (a) normalen Randverteilungen und einer Spearmann rank Korrelation von 0,7; (b) mit Gumbel und Gamma Randverteilungen und einer Spearmann'schen rank Korrelation von 0,7.

genden Arbeit werden daher zusätzlich Algorithmen aus der Literatur zu der t-Copula, Gumbel-, Clayton- und Frank-Copula dargelegt und anschließend in Matlab® implementiert.[1] Hierbei wird zunächst der in Abb. 32 nachstehende Algorithmus zur Generierung von Zufallspaaren aus der t-Copula, da dieser auf dem zuvor angeführten Algorithmus teilweise aufbaut, angeführt.

Zur Generierung von Zufallspaaren aus den Archimedean-Copulas[2] wie der Gumbel, Clayton und Frank wird ein spezieller Ansatz[3] aus *Lindskog* (2001) herangezogen, der als universell formulierter Algorithmus in vorstehender Abb. 33 dargestellt ist.[4]

[1] Vgl. zu einer Vielzahl von weiteren Copula Funktionen als möglichen Abhängigkeitsstrukturen *Joe* (1997) S. 140ff.

[2] Siehe zur Definition und Eigenschaften von Archimedean-Copulas *Frees/Valdez* (1998); bzw. *Lindskog* (2001), S. 45ff.

[3] Vgl. zur generellen Thematik die Ausführungen in *Embrechts/McNeil/Straumann* (2002); *Frees/Valdez* (1998), sowie die darin zitierte Literatur.

[4] Die konkrete Festlegung für alle drei Copulas Gumbel, Clayton und Frank des hier allgemein formulierten Algorithmus findet sich im Anhang 8.4.

Algorithm

Require: degrees of freedom ν; kendall's tau rank correlation matrix τ, distribution function of the (univariate) t-distribution

Output: Random pair with uniform marginals and the desired t-copula und dependence according to the specified kendall's tau rank correlation matrix τ

/* Setup */

1: Set $\rho_l(i,j) = \sin(\pi\tau(i,j)/2)$

/* Generator */

2: Generate a bivariate vector Z with the correlation matrix ρ_l /* e.g. by using the NORTU-bivariate Algorithm

3: Generate an independent chi-squared distributed variate s ($s \sim \chi_\nu^2$)

4: Set $X = \dfrac{\sqrt{\nu}}{\sqrt{s}} Z$

5: Set $u = F_\nu(x_1)$ and $v = F_\nu(x_2)$

6: **Return**: the desired random vector is (u, v)

Abb. 32: Algorithmus zur Generierung von Zufallspaaren mit einer t-copula
Quelle: entnommen aus *Lindskog* (2001), S. 49.

Algorithm

Require: parameter of the copula

Output: Random pair with uniform marginals and the desired Archimedean copula und dependence according to the specified parameter of the copula

/* Generator */

1: Generate two independent uniform variates s and q;

2: Set $t = K_C^{(-1)}(q)$, where $K_{(C)}^{(-1)}$ denotes the quasi-inverse of the distribution function $K_{(C)}$;

3: Set $u = \varphi^{[-1]}(s\varphi(t))$ and $v = \varphi^{[-1]}((1-s)\varphi(t))$;

4: **Return**: the desired pair is (u, v)

Abb. 33: Algorithmus zur Generierung von Zufallspaaren mit einer Archimedean copula
Quelle: entnommen aus *Lindskog* (2001), S. 36.

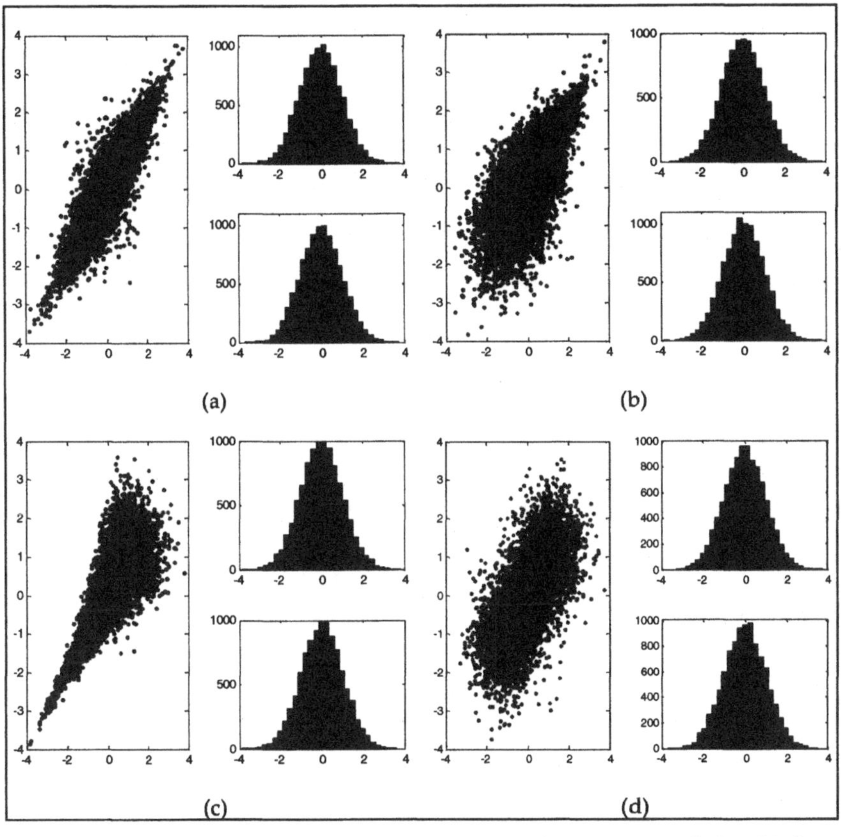

Abb. 34: 10.000 generierte Zufallspaare mit (a) t-copula linear corr=0,7; DoF 4 (b) Gumbel-Copula mit delta=2 (c) Clayton-Copula parameter=2 (d) Frank-Copula mit parameter = 5,74

Der Algorithmus in Abb. 33, der prinzipiell mit einigen Erweiterungen ebenso für den höher-dimensionaleren Fall angewendet werden kann[1], wird – wie schon zuvor für die Gauß'sche Normal sowie t-Copula – für den Einsatz in einem Szenarien-Simulator in Matlab® implementiert. Eine graphische Gegenüberstellung der mit diesem Algorithmus generierten

[1] Siehe hiezu das nächste Kapitel 4.4.2.2.

Zufallspaare mit standardnormalen Randverteilungen erfolgt dazu in Abb. 34.

Wie in Abb. 34 leicht ersichtlich ist, können mit denen hier vorgestellten und implementierten (bivariaten) Copulas eine Vielzahl von Abhängigkeitsstrukturen zwischen zwei stochastischen Größen modelliert und auch bivariate Zufallsvektoren generiert werden. Anschließend wird nächsten Abschnitt die Anwendung der Algorithmen auf höher-dimensionalere Zufallsvektoren anhand der der Fachliteratur für den Einsatz in einem Szenarien-Simulator knapp vorgestellt.

4.4.2.2 Generierung von höher-dimensionaleren Zufallsvektoren

Das Problem der Modellierung und der anschließenden Generierung von Zufallsvektoren aus Verteilungen mit bestimmten Randverteilungen sowie einer bestimmten Korrelationsmatrix wird in höheren Dimensionen $d > 2$ erheblich schwieriger. Dazu wird in *Hörmann/Leydold/Derflinger* (2004) die 'Standardmethode' aus der Literatur präsentiert:[1] Zunächst sind die NORTU-bivariate und Arbitrary-Marginal Algorithmen für höhere Dimensionen unter der Verwendung des Multinormal-Cholesky Algorithmus umgeschrieben, wobei jedoch die zugrunde liegende Transforma tionsmethode beibehalten wird[2] (siehe die Abb. 35).[3]

Die Problematik, die bei höheren Dimensionen bei der NORTA Verteilung auftritt, ist, dass für bestimmte positiv-definite Rang Korrelationsmatrizen die korrespondieren Pearson'schen Korrelationsmatrizen, die wir für die

---

[1] In *Hörmann/Leydold/Derflinger* (2004), S. 330 wird angeführt, dass diese Methode bereits von *Li/Hammond* (1975) vorgeschlagen wurde.

[2] Vgl. zu dieser Methode der Transformation zur Simulation von Zufallsvektoren ebenso *Embrechts/McNeil/Straumann* (2002), S. 218: "*Where possible a transformation method can be applied; that is, we make use of multivariate distributions with the required copula for which a multivariate simulation method is already known.*"

[3] Die eigentliche Cholesky Faktorisierung, die im Algorithmus 11.4 in *Hörmann/Leydold/Derflinger* (2004), S. 251 angeführt wird, ist in Matlab® bereits als built-in Funktion implementiert.

Algorithm NORTA-Multivariate

Require: Dimension d, Rank correlations Σ, cdfs of all marginals $F_1, F_2, \ldots, F_d$.

Output: Random vector from NORTA distribution with desired marginals and rank correlation matrix Σ.

/* Setup */

1: Compute correlation matrix Σ_Y using $\Sigma_Y(i,j) \leftarrow 2 \cdot \sin\left(\frac{\Sigma(i,j) \cdot \pi}{6}\right)$.

2: Compute Cholesky factor of Σ_Y (Algorithm 11.4, Cholesky-Decomposition).

3: **if** Σ_Y not positive definite **then** / * i.e. Algorithm 11.4 failed */

4: abort (NORTA distribution not available for given Σ).

/* Generator */

5: Generate multinormal random vector $(Y_1, Y_2, \ldots, Y_d)$ with covariance matrix Σ_Y using Algorithm 11.3 (Multinormal-Cholesky).

6: for $i = 1$ to d do

7: Find solution X_i of equation $F_i(X_i) = \Phi_N(Y_i)$ (numerically).

8: **Return** random vector= $(X_1, X_2, \ldots, X_d)$.

Abb. 35: NORTA-Multivariate Algorithmus
Quelle: entnommen aus *Hörmann/Leydold/Derflinger* (2004), S. 342.

Algorithm 11.3

Require: Dimension d, variance-covariance matrix Σ.

Output: Multinormal distributed vector X with mean 0 and covariance Σ.

/* Setup */

1: Compute Cholesky factor L of Σ ./* use Algorithm 11.4 */

/* Generator */

2: Generate vector $\varepsilon = (\varepsilon_1, \varepsilon_2, \ldots, \varepsilon_d)'$ of d independent standard normal variates.

3: $X \leftarrow L\varepsilon$.

4: **return** vector X.

Abb. 36: Multinormal-Cholesky Algorithmus
Quelle: entnommen aus *Hörmann/ Leydold/ Derflinger* (2004), S. 250.

Generierung des multinormalen Zufallsvektors benötigen, nicht positiv-definit ist.[1]

Somit existiert keine multinormale Verteilung mit der gewünschten Rang-Korrelationsmatrix.[2] Um den NORTA-Multivariate Algorithmus für den Fall von nicht positiv definiten linearen Korrelationsmatrizen zu lösen, wird in *Hörmann/Leydold/Derflinger* (2004) die nur gering adaptierten Methoden von *Lurie/Goldberg* (1998) und *Gosh/Henderson* (2002) empfohlen. Somit lässt sich in gleicher Richtung für die t-Copula anführen, dass der zuvor dargestellte Algorithmus in Abb. 36 ebenso für den höher-dimensionaleren Fall verwendet werden kann, wenn die zuvor beschriebene Problematik von nicht positiv definiten Korrelationsmatrizen vermieden werden kann. Für die Generierung von höher-dimensionaleren $(d > 2)$ Zufallsvektoren aus den Archimedean-Copulas Gumbel, Clayton sowie Frank wird der Algorithmus (siehe Abb. 37) aus *Lindskog* (2001), der eine unmittelbare Erweiterung des für den bivariaten Fall dargestellten Fall im vorherigen Abschnitt darstellt, zurückgegriffen.

Zusammenfassend kann in Anlehnung an *Embrechts/McNeil/Straumann* (2002) die folgende *Vorgangsweise* für den Fragenkomplex der stochas-

[1] Vgl. hiezu *Hörmann/Leydold/Derflinger* (2004), S. 340f, die die Diskussion der Methoden und den resultierenden Simulationsergebnissen aus anderen Publikationen sowie Ihren eigenen präsentieren und vergleichen. Dabei wird zusammenfassend angeführt, dass: *"Nevertheless, from a practical point of view we come to the same conclusion. For NORTA distributions the proportion of feasible rank correlation matrices is decreasing with dimension d. For a fixed desired rank correlation matrix with d>4 it can easily happen that this matrix is not feasible for the NORTA distribution."*, S. 341.

[2] Vgl hierzu die detaillierten Ausführungen in *Hörmann/Leydold/Derflinger* (2003), S. 340ff, die auch ein auf *Li/Hammond* (1975) zurückgehendes konkretes Beispiel einer solchen Rang Korrelationsmatrix, die bei der paarweisen Transformation zu einer linearen Pearson'schen Korrelationsmatrix nicht positiv definit ist, geben. Weiters wird die Lösungskapazität von drei Methoden: die Zero-Maximal, Chessboard Verteilungen sowie die NORTA Verteilungen anhand der Ergebnisse aus der Fachliteratur diskutiert. Für die NORTA Verteilung wird, wie im Text dargestellt, eine Modifikation des NORTA-Algorithmus basierend auf den Arbeiten *Lurie/Goldberg* (1998) und *Gosh/Henderson* (2002) empfohlen.

Algorithm
Require: parameter of the copula
Output: Random vector with uniform marginals and the desired Archimedean copula und dependence according to the specified parameter of the copula
/* Generator */
1: Generate a uniform $(0,1)$ variate q.
2: Set $t_1 = K_{C_{\theta_1}}^{(-1)}(q)$.
3: Generate a uniform $(0,1)$ variate s_1 independent of q.
4: Set $a_1 = \varphi_{\theta_1}^{-1}(s_1\varphi_{\theta_1}(t_1))$ and $u_n = \varphi_{\theta_1}^{-1}((1-s_1)\varphi_{\theta_1}(t_1))$
5: Set $t_i = K_{C_{\theta_i}}^{(-1)}(a_{i-1})$.
6: Generate a uniform $(0,1)$ variate s_k independent of q and $s_k,\dots,s_{i-1}$.
7: Set $a_i = \varphi_{\theta_i}^{-1}(s_i\varphi_{\theta_i}(t_i))$ and $u_{n-i+1} = \varphi_{\theta_i}^{-1}((1-s_i)\varphi_{\theta_i}(t_i))$.
8: $t_{n-1} = K_{C_{\theta_{n-1}}}^{(-1)}(a_{n-2})$.
9: Generate a uniform $(0,1)$ variate s_{n-1} independent of $q, s_1,\dots,s_{n-2}$.
10: Set $u_1 = \varphi_{\theta_{n-1}}^{-1}(s_{n-1}\varphi_{\theta_{n-1}}(t_{n-1}))$ and $u_2 = \varphi_{\theta_{n-1}}^{-1}((1-s_{n-1})\varphi_{\theta_{n-1}}(t_{n-1}))$
11: **Return**: the desired random variate $(u_1,u_2,\dots,u_n)$ from $C^n(u_1,u_2,\dots,u_n;\theta_1,\dots,\theta_{n-1})$

Abb. 37: Algorithmus zur Generierung von Zufallsvektoren mit einer Archimedean-Copula
Quelle: entnommen aus *Lindskog* (2001), S. 41.

tischen Modellierung und Generierung von statischen Abhängigkeiten zur Verwendung in einem Szenarien-Simulator empfohlen werden: Das *Ideal* stellt die Kenntnis der Copula – also die Abhängigkeitsstruktur – zwischen den stochastischen Größen und der einzelnen Randverteilungen dar. Falls dies nicht möglich ist, so muss mit geschätzten Abhängigkeitsmaßen Vorlieb genommen werden. Um das Problem einer möglichen Inkonsistenz zwischen bestimmten Randverteilungen und linearen Korrelationen und damit einer nicht existierenden multivariaten Verteilung zu vermeiden, ist nach den Ausführungen von *Embrechts/McNeil/Straumann* (2002) die Schätzung und Verwendung der Spearman'schen Rang Korrelation der Pearson'schen (linearen) Korrelation vorzuziehen. Weiters führen *Embrechts/McNeil/Straumann* (2002) an, das bei der Verwendung lediglich der Abhängigkeitsmaße und Randverteilungen die multivariate Verteilung nicht eindeutig bestimmt ist.[1]

4.5 Zur Modellierung und Implementierung eines konkreten Szenarien-Simulators

4.5.1 Berücksichtigung des grundlegenden Theoriezusammenhanges

4.5.1.1 Die Theorie der Kaufkraftparitäten

Das Kernelement der Theorie der Kaufkraftparitäten, die vor allem mit dem englischsprachigen Begriff *Purchasing Power Parity* (*PPP*) in unzähligen Beiträgen[2] sowohl theoretisch betrachtet als auch empirisch untersucht, bildet das auf den schwedischen Ökonomen Gustav Cassel zurückgehende *„law of one price"*.[3] Dieses Gesetz argumentiert, dass die Preise von individuellen Gütern aus verschiedenen Währungsräumen – ausgedrückt in einer gemeinsamen Währung – gleich sein müssen. Dieses Gesetz des einheitlichen Preises (law of one price) lässt sich somit einfach durch die folgende formale Beziehung ausdrücken:[4]

$$P_i = P_a \cdot K_{a,i},$$

wobei:

	$K_{a,i}$	preisnotierter Kassakurs der Währung des Auslands (a) in der Währung des Inlands (i)
	P_i	Preis des individuellen Gutes im Inland
	P_a	Preis des individuellen Gutes im Ausland

[1] Vgl. *Embrechts/McNeil/Straumann* (2002), S. 220.

[2] Frühere Beiträge zu dieser bis dato intensiv diskutierten Thematik sind beispielsweise: *Gailliot* (1971); *Dornbusch* (1976); *Krugman* (1978); *Frenkel* (1978, 1981). Ausgewählte Beiträge neueren Datums sind *Lothian/Taylor* (1996, 1997); *Sarno/Taylor* (2002) sowie die Überblicksartikel von *Rogoff* (1996) und *Taylor* (2003).

[3] Vgl. *Rogoff* (1996), S. 648ff.; sowie *Moser* (1985), S. 23f.

[4] Vgl. *Rogoff* (1996), S. 649.

Im Falle eines Ungleichgewichts in den in einer gemeinsamen Währung ausgedrückten Preisen setzt nach dem Gesetz des einheitlichen Preises (law of one price) ein Anpassungsprozess (Güterarbitrage) ein, der den Preis des günstigeren Gutes – aufgrund einer Verschiebung der Nachfrage zu dem günstigeren Gutes hin – bis auf den Gleichgewichtspreis anhebt.[1] Die Theorie der Kaufkraftparitäten überträgt nunmehr das Gesetz des einheitlichen Preises (law of one price) auf eine breite Auswahl an Gütern – gemessen beispielsweise in Form von spezifisch definierten Preisindizes oder vergleichbaren Warenkörben[2] – zwischen zwei Währungsräumen, um internationale Preisunterschiede zu messen.

Wie zuvor bei der Argumentation des Gesetz des einheitlichen Preises (law of one price), wird bei der Theorie der Kaufkraftparitäten ebenso grundlegend davon ausgegangen, dass keine Handels- oder Informationsbarrieren sowie Transportkosten, die die Anpassungsprozesse der Preise im Sinne der Güterarbitrage erschweren bzw. gänzlich verhindern, vorherrschen. Aufgrund der Existenz aber eben dieser Beschränkungen und mangelnder Substituierbarkeit von vielen Gütern in der Realität, wird die ***absolute Form*** der Theorie der Kaufkraftparitäten, die sich formalisiert als[3]

$$PN_i = PN_a \cdot K_{a,i},$$

wobei: $K_{a,i}$ preisnotierter Kassakurs der Währung des Auslands (a) in der Währung des Inlands (i)

[1] *Rogoff* (1996) hält fest, dass *tarifäre* und *nicht-tarifäre Handelsbarrieren, Transportkosten* sowie nicht *frei handelbare Komponenten* in an sich handelbaren Gütern, *Steuern* und unterschiedliche *Wettbewerbsstrukturen* dieses Gesetz des einheitliche Preises (law of one price) dagegen steuern. Weiters wird angeführt, dass das Gesetz des einheitlichen Preises für Hamburger aus den zuvor genannten Gründen nicht hält, jedoch aber für den sehr integrierten Goldmarkt. Vgl. dazu *Rogoff* (1996), S. 649f.

[2] Es darf dabei jedoch nicht verschwiegen werden, dass hier sehr wohl Messprobleme hinsichtlich der gewählten Preisindizes und der Auswahl der Güter für die Warenkörbe auftreten können, die eine Vergleichbarkeit erschweren.

[3] Vgl. Fußnote 20 in *Moser* (1985), S. 24.

PN_i Preisniveau im Inland

PN_a Preisniveau im Ausland

festhalten lässt, weitgehend auf empirischer Basis als nicht bestätigt abgetan.

Im Gegensatz dazu berücksichtigt die *relative Form* die Möglichkeit von Handels- und Informationsbeschränkungen sowie Transportkosten, denn sie argumentiert, dass die Preise der Güter aus verschiedenen Währungsräumen ausgedrückt in einer gemeinsamen Währung nicht unbedingt gleich sein müssen, jedoch die relativen Preisänderungen gemessen in einer Währung unter der Voraussetzung gleich bleibender Handels- und Informationsbeschränkungen und Transportkosten eine gleich hohe Veränderung aufweisen müssen.[1] Die relative Form der Theorie der Kaufkraftparitäten lässt sich demnach formal wie folgt darstellen:[2]

$$\frac{E[\overline{II}]-E[\overline{IA}]}{1.+E[\overline{IA}]}=E\left[\frac{\overline{K}_t-K_0}{K_0}\right],$$

wobei: $\overline{II}$ inländische Preisänderungsrate in der Periode 0 bis t

$\overline{IA}$ ausländische Preisänderungsrate in der Periode 0 bis t

K preisnotierter Kassakurs der ausländischen Währung (in inländischer Währung)

[1] Vgl. *Madura* (2003), S. 235; oder *Rogoff*(1996), S. 650: *„Relative PPP requires only that the rate of growth in the exchange rate offset the differential between the rate of growth in home and foreign price indices."*

[2] Entnommen aus *Moser* (1985), S. 25. *Moser* (1985), S. 25 bezieht die Theorie der Kaufkraftparitäten auf die zukünftige Entwicklung und fasst daher die zukünftigen Preisänderungsraten und Kassakurse als Zufallsvariablen auf, die dann mit einem Balken über der Variablen gekennzeichnet werden. Im Gegensatz zu Moser (1985) werden bei der formalen Darstellung ebenso bereits eingetretene Veränderungen der Größen verwendet, so beispielsweise in *Madura* (2003), S. 136ff.; sowie *Shapiro* (2004), S. 121ff. Weiters lässt sich anführen, dass oft eine approximierte Beziehung zwischen den Preisänderungsraten zweier Währungsräume und der relativen Wechselkursveränderung verwendet wird. Siehe dazu Fußnote 21 in *Moser* (1985), S. 21; *Madura* (2003), S 238.; sowie *Shapiro* (2004), 124.

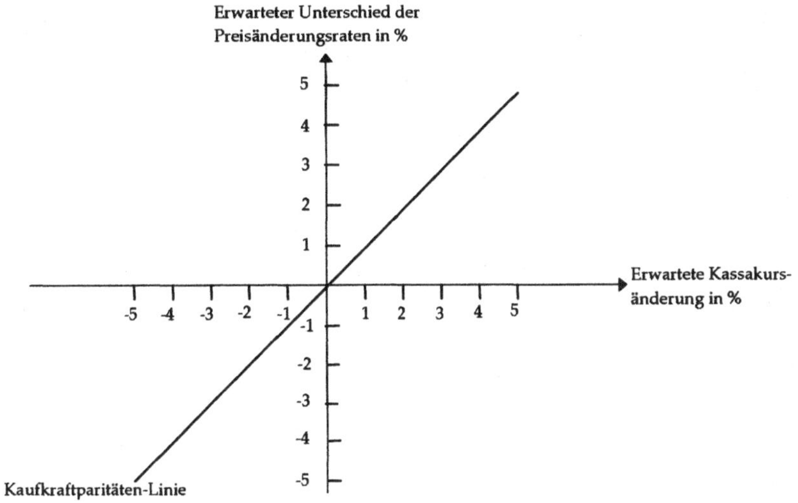

Abb. 38: Kaufkraftparitäten-Linie
Quelle: leicht abgeändert übernommen aus Moser (1985), S. 26.

Subskript 0 Zeitpunkt $t = 0$
Subskript t (zukünftiger) Zeitpunkt t.

Diese theoretische Gleichgewichtsbeziehung lässt sich sehr anschaulich anhand der Kaufkraftparitäten-Linie in einer graphischen Darstellung, wie in Abb. 38 zeigen. Hier wird wie schon bei der Darstellung der formalen Beziehung die graphische Ausführung aus *Moser* (1985) gewählt.[1]

Die *empirische Überprüfung*[2] dieser Theorie hat in den letzten drei Jahrzehnten eine rege Aufmerksamkeit und Diskussion erfahren: Dabei wurden mitunter oft auch gegenläufigen Resultate und extreme Positionen in den Überzeugungen zur Validität der Theorie der Kaufkraftparitäten hervor-

[1] Ähnliche graphische Darstellungen finden sich beispielsweise in *Madura* (2003), S. 240; oder *Shapiro* (2004), S. 125.
[2] Vgl. *Taylor* (2003) zu dieser Diskussion, der einen sehr ausführlichen und detaillierten Überblick über die Ergebnisse der Studien, die angewandten Methoden und Modelle sowie die damit verbundenen Probleme vorstellt.

gebracht. So gab es beispielsweise anfangs die Überzeugung, dass die Theorie der Kaufkraftparitäten empirisch langfristig gültig sei, die man jedoch in der Folge aufgrund einer Vielzahl von nachfolgenden empirischen Studien – zumindest zeitweise – sehr kritisch betrachtet hat bis hin zur vollständigen Ablehnung. Im Zuge der Weiterentwicklung und Verfeinerung der ökonometrischen Methoden und der Analyse der Ergebnisse hinsichtlich der Untersuchungsdesigns und der jeweils zugrunde liegenden Datenbasis ist nun wieder ein genereller Trend in der Literatur zur empirischen Überprüfung dahingehend auszumachen, dass der reale Wechselkurs sich auf ein konsistentes Level – wenn auch sehr langsam[1] – gemäß der Theorie der Kaufkraftparitäten hinsteuert.[2]

4.5.1.2 Die Theorie der Zinsparitäten (*Interest Rate Parity Theory*)

Die Theorie der Zinsparitäten spannt auf einer aggregierten makroökonomischen Ebene eine theoretische Beziehung zwischen der Differenz des Termin- und Kassakurses sowie der Differenz des inländischen und ausländischen Zinssatzes, auf. Dabei basiert diese auf einer aggregierten Ebene formulierte Gleichgewichtsbeziehung einzig auf dem ökonomisch starken Argument einer – jedoch auf der mikroökonomischen Ebene formulierten – Arbitragebedingung[3], die als kursgesicherte Zinsarbitrage (*covered interest rate arbitrage*) bezeichnet wird.[4]

Diese Arbitragebedingung, die auf die Ausnutzung von Zinsunterschieden in zwei Währungsräumen bei gleichzeitiger Ausschaltung des Wechselkursrisikos durch Terminkurssicherung beinhaltet, bietet demnach die Möglichkeit die Theorie der Zinsparitäten formal knapp zu fassen: Es besteht dann keine Arbitragemöglichkeit und somit die Einhaltung der

[1] *Taylor* (2003): S. 443: *"(...) there is a surprising degree of consensus in the panel unit-root and long-span studies that the half-life of real exchange rate between industrialized economies is in the range of 3-5 years."*

[2] Vgl. *Taylor* (2003), S. 448.

[3] Als Arbitrage-(Gewinne) werden allgemein Gewinne bezeichnet, die durch das risikolose Ausnutzen von Preisunterschieden auf verschiedenen Märkten erzielt werden.

[4] Siehe zu dieser Thematik *Officer/Willet* (1969), *Frenkel/Levich* (1975, 1977).

Theorie der Zinsparitäten, wenn die folgende Beziehung – ohne die Berücksichtigung von möglichen Transaktionskosten[1] – erfüllt ist:[2]

$$A \cdot (1.+ZI) = (A/K_0) \cdot (1.+ZA) \cdot T_{0/t},$$

wobei: A Anlagebetrag in inländischer Währung

ZI inländischer Zinssatz

ZA ausländischer Zinssatz

K_0 preisnotierter Kassakurs der ausländischen Währung (in inländischer Währung) zu $t=0$

$T_{0/t}$ Terminkurs der ausländischer Währung zu $t=0$ für den Erfüllungszeitpunkt t

Durch einfache Umformungen dieser formulierten Bedingung gelangt man schnell – wiederum ohne Transaktionskosten[3] einfließen zu lassen – zu der formalen Theorie der Zinsparitäten:[4]

$$\frac{ZI - ZA}{1.+ZA} = \frac{T_{0/t} - K_0}{K_0}.$$

Eine graphische Darstellung der angeführten Beziehung ist in Abb. 39 als die Zinsparitäten-Linie gekennzeichnet. Die Zinsparitäten-Linie ist dabei – in Abhängigkeit von der Höhe der Transaktionskosten[5] – von einem 'neutralen Band' eingehüllt, indem keine profitablen Arbitrage-Transaktionen möglich sind.

---

[1] Den Einfluss von Transaktionskosten in Hinblick auf die Theorie der Zinsparitäten wird erstmals von *Frenkel/Levich* (1977) berücksichtigt und sprechen daher von einem 'neutralen Band' um die Zinsparitäten-Linie, wobei innerhalb dieses 'neutralen Bandes' keine profitablen gedeckten Zinsarbitrage-Transaktionen möglich sind.

[2] Die Formel entstammt aus *Moser* (1985), S. 34.

[3] Siehe zu der Problematik der Transaktionskosten in der Theorie der Zinsparitäten beispielsweise die Publikationen von *Branson* (1969); *Frenkel/Levich* (1977); und *Clinton* (1988).

[4] Die Formel wurde entnommen aus *Moser* (1985), S. 35.

[5] Beispielsweise in Form von 'Bid - Ask Spreads' oder sonstigen direkten Transaktionsgebühren.

Liegt hingegen eine Verletzung der Arbitragebedingung, so dass

$$T_{0/t} > \left(K_0 \cdot \frac{ZI - ZA}{1. + ZA} \right) + K_0 ,$$

oder

$$T_{0/t} < \left(K_0 \cdot \frac{ZI - ZA}{1. + ZA} \right) + K_0 ,$$

vor, können Arbitrageure – durch Kapitelaufnahme oder –anlage in der ausländischen Währung[1] – risikolose Gewinne erzielen.

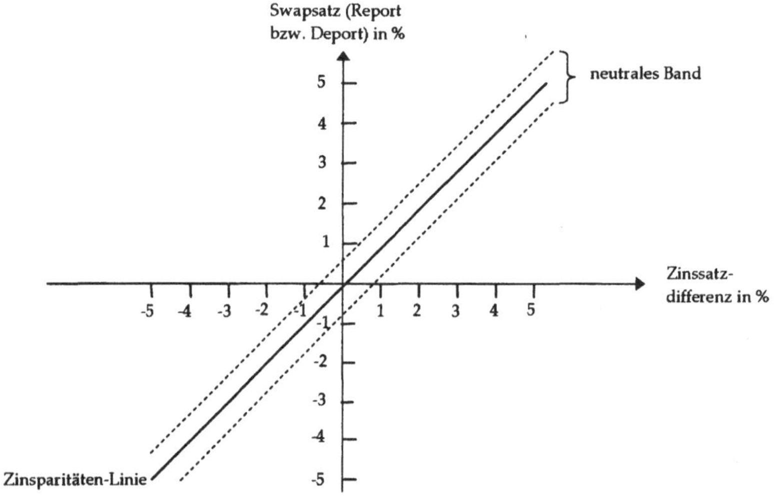

Abb. 39: Die Zinsparitäten-Linie und das neutrale Band
Quelle: leicht abgeändert übernommen aus *Moser* (1985), S. 36.

Zur *empirischen Überprüfung* dieser Theorie lässt sich seit den ersten empirischen Untersuchungen von *Frenkel/Levich* (1975, 1977) bis hin zu den

---

[1] Vgl. *Aliber* (1993) zur dem *"comparability criterion"*, welches ein vergleichbares politisches Risiko der Kapitalanlagen bzw. –kredite fordert. Um diesem Vergleichsmaßstab in Hinblick auf das politische Risiko gerecht zu werden, wird daher in einigen empirischen Studien, wie beispielsweise *Committeri/Rossi/Santorelli* (1993); *Rhee/Chang* (1992); oder *Louis/Bleuman/Thatcher* (1999), der 'Euromarkt' für die einzelnen Kapitalanlagen bzw. Kapitalaufnahmen in den einzelnen Währungen herangezogen.

neueren Studien wie beispielsweise die von *Clinton* (1988), *Taylor* (1989), *Rhee/Chang* (1992), *Atkins* (1993), *Committeri/Rossi/Santorelli* (1993); *Thornton* (1995); sowie *Louis/Blenman/Thatcher* (1999) ein Grundtenor identifizieren: Die Theorie der Zinsparitäten ist empirisch valide; Abweichungen von der Theorie der Zinsparitäten unter Berücksichtigung der Transakti onskosten sind – wenn überhaupt vorhanden – von nur kurzer Dauer. So haben beispielsweise *Committeri/Rossi/Santorelli* (1993) empirisch beobachtbare Abweichungen von der Theorie der Zinsparitäten anhand von Daten für kurzfristige Euromarkt-Anlagen über einen Monat (1883 Beobachtungen) untersucht, worauf sie als Ergebnis anführen, dass keine signifikanten Arbitragemöglichkeiten aufgedeckt werden konnten.[1]

4.5.2 Zur Modellierung eines konkreten Szenarien-Simulators

Nach der Diskussion und Darstellung über die ausgewählten Ansätze zur Modellierung der dynamischen und statischen Abhängigkeiten von bzw. zwischen stochastischen Größen zur Modellierung und Implementierung eines Szenarien-Simulators für die vorliegende Problemstellung, wird nun ein konkreter Szenarien-Simulator beispielhaft theoretisch vorgestellt und anschließend in der Programmierumgebung von Matlab® implementiert.

Für diese beispielhafte Darstellung und anschließender Implementierung in Matlab® dient ein konkreter Modellierungsansatz für einen Szenarien-Simulator aus *Blum et al.* (2001), der im Rahmen einer Simulationsbasierten Risikoanalyse im Rückversicherungsbereich vorgeschlagen und dessen Parameter anhand von empirischen Daten geschätzt wurden. Im Zuge der Darstellung dieses in *Blum et al.* (2001) vorgeschlagenen Szenarien-Simulators, dessen Vorteil vor allem in der Inkorporierung der zuvor knapp vorgestellten relevanten grundlegenden Theoriezusammenhänge

[1] *Committeri/Rossi/Santorelli* (1993) S. 89: „*Within the sample period, no significant profit arbitrage opportunities were detected, even in the most 'turbulent' days on the exchange market. These results strongly support the efficiency hypothesis for the Euromarkets, and provide further empirical evidence to the conclusion that observed deviations from CIP in Euromarket are likely to depend on measurement errors.*"

zwischen Wechselkursveränderungen, Preisänderungsraten bzw. Zinssätze – in Form von langfristigen Gleichgewichtsbeziehungen – liegt, werden ebenso *Alternativen* bzw. viel versprechende *Erweiterungen* in der Modellierung aufgezeigt. Daran schließt sodann die Erörterung der konkreten Implementierung des Szenarien-Simulators in Matlab® für die vorliegende Problemstellung an.

Wie im Kapitel 4.3.2 beschrieben, werden bei einem Kointegrationsmodell integrierte Zeitreihen als eine Linearkombination modelliert, so dass die Differenz ('Spreads') zwischen den Größen stationär ist. Der Szenarien-Simulator ist als modularer *‚bottom-up-Ansatz'*, d.h. für einzelne Größen in der Kointegrationsgleichung werden zunächst Modelle konzipiert und anschließend die Parameter aus den empirischen Daten statistisch geschätzt. Darauf wird die nun folgende Darstellung ebenso ausgerichtet: Zunächst erfolgt die Darstellung der Modellierung der einzelnen Komponenten bevor das Kointegrationsmodell als Ganzes präsentiert wird. Schließlich erfolgt die Darstellung der konkreten Implementierung in Matlab® für anschließende Simulationsstudien im fünften Kapitel.

Allgemein betrachtet liegt der Vorteil des Modellierungsansatzes mit einem Kointegrationsmodell darin, das auf eine *Vielzahl bereits weithin bekannter Modelle*[1] zurückgegriffen bzw. bereits durchgeführte *Kalibrierungen*[2] für Modelle übernommen werden können.

So hat sich beispielsweise für die Modellierung des kurzfristigen Zinssatzes schon eine große Bandbreite an – in verschiedenen Arbeiten – vorge-

[1] Siehe dazu beispielsweise *James/Webber* (2000).

[2] Es sind bereits einige Modelle anhand von empirischen Daten geschätzt und anschließend auf ihre Eignung für die Modellierung von diversen Daten untersucht worden: So haben beispielsweise *Chan/Karolyi/Longstaff/Sanders* (1997) alternative Modelle zur Modellierung des kurzfristigen Zinssatzes anhand von US-amerikanischen Daten untersucht. Dabei führen *Chan/Karolyi/Longstaff/Sanders* (1997) als wichtigste Erkenntnis aus ihrer Untersuchung an, dass Modelle, die die Volatilität der Veränderungen des Zinssatzes stark abhängig von dem jeweils aktuellen Zinsniveau modellieren, am erfolgreichsten in der Erfassung der Dynamik des Zinssatzes sind.

schlagenen Modellen herausentwickelt.[1] *Blum et al.* (2001) verwenden das bekannte Ein-Faktor Gleichgewichtsmodell von *Cox/Ingersoll/Ross* (1985), das die kurzfristigen Zinssätze mit einem Ornstein-Uhlenbeck Prozess mit kontinuierlicher Zeit

$$dr = \kappa(\theta - r)dt + \sigma r^{\gamma} dZ,$$

modelliert, wobei der Parameter $\gamma = 0{,}5$ gesetzt wird. Für die Simulation des kurzfristigen Zinssatzes wird dann die diskretisierte Version

$$\Delta r_t = r_t - r_{t-1} = a(b - r_{t-1}) + s\sqrt{r_{t-1}}\varepsilon_t,$$

wobei

r_t kurzfristiger Zinssatz

a, b, s Parameter

$\varepsilon_t \sim N.i.i.d(0,1)$

verwendet. In *Blum et al.* (2001) wird zunächst für die Modellierung eines jeden Wechselkurses die jeweiligen zwei kurzfristigen Zinssätze beider Länder – unter der möglichen Berücksichtigung von stochastischen Abhängigkeiten[2] zwischen den Zinssätzen – nach dem CIR- Modell

$$\Delta r_t^i = a^i\left(b^i - r_{t-1}^i\right) + s^i\sqrt{r_{t-1}^i}\varepsilon_t^{ri}, \text{ und}$$
$$\Delta r_t^j = a^j\left(b^j - r_{t-1}^j\right) + s^j\sqrt{r_{t-1}^j}\varepsilon_t^{rj}$$

wobei:

[1] Hier sind etwa die Ein-Faktor bzw. Mehr-Faktor Gleichgewichtsmodelle von *Vasicek* (1977), *Cox/Ingersoll/Ross* (1985), *Dothan* (1978), *Brennan/Schwartz* (1979) zu nennen. Vgl. dazu die ausgiebige und detaillierte Behandlung der einzelnen Modellansätze in *James/Webber* (2000).

[2] In der Arbeit von *Blum et al.* (2001) wird eine Varianz-Kovarianz-Matrix für die (lineare) stochastische Abhängigkeit zwischen den Residuen der *Cox/Ingersoll/Ross* (CIR-)Modelle geschätzt, wobei aber auch auf die Möglichkeit der Modellierung und Simulation von anderen Abhängigkeitsstrukturen durch den Copula-Ansatz hingewiesen wird. Vgl. zur Modellierung und Implementierung von stochastischen Abhängigkeiten mittels Copula-Ansatz Kapitel 4.4.

r_t^i logarithmierter kurzfristiger Zinssatz der inländischen Währung i zum Zeitpunkt t

r_t^j logarithmierter kurzfristiger Zinssatz der ausländischen Währung j zum Zeitpunkt t

$a\ ,b\ ,s$ Parameter des Cox-Ingersoll-Ross (CIR)-Modells

$\left(\varepsilon_t^{ri},\varepsilon_t^{rj}\right)^T$ Residuenvektor, der $i.i.d\left(0,\sigma^2\right)$ und Unabhängigkeit zwischen den Residuen ε_t^i und ε_t^i, eine bivariate Gaußsche Verteilung oder andere durch Copulas modellierte Abhängigkeitsstrukturen,

modelliert und aus empirischen Daten geschätzt.[1]

Unter der durch die statistische Analyse berechtigten Annahme, dass die kurzfristigen Zinssätze die Inflationsraten determinieren, werden die Inflationsraten durch einfache lineare Regressionsmodelle

$$i_t^i = \beta_0^i + \beta_1^i r_t^i + \varepsilon_t^i,\ und$$
$$i_t^j = \beta_0^j + \beta_1^j r_t^j + \varepsilon_t^j,$$

wobei:

i_t^i logarithmierte Inflationsrate der inländischen Währung i zum Zeitpunkt t

i_t^j logarithmierte Inflationsrate der ausländischen Währung j zum Zeitpunkt t

r_t^i logarithmierter kurzfristiger Zinssatz der inländischen Währung i zum Zeitpunkt t

r_t^j logarithmierter kurzfristiger Zinssatz der ausländischen Währung j zum Zeitpunkt t

β_0,β_1 Regressionskoeffizienten

[1] Siehe zu den geschätzten Parametern aus den empirischen Daten den Anhang 8.2.

$\varepsilon_t^i, \varepsilon_t^j$ Residuen, wobei $\varepsilon_t \sim i.i.d\left(0,\sigma^2\right)$,

modelliert.

Beide zuvor individuell modellierten Komponenten – kurzfristige Zinssätze bzw. Inflationsraten – fließen letztendlich mit dem Wechselkurs in eine Kointegrationsbeziehung ein. Dieses Kointegrationsmodell fasst die Dynamik der Wechselkurse durch folgende Beziehung[1]

$$s_t^{i/j} = \alpha_0^j + \alpha_1^j r_t^i + \alpha_2^j i_t^i + \alpha_3^j r_t^j + \alpha_4^j i_t^j + \varepsilon_t ,$$

wobei: $s_t^{i/j}$ logarithmierter Kassakurs der Währung j in Einheiten der inländischer Währung i zum Zeitpunkt t

r_t^i logarithmierter kurzfristiger Zinssatz der inländischen Währung i zum Zeitpunkt t

r_t^j logarithmierter kurzfristiger Zinssatz der ausländischen Währung j zum Zeitpunkt t

i_t^i logarithmierte Inflationsrate der inländischen Währung i zum Zeitpunkt t

i_t^j logarithmierte Inflationsrate der ausländischen Währung j zum Zeitpunkt t

$\alpha_0^j,\ldots,\alpha_4^j$ Regressionskoeffizienten für das Kointegrationsmodell der inländischen Währung i und der ausländischen Währung j

ε_t Residuen des Modells, wobei $\varepsilon_t \sim i.i.d\left(0,\sigma^2\right)$.

Um die Problemstellung dieser Arbeit und deren Lösung mit Hilfe der stochastischen Simulation zu versuchen, bedarf es auch einer 'Übersetzung' der theoretischen Modelle – wie schon für das Dynamische Corporate Model – für die Szenarien-Simulation. Somit wird das soeben theoretisch dargelegte Modell – als *ein* konkretes Beispiel für einen Szenarien-

[1] Vgl. *Blum et al.* (2001), S. 9.

Simulator – in der Softwareumgebung Matlab® implementiert und illustrativ im folgenden Abschnitt dokumentiert.

4.5.3 Beispielhafte Implementierung eines Szenarien-Simulators in Matlab®

Die Implementierung des zuvor vorgestellten theoretischen Modells eines konkreten Szenarien-Simulators aus *Blum et al.* (2001) in Matlab® versucht den modularen Aufbau ebenso in der Programmierung – um wiederum eine möglichst große Flexibilität beim Einsatz zu erreichen – beizubehalten.

Auf der operationellen Ebene erfolgt, wie in Abb. 40 ablesbar, die Implementierung jeder Komponente in Form von eigenen Matlab®-Funktionen. Mit dieser Vorgangsweise können einzelne Komponenten relativ einfach ersetzt bzw. erweitert werden. Zusätzlich trägt diese Vorgangsweise entscheidend zu einer übersichtlichen Programmierung bei. Für die Eingabe aller Input-Daten für den Szenarien-Simulators bietet sich die Erfassung in einem Matlab®-Skript (*'scenario_simulator_inputs.m'*) an, welches eingangs noch vor dem eigentlichen Aufruf des Szenarien-Simulators durch die Matlab®-Funktion *'scenario_simulator.m'* aufgerufen wird und alle Input-Daten in den Matlab® 'workspace' zur weiteren Verwendung lädt.

In der Abb. 40 ist leicht ersichtlich, dass der hier implementierte Szenarien-Simulator drei Matlab-Funktionen jeweils für einen Simulationslauf mit den entsprechenden Input-Daten aufruft und sodann abarbeitet.

Für das Verständnis der Funktionsweise des in dieser Arbeit implementierten Szenarien-Simulators wird nur auf die erste Komponente fokussiert (siehe hiezu Abb. 41), weil die beiden nachfolgenden Matlab®-Funktionen *'inflation_rate_processes'* sowie *'fx_rate_ processes'* dann relativ einfach anhand des Programmcode, der komplett im Anhang 8.5 aufgelistet ist, in analoger Weise nachvollzogen werden können.

Folgt man dem Ablauf des Programms *'multivariate_interest_rate_ processes.m'* chronologisch, so steht, wie vorstehende Abb. 40 nahe legt, am Anfang das Laden der erforderlichen Input-Daten für dieses Computerprogramm. Gleich darauf werden die geladenen Input-Daten auf ihre richtige Formatierung bzw. Konsistenz geprüft. Besteht der geladene Input-Daten-Satz diese Überprüfung nicht, so wird die Verarbeitung des weiteren Programmcodes abgebrochen.

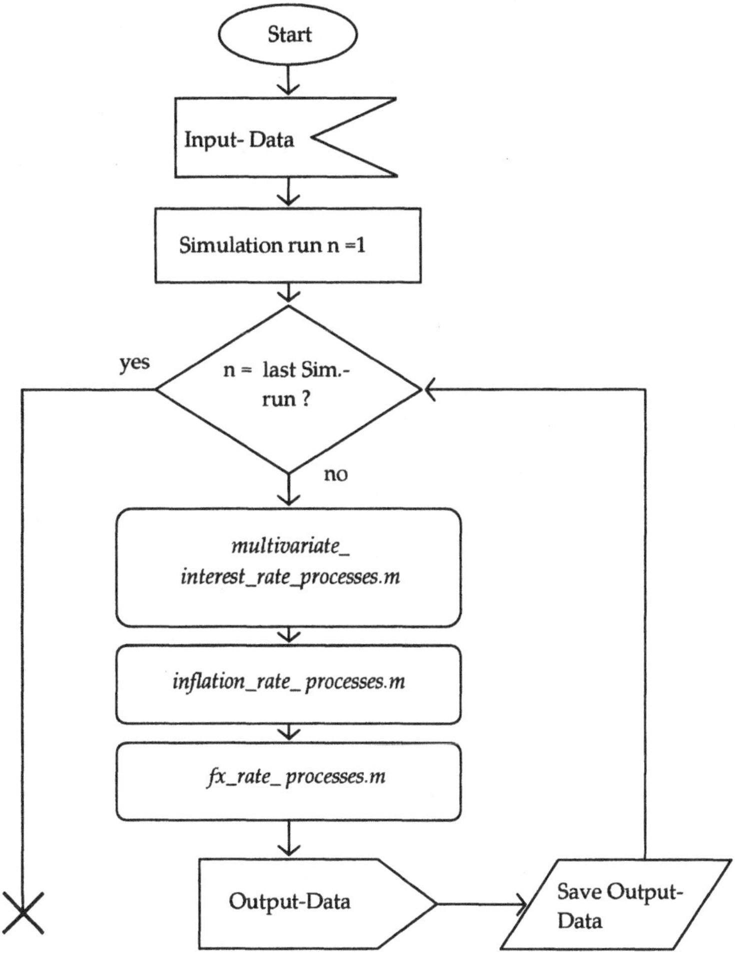

Abb. 40: Flussdiagramm des Computerprogramms *'scenario_simulator.m'*

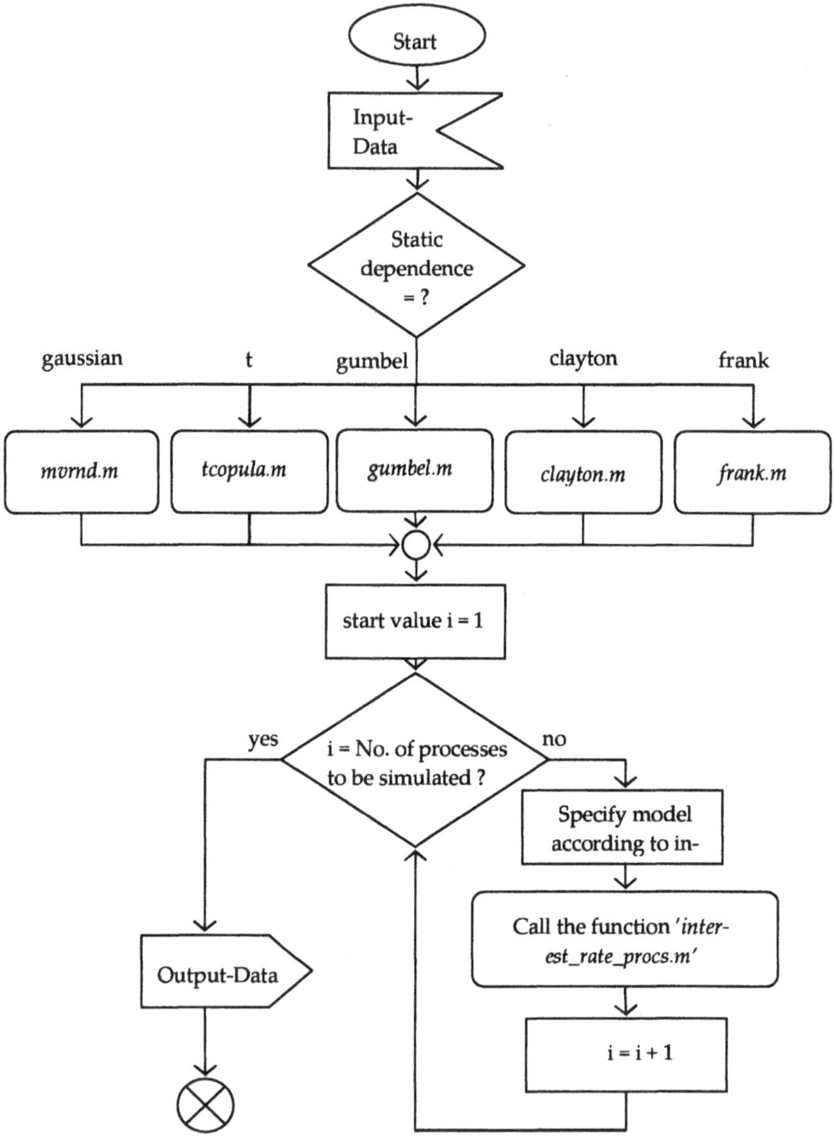

Abb. 41: Flussdiagramm des Computerprogramms *'multivariate_interest_rate_processes.m'*

Entsprechend des geladenen Input-Daten-Satzes werden zuerst, durch den Aufruf des entsprechenden Moduls, stochastisch abhängige Realisationen zur weiteren Verwendung im Szenarien-Simulator generiert. Das zweite Modul widmet sich dann der Generierung von einzelnen Pfaden gemäß der im Input-Daten-Satz spezifizierten Zinssatz-Modelle, wobei diese – wenn so modelliert – mit den zuvor generierten stochastisch abhängigen Realisationen als Residuen verknüpft werden können.[1]

Ein mit dem implementierten Szenarien-Simulator generiertes Szenario mit vier simulierten Pfaden für die kurzfristigen Zinssätze der Währungen USD, CHF, GBP sowie JPY, die sowohl einem eigenen kalibrierten Zinssatzmodell folgen als auch gemeinsame stochastische Abhängigkeiten aufweisen, ist in Abb. 42 graphisch veranschaulicht.

Auf den zuvor simulierten Zinssätzen aufbauend werden dann, wie zuvor im Abschnitt 4.5.1 erläutert, Inflationsraten für die einzelnen betrachteten Währungsräume USD, CHF, GBP sowie JPY, wie nachstehende Abb. 43 zeigt, anhand des Modellansatzes aus Abschnitt 4.5.1 generiert.

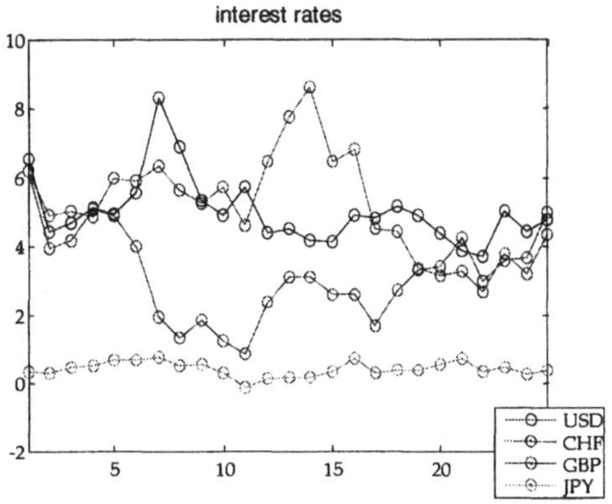

Abb. 42: Ein durch den Szenarien-Simulator generiertes (dynamisches) Zinssatz-Szenario

[1] Vgl. hiezu *Blum et al.* (2001), S. 5ff. vfrew

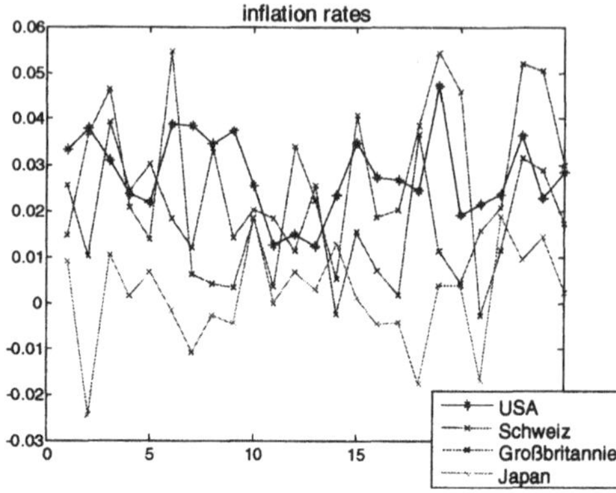

Abb. 43: Ein durch den Szenarien-Simulator generiertes (dynamisches) Inflationsraten-Szenario

Abschließend fließen die jeweils für ein konkretes Szenario simulierten Zinssätze und Inflationsraten in die letzte Komponente des Szenarien-Simulators, die gemäß des zuvor dargelegten Modellierungsansatzes Wechselkurspfade CHF/USD, GBP/USD sowie JPY/USD anhand einer Kointegrationsbeziehung simuliert, ein.

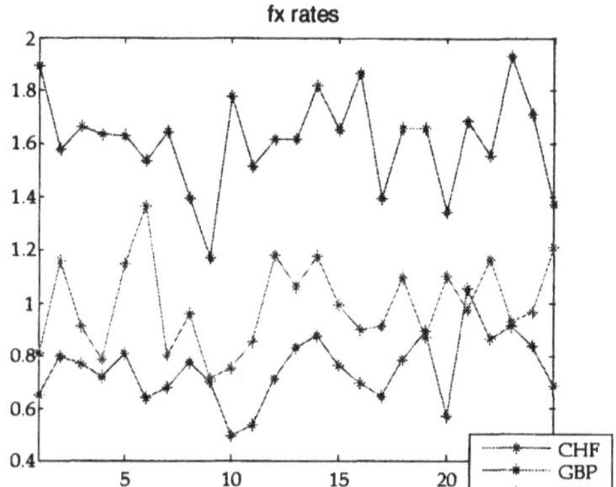

Abb. 44: Ein durch den Szenarien-Simulator generiertes (dynamisches) Wechselkurs-Szenario

Ein solch simuliertes Wechselkursszenario ist in Abb. 44 dargestellt. Die mit diesem Szenarien-Simulator generierten Szenarien werden nun im anschließenden Kapitel 5 zur Fragestellung der Validierung des gesamten stochastischen Computersimulationsmodells sowie im Rahmen eines Probelaufs zur Messung und Analyse des ökonomischen Wechselkursrisikos eines hypothetischen Unternehmens verwendet.

4.6 Zwischenresümee

Der zentrale Aspekt des Kapitels war zum einen die Skizzierung der nach Ansicht des Autors hilfreichen und geeigneten Ansätze zur Modellierung und Simulation für die zur Messung und Analyse des ökonomischen Wechselkursrisikos mittels stochastischen Simulationsansatzes benötigten Szenarien. Zum anderen wurde ein konkreter Modellierungsansatz für einen Szenarien-Simulator aufgezeigt und dessen Implementierung in Matlab® in komprimierter Form – mittels Flussdiagrammen unterstützend – beschrieben.

Für erstere Aufgabe stand zunächst die Modellierung und Simulation der Dynamik von stochastischen Größen durch die in der Literatur viel diskutierten Zeitreihenmodelle im Vordergrund. Ausgehend von einem intuitiv einfachen Zeitreihenmodell – dem so genannten 'Random Walk-Modell' – wird anschließend sodann ein kurzer Überblick über Zeitreihenmodelle mit zahlreichen weiterführenden Literaturhinweisen gegeben. In diesem Zusammenhang wird beschließend die für die Modellierung wichtige Fragestellung nach möglichen Theoriezusammenhängen, die in die Modellierung einfließen können bzw. müssen, anhand zweier dafür anwendbaren Theorien aufgezeigt.

Nach der erfolgten Erörterung zur modelltheoretischen Erfassung der Dynamik, wurde der in der jüngeren Literatur diskutierte Copula-Ansatz als zweiter zentraler Baustein zur Modellierung und Simulation von statischen stochastischen Abhängigkeiten anhand der Sichtung der Literatur erörtert. Im Rahmen der Darstellung zur Modellierung mittels des Copula-Ansatzes sowie in der Simulation von Zufallsvektoren, war es neben der Darstellung und Implementierung von in der Literatur vorgeschlagenen Algorithmen ein Anliegen, die Vorteile dieses Ansatzes aufzuzeigen bzw. zu verdeutlichen.

Die Präsentation eines aus der Literatur entstammenden Modellierungsansatzes für einen konkreten Szenarien-Simulator zur Generierung von (kurzfristigen) Zinssätzen, Inflationsraten sowie Wechselkursen und der komprimierten verbalen Dokumentation zur Implementierung in Matlab® rundet dann die im Kapitel 4 geführte Diskussion ab.

5
Zur Verifikation der Implementierung, Validierung und Anwendung des Computersimulations-Modells

Legt man den in der Literatur beschriebenen typischen Phasenablauf bei der Entwicklung eines Computersimulations-Modells zur Behandlung einer konkreten Problemstellung zugrunde, so lassen sich die bisherigen Ausführungen in dem dritten sowie vierten Kapitel eindeutig in die *'Analyse- und Modellierungsphase'* sowie in die *'Implementierungsphase'* einordnen.[1] Im Gegensatz dazu stehen in dem nun folgenden Kapitel Themenkomplexe der *'experimentellen Phase'* mit den dazu herausragenden Fragestellungen nach:

- den Möglichkeiten einer *Verifikation der Implementierung* und *Validierung* des Computersimulations-Modells; sowie
- einem *demonstrativen Probelauf*, der die Anwendung des Computersimulations-Modells in Form einer konkreten Simulationsstudie zur Erkenntnisgewinnung für diese Problemstellung aufzeigt,

im Mittelpunkt. Zunächst werden die Themenkomplexe Verifikation der Implementierung und Validierung von Computersimulations-Modellen theoretisch anhand ausgewählter Literatur erörtert, um sodann die Möglichkeiten aber auch die Grenzen bei der Umlegung auf das vorliegende Computersimulations-Modell auszuloten. Im Anschluss daran werden die durchgeführten Schritte und Ergebnisse zu diesen Fragestellungen für das vorliegende Computersimulations-Modell ausführlich dokumentiert. Den Abschluss dieses Kapitels bildet – gemäß der auferlegten Zielvorgabe der

---

[1] Vgl. etwa zu den einzelnen Phasen (*analysis and modelling phase, computer programming and implementation phase, experimentation phase*) des Modellentwicklungs-Prozesses *Sargent* (2001), S. 107ff. sowie *Berens/Delfmann/Schmitting* (2004), S. 133ff.

vorliegenden Arbeit – ein demonstrativer Probelauf eines hypothetischen Unternehmens in einer konkreten Simulationsstudie, wobei diese Simulationsstudie von detaillierten Beschreibungen zur Vorgangsweise sowie zu den aus dieser Simulationsstudie ableitbaren Ergebnissen begleitet wird.

5.1 Allgemeine theoretische Überlegungen zur Verifikation der Implementierung und Validierung von Computersimulations-Modellen

Obwohl in der Fachliteratur unterschiedlichste Begriffsapparate und Abgrenzungen in den Definitionen zur Verifikation und Validierung zu finden sind[1], lässt sich doch eine gemeinsame Basis für beide Begriffe formulieren: Einerseits bezeichnet die Verifikation die Prüfung der korrekten Implementierung des theoretischen Modells in einem Computerprogramm und andererseits umfasst die Validierung generell Techniken zur Prüfung, ob das Modell ein für die Zwecke der Anwendung hinreichend präzises Abbild der realen Wirklichkeit darstellt.[2]

---

[1] Vgl. etwa die Ausführungen zu Verifikation und Validierung in *Carson* (2002), S. 52 sowie in *Mertens* (1982), S. 48ff. *Berens/Delfmann/Schmitting (2004)* definieren die Modellvalidierung als „*[...] die Überprüfung der Gültigkeit eines Modells im Sinne einer Übereinstimmung mit dem untersuchten Realitätsausschnitt [...]*" und unterteilen in Anlehnung an *Pidd* (1998), S. 158ff die hier mit Verifikation bezeichnete Überprüfung als '*White-box-Validität*' und die hier herangezogene Definition der Validierung als sogenannte '*Black-box-Validität*', da kein unmittelbarer Vergleich zwischen abstraktem Modell und dem zu untersuchenden realen System stattfindet, auf. *Berens/Delfmann/Schmitting* (2004) betonen ferner, dass eine vollständige Übereinstimmung von Simulationsergebnis und Verhalten des realen Systems kaum möglich und deshalb lediglich eine Übereinstimmung in Toleranzbereichen gefordert werden kann. Falls das Simulationsergebnis exakt mit dem Ergebnis des Realsystems übereinstimmt, kann trotzdem auch hier nie auf die Strukturidentität (*Isomorphie*) geschlossen werden, da gleiche Ergebnisse sehr wohl von unterschiedlichen Strukturen erzeugt werden können. Nichtsdestotrotz nimmt das Vertrauen in ein Simulationsmodell nach *Berens/Delfmann/Schmitting* (2004) in dem Maße zu, in dem Fälle von Übereinstimmung mit dem Realsystem festgestellt werden können.

[2] Vgl. dazu in *Sargent* (2001) die Definition von *Schlesinger* et al. (1979).

Zwischen den Themenkomplexen Verifikation und Validierung gibt es, obwohl sich beide Themenkomplexe der Prüfung des Modells widmen, einen wesentlichen Unterschied. Die Verifikation, wenn gleich diese auch mit ungeheurem Arbeits- und Zeitaufwand verbunden sein kann, zielt auf die korrekte Umsetzung des Modells in einem Computerprogramm ab und stellt somit rein *technisch-operationelles* Problem dar (siehe dazu Abb. 45).

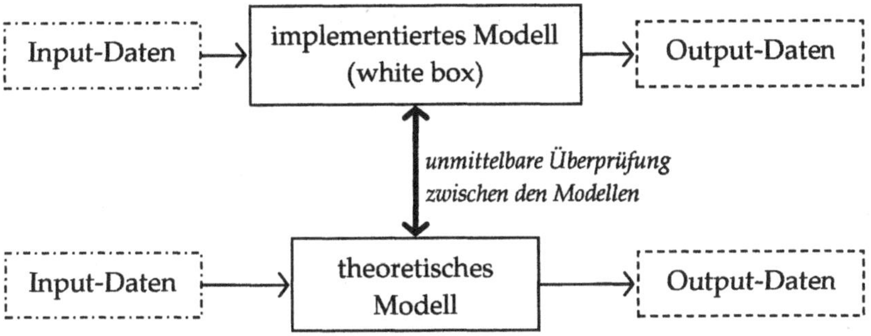

Abb. 45: Schematische Darstellung zum Konzept der Verifikation
Quelle: in inhaltlicher Anlehnung an *Berens/Delfmann/Schmitting* (2004), S. 139.

Hingegen stellt sich mit dem Themenkomplex Validierung, d.h. die Prüfung des Modells als hinreichend präzise und korrekte Abbildung der realen Wirklichkeit, ein *methodologisch-philosophisches Problem* ein. Ein Modell kann nicht unmittelbar an der realen Wirklichkeit geprüft werden und die Frage nach der Validität bleibt somit eine Art 'Black-Box'. Als praktische Konsequenz kann demnach eine Validierung des Modells nur über den Vergleich der Output-Daten des Modells und eines realen Systems oder bereits bekannter Erkenntnisse geführt werden (siehe hiezu Abb. 46).

Mertens (1982) führt dazu prägnant an, dass ein Vergleich der Modellergebnisse – besonders im Fall von komplexen oder sehr komplizierten Modellen – mit der Wirklichkeit, die vollständige Kenntnis der vielfältigen Wechselwirkungen zwischen den Einflussgrößen voraussetzt. Doch der Zweck und das Ziel der Anwendung der Computersimulation ist gerade die Ausweitung der Kenntnisse oder die vollständige Erfassung der

Wechselwirkungen zwischen diesen Einflussgrößen. Besteht dagegen die vollständige Kenntnis dieser Wechselwirkungen im Voraus, so entfällt gänzlich die Grundlage für die Analyse mit dem Computersimulations-Modell.

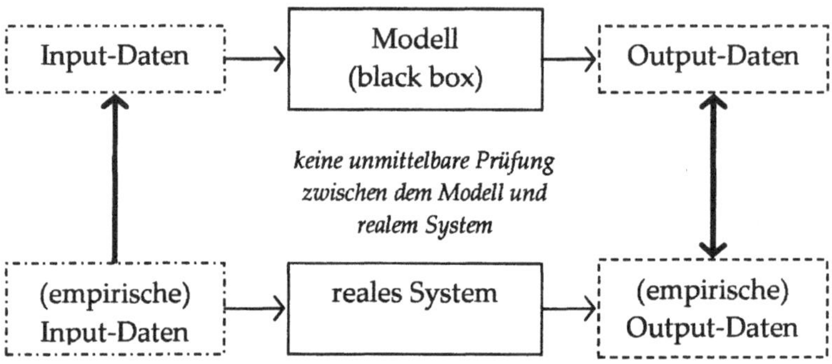

Abb. 46: Schematische Darstellung zum Konzept der Validierung
Quelle: in inhaltlicher Anlehnung an *Berens/Delfmann/Schmitting* (2004), S.139f.

Als Konsequenz muss daher an dieser Stelle grundlegend festgehalten werden, dass eine restlose und vollständige Validierung von Computersimulations-Modellen nicht erreichbar ist.[1] Somit kann nach *Berens/Delfmann/Schmitting* (2004) generell auch nicht die *Isomorphie* – also das Modell als ein vollkommenes *strukturidentes* Abbild des realen Systems – als Maßstab angelegt werden, was dazu führt, dass lediglich die so

[1] Vgl. hiezu auch die unterschiedlichen Darstellungen, die jedoch alle zu dem gleichen Schluss gelangen, wie beispielsweise *Kleijnen* (1995), S. 145: *„Validation, however, can not be assumed to result in a perfect model, since the perfect model would be the real system itself (by definition, any model is a simplification of reality). The model should be 'good enough', which depends on the goal of the model. For example, some applications need only relative (not absolute) responses corresponding to different scenarios; [...].“*; oder *Carson* (2002), S. 52: *"It should also be noted that no model is ever 100% verified or validated. Validation is not an absolute. [...] When we (loosely) say that a model has been verified or validated, we mean that we have explicitly carried out a series of tasks to verify and validate our model to the degree necessary for our purposes."*.

genannte *Homomorphie*, die als eine abgeschwächte Form ein *strukturgleiches* Abbild beinhaltet, gefordert werden kann.[1]

Nach der theoretischen Klärung und Abgrenzung der Begriffe Verifikation und Validierung, sowie dem Aufzeigen der natürlichen Grenzen bei diesen Fragestellungen, erfolgt nun in Abb. 47 ein Überblick zu den Techniken für die Verifikation und Validierung anhand ausgewählter Beiträge aus der Literatur.

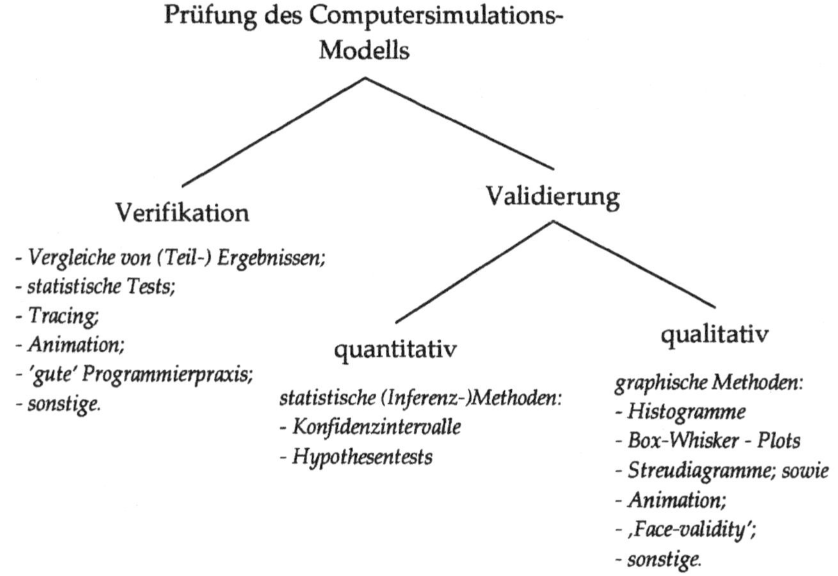

Abb. 47: Überblick von Verifikation- und Validierung von Computersimulations-Modellen
Quelle: in inhaltlicher Anlehnung an *Kleijnen* (1995) und *Sargent* (2000, 2001).

Zuerst ist festzuhalten, dass sich bis dato weder eine allgemein akzeptierte und wissenschaftliche Theorie herausgebildet, noch eine Anzahl von Standardmethoden etabliert haben, die bei einer mechanischen Abarbeitung einen möglichst hohen Grad an allgemeiner wissenschaftlich-

[1] Vgl. hierzu *Berens/Delfmann/Schmitting* (2004), S. 22ff.

akzeptierter Verifikation und Validierung garantieren. Hingegen wird in der Literatur so gar eingeräumt, dass es eine Vielzahl an Methoden gibt, wobei jedoch für die Prüfung eines konkreten Computersimulations-Modells sich nur wenige eignen bzw. überhaupt durchführbar sind.[1]

Im Rahmen einer Verifikation eines Computersimulations-Modells werden nach *Kleijnen* (1995) die folgenden Techniken angeführt:[2]

- allgemein 'gute' Programmierpraxis (z.B. modulare Programmierung, eindeutige Bezeichnungen der Variablen etc.);
- Überprüfung von Zwischenergebnissen der Simulation durch den Vergleich mit manuellen Berechnungen und statistische Tests der Module;
- statistische Tests der endgültigen Ergebnisse der Simulation gegenüber analytischen Ergebnissen;
- Animation.

Für den Bereich der Validierung erfolgt in der Literatur meist eine Aufspaltung in *quantitative* und *qualitative* Techniken. Dabei sind unter den quantitativen Techniken mathematisch-statistische Inferenz-Methoden zusammengefasst. Diese mathematisch-statistischen Inferenz-Methoden, wie beispielsweise

- Hypothesen-Tests, oder
- Schätzung von Konfidenzintervallen

sollen durch den Vergleich von Erwartungswerten, Varianzen, Verteilungen sowie Zeitreihen von Output-Variablen eines Models und eines realen System klären, ob ein hinreichend präzises Abbild des realen Systems durch das Modell vorliegt.[3] Im Gegensatz verlassen sich die qualitativen Techniken der Validierung auf die subjektive Einschätzung einer oder

---

[1] Vgl. hierzu die Darstellung in *Kleijnen* (1995) bzw. *Sargent* (2000).

[2] Vgl. dazu *Kleijnen* (1995), S. 145ff.

[3] Vgl. *Kleijnen* (1995), S. 146ff.

mehrerer Experten für diesen Anwendungsbereich des Computersimulations-Modells. Hierzu zählen

- graphische Methoden (Histogramme, Box-Whisker Diagramme, Streudiagramme);
- Animationen;
- Schruben-Turing Tests;
- ‚face-validity'-Techniken.[1]

Nach *Mertens* (1982) scheint der Einsatz rein qualitativer Techniken zur Validerung eine größere Bedeutung zu haben als mathematisch-statistische Tests, wobei hier sicherlich die Nicht-Verfügbarkeit von adäquaten Datensätzen in vielen Situationen eine gewichtige Rolle spielt.[2]

Als ersten Anhaltspunkt zur Klärung der Frage, welche Methoden für den Versuch einer Validierung[3] in einer bestimmten Anwendung möglicherweise herangezogen werden können, liefert *Sargent* (2000) eine Klassifikation, die in Form einer Matrix in Abb. 48 wiedergegeben ist.

	Beobachtbares System	**Nicht-Beobachtbares System**
subjektiver Ansatz *(qualitative Techniken)*	Vergleich mit graphischen Methoden. Entdeckung des Modelverhaltens	Entdeckung des Modelverhaltens. Vergleich mit anderen Modellen
objektiver Ansatz *(quantitative Techniken)*	Vergleich durch statistische Tests und Prozeduren	Vergleich mit anderen Modellen durch statistische Tests und Prozeduren

Abb. 48: Klassifikation von Methoden zur Validierung nach *Sargent* (2000)
Quelle: abgeändert und übersetzt aus der englischen Sprache übernommen aus *Sargent* (2000), S. 54.

Dabei basiert *Sargent* (2000) seine Klassifikation vor allem auf der Unterscheidung, ob Input- und Output-Daten über das reale System als beo-

[1] Vgl. zu den qualitativen Techniken *Sargent* (2000, 2001).

[2] Vgl. *Mertens* (1982), S. 50.

[3] *Sargent* (2000) bezeichnet den in dieser Arbeit verwendeten Begriff der Validierung als ‚*operational validity*' in Abgrenzung zu ‚data validity' oder ‚conceptual model validity'.

bachtbares System vorliegen. Als Entdeckung des Modellverhaltens versteht *Sargent* (2000) die Prüfung der Output-Daten des Simulationsmodells mit dazu geeigneten Validierungstechniken.

Wie bereits in den zur Problematik Validierung allgemeinen theoretischen Überlegungen dargelegt ist, kann eine vollständige und restlose Validierung nicht erreicht werden. Dies bedeutet, dass ein Modell generell als mehr oder minder stark reduzierte Abbildung der realen Wirklichkeit, welches nie alle Einflussfaktoren und deren vollkommene Wechselwirkungen erfasst, akzeptiert werden muss. Die Beantwortung der Frage, ob die gewonnen Ergebnisse im Rahmen des vorgesehenen Anwendungsbereichs hinreichend präzise, sachlich-logisch argumentierbar und theoretisch „vernünftig" sind, stellen bereits einen großen Fortschritt für die Validierung und damit für die Glaubwürdigkeit der mit dem Computersimulations-Modell gewonnen Ergebnisse dar.

Bevor die Anwendung in Form eines demonstrativen Probelaufs und die Vorteile des stochastischen Simulationsansatzes zur Analyse der vorliegenden Problemstellung aufgezeigt werden, erfolgt in den nun folgenden zwei Abschnitten die Erörterung des Versuchs der konkreten Verifikation und Validierung des vorliegenden Computersimulations-Modells.

5.2 Verifikation des vorliegenden Computersimulations-Modells

Zur Verifikation des vorliegenden Computersimulations-Modells kommen die von *Kleijnen* (1995) angeführten Techniken:

- 'gute' Programmierpraxis (modulare Programmierung); sowie die
- Überprüfung von Teilergebnissen der Simulation durch den Vergleich mit manuellen Berechnungen des Modells (und 'Tracing'[1]),

[1] Der englischsprachige Begriff 'Tracing' steht für die automatische Ansicht von Zwischenergebnissen im Zuge der Verifikation des Computerprogramms und kann in der

die nun in der Folge näher erläutert werden, zur Anwendung. Unter einer 'guten' Programmierpraxis versteht man im Allgemeinen alle Maßnahmen, die das Nachvollziehen des Programmcodes erleichtern sowie das Bearbeiten und Testen von einzelnen Programmteilen in effizienter Weise ermöglichen. Darunter fallen beispielsweise sowohl die modulare Strukturierung des Computerprogramms als auch die sinnvolle und aussagekräftige Bezeichnung der Variablen. Diese Technik darf unter keinen Umständen unterschätzt werden, da sie die Basis für eine effiziente Überprüfung von isolierten Teilen des Computerprogramms in Hinblick auf die korrekte Implementierung erst in effizienter und systematischer Weise ermöglicht.[1] Für das vorliegende Computersimulations-Modell lässt sich diese modulare Struktur in der Programmierung anhand der grundlegenden Architektur des gesamten Computerprogramms in Abb. 15 sowie des im Anhang 8.5 aufgelisteten Programmcodes belegen.

Die zweite Technik, die zur Verifikation des vorliegenden Computersimulations-Modells angewandt wird, vergleicht manuell berechnete Ergebnisse des Modells mit denen des Computersimulations-Modells.[2] Um eine effiziente Vorgangsweise für die Verifikation zu gewährleisten, wird das Computerprogramm in die Bestandteile:

1. Absatzseite von *ComSim;*

2. Beschaffungsseite realer Inputs von *ComSim;*

3. Beschaffungsseite finanzielle Inputs von *ComSim;* sowie

4. der Durchlauf des Gesamtmodells *DComSim*

zerlegt. Zunächst werden die einzelnen Bestandteile des Computerprogramms *ComSim* anhand von zahlreichen Input-Datensätzen auf die kor-

Programmierumgebung von Matlab® durch den Aufruf des 'Debuggers' genutzt werden.

[1] Vgl. hiezu *Kleijnen* (1995), S. 147.

[2] Dabei müssen, um eine unmittelbare Vergleichbarkeit zu erreichen, natürlich sowohl das theoretische als auch das implementierte Modell mit denselben Input-Daten gespeist werden.

rekte Implementierung überprüft. Anschließend wird sodann geprüft, ob beim Durchlaufen des Programms *DComSim* die korrekten Werte für jede Periode sowie die Verarbeitung der Verknüpfungen, wie diese eingangs festgelegt werden, in das Programm *ComSim* für jede Periode eingespeist werden. Auf diese Weise wird das gesamte Computerprogramm für das im dritten Kapitel dargestellte Unternehmensmodell effizient in Hinblick auf die korrekte Implementierung geprüft. Zusätzlich wird die Verifikation von *DComSim* mit der zuvor erwähnten '*Tracing*'-Technik in Matlab® sichergestellt.

5.3 Zur Validierung des Computersimulations-Modells

Zunächst sei noch einmal auf einen wesentlichen Punkt zur Fragestellung der Validierung, welcher zuvor schon in den theoretischen Grundlagen zur Prüfung von Modellen dargelegt ist, hingewiesen: Eine über allen Zweifeln erhabene Validierung, die ein Modell als strukturidentes Abbild[1] des realen Systems bzw. eines Ausschnitts eines realen Systems bescheinigt, ist grundsätzlich nicht erreichbar.

Für das in dieser Arbeit zugrunde liegende stochastische Computersimulations-Modell wird der Versuch einer Validierung ausschließlich in qualitativer Richtung geführt. Für die konkrete Validierung wird folgende Vorgangsweise gewählt: Mit dem Computersimulations-Modell werden bestimmte Konstellationen, für die aus einer modelltheoretischen Darstellung in *Brunner* (2003) Erkenntnisse vorliegen, simuliert. Die aus der Computersimulation resultierenden Ergebnisse werden sodann qualitativ mit diesen bereits bekannten Erkenntnissen *ceteris paribus* auf ihre Konsistenz geprüft. Als prüfendes Kriterium für die Simulationsergebnisse fungiert die *Streuung* – gemessen in der Standardabweichung – der Zahlungsströme. Es gilt dabei, dass je größer die Streuung der Zahlungsströme ist,

[1] In diesem Fall müsste man ein Modell als zweites Original des realen Systems auffassen. Es scheint daher leicht einsichtlich, dass so eine Forderung aufgrund der Komplexität der realen Systeme oder der oft nicht – zumindest nicht vollständig – beobachtbaren Wechselwirkungen eine nicht bewältigbare Aufgabe darstellt.

desto mehr ist das simulierte Unternehmen in dieser Konstellation einem ökonomischen Wechselkursrisiko ausgesetzt. Wie in Kapitel 2 dargelegt ist, bedeutet eine höhere Streuung der Zahlungsströme aufgrund von Wechselkursveränderungen ceteris paribus gleichzeitig ein höheres positives bzw. negatives *ökonomisches Wechselkurs-Exposure*. Mit Bezug auf die Klassifikation von *Sargent* (2000) lässt sich für die Validierung in der vorliegenden Arbeit feststellen, dass die hier gewählte Vorgangsweise eindeutig in den oberen rechten Quadranten der Matrix in Abb. 48 fällt.

Für die Zwecke des Versuchs einer Validierung stehen zunächst die beiden folgenden Konstellationen im Mittelpunkt: das *reine Binnenunternehmen* sowie ein *Unternehmen in einem Umfeld der perfekten Einhaltung der Theorie der Kaufkraftparitäten*. In beiden Konstellationen besteht für das simulierte Unternehmen theoretisch kein ökonomisches Wechselkursrisikos. Für die erfolgreiche Prüfung muss somit für das Prüfungskriterium gelten, dass die simulierten Unternehmen in beiden Konstellationen keine Streuung der Zahlungsströme hinsichtlich von nominalen Wechselkursveränderungen aufweisen.

Anschließend werden im Rahmen des Versuchs einer qualitativen Validierung ceteris paribus Analysen durchgeführt und dabei geprüft, ob die aus dem Einsatz des Computersimulations-Modells resultierenden Ergebnisse dieselben bereits bekannten Schlussfolgerungen in Bezug auf den Einfluss von ausgewählten *Determinanten des ökonomischen Wechselkurs-Exposure* zulassen. Hierzu werden ausgewählte Erkenntnisse über Determinanten nach *Brunner* (2003) auf

- der *Umsatzseite des Unternehmens*;
- der *Kostenseite des Unternehmens*; sowie
- der *monetären Nettoposition*

aufgegriffen und anschließend mit den entsprechenden Simulationsergebnissen auf ihre Konsistenz geprüft.

5.3.1 Validierung anhand eines reinen Binnenunternehmens

An erster Stufe steht der Fall eines reinen Binnenunternehmens, der wie theoretische Überlegungen besagen, kein ökonomisches Wechselkursrisiko für das Unternehmen darstellt.[1] Diese Konstellation eines reinen Binnenunternehmens wird nun mit einem dazu entsprechenden Input-Datensatz in einer Simulation nachgestellt und die daraus resultierenden Zahlungsstrom-Ergebnisse anschließend erörtert.

Basierend auf den Ergebnissen zur Schwankungsbreite der gesamten Zahlungsströme hinsichtlich Wechselkursveränderungen in Abb. 49 lässt sich feststellen, dass ein durch das vorliegende Computersimulations-Modell simuliertes reines Binnenunternehmen keinem ökonomischen Wechselkursrisiko unterliegt.

Diese Schlussfolgerung lässt sich durch die fehlende Streuung der Zahlungsströme in Abb. 49 hinsichtlich nominaler Wechselkursveränderungen leicht erkennen.[2]

Conclusio: Das vorliegende Computersimulations-Modell kann für diese Konstellation als valide angesehen werden.

5.3.2 Validierung anhand der Theorie der Kaufkraftparitäten

Im Gegensatz zum vorigen Beispiel eines reinen Binnenunternehmens sieht sich das für diesen Fall simulierte Unternehmen sowohl auf dem inländischen Absatzmarkt, als auch auf dem ausländischen Absatzmarkt unmittelbar ausländischer (Import-)Konkurrenz gegenüber. Beide Märkte

---

[1] Vgl. hiezu Moser (1985), S. 111f. *Moser* (1985) meint hier Unternehmen, *„[...] bei denen sich die gesamte Beschaffungs- und Absatztätigkeit auf dem Binnenmarkt abspielt, ohne dass in beiden Bereichen eine Konkurrenz von Importprodukten existiert (isolierte Binnenmärkte).“*, S. 111.

[2] Zusätzlich werden Annahmen getroffen, um die Induzierung von Variabilität in die Zahlungsströme, die von anderen stochastischen Größen herrühren, auszuschließen: (1) die Fremdfinanzierung des Unternehmens erfolgt ausschließlich auf Basis eines fixen Zinssatzes in Höhe von 5 Prozent p.a. und (2) keine Erhöhungen/Senkungen der Kosten für die Beschaffung realer Inputs.

werden mit einer Preiselastizität der Nachfrage angenommen. Wenn die *Theorie der Kaufkraftparitäten,* wonach eine relative *nominale* Wechselkursveränderung jeweils die Differenz zwischen den relativen Preisänderungsraten zwischen den unterschiedlichen Währungen widerspiegelt, hält, so tritt keine reale Kaufkraftverschiebung zwischen diesen beiden Währungen ein. Bei der perfekten Einhaltung dieser Theorie unterliegt ein Unternehmen dann keinem ökonomischen Wechselkursrisiko, da es aufgrund der nominalen Wechselkursveränderungen zu keiner Verschiebung der relativen Preise und der abgesetzten Mengen kommt.

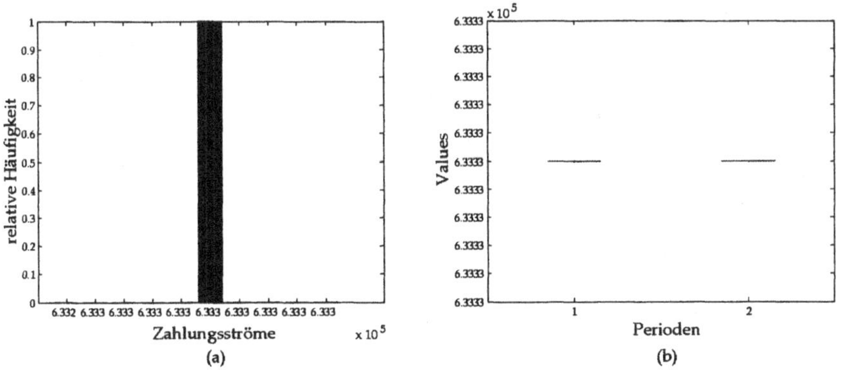

Abb. 49: (a) Histogramm für die Zahlungsströme aus der ersten Periode sowie (b) Box-Whisker Diagramme für die ersten zwei Perioden

Das vorliegende Computersimulations-Modell ist für diesen Fall genau dann valide, wenn die Zahlungsströme des zu simulierenden Unternehmens aufgrund von nominalen Wechselkursveränderungen *keine Variabilität* aufweisen. Für die Simulationsstudie gelten die folgenden Prämissen:

- die Preisänderungsraten für das Produkt des simulierten Unternehmens sind *stochastisch,*
- die Preisänderungsraten der Konkurrenten für den inländischen als auch ausländischen Absatzmarkt sind *stochastisch*; und
- die Wechselkurse bestimmen sich nach der *Theorie der Kaufkraftparitäten.*

Die gewonnen Ergebnisse aus der Simulationsstudie (siehe Abb. 50) zeigen eindeutig, dass die Zahlungsströme des simulierten Unternehmens trotz unterschiedlicher relativer Preisänderungsraten keine Variabilität aufweisen. Die Differenz zwischen den relativen Preisänderungsraten zwischen den beiden Währungsräumen wird durch die Wechselkursveränderungen exakt ausgeglichen.

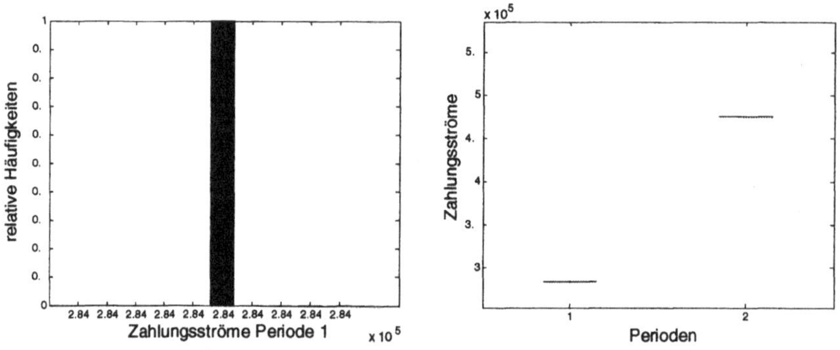

(a) (b)

Abb. 50: (a) Histogramm für die Zahlungsströme aus der ersten Periode sowie (b) Box-Whisker Diagramme für die ersten zwei Perioden

Basierend auf den Ergebnissen aus der Simulationsstudie kann somit zusammenfassend festgehalten werden, dass das simulierte Unternehmen – trotz der nominalen Wechselkursveränderungen – bei der Einhaltung der Theorie der Kaufkraftparitäten keinem ökonomischen Wechselkursrisiko unterliegt.

Conclusio: Als Konsequenz aus diesen gewonnenen Simulationsergebnissen kann dem Computersimulations-Modell für diesen Fall daher Validität zugesprochen werden.

5.3.3 Validierung anhand ausgewählter Determinanten auf die Höhe des ökonomischen Wechselkursrisikos

In den nun folgenden Abschnitten wird versucht eine Validierung anhand der aus *Brunner* (2003) gewonnenen modelltheoretischen Erkenntnisse für einige bereits bekannte *Determinanten* auf die Höhe des ökonomischen Wechselkurs-Exposure mittels des vorliegenden Computersimulations-Modells qualitativ durchzuführen. Dazu werden einzelne Determinanten aus *Brunner* (2003) ausgewählt, in entsprechenden Input-Daten kodiert und anschließend die daraus gewonnenen Simulationsergebnisse mit den modelltheoretischen Erkenntnissen aus *Brunner* (2003) qualitativ verglichen. Zur Prüfung der qualitativen Übereinstimmung der modelltheoretischen Ergebnisse aus *Brunner* (2003) mit den hier generierten Simulationsergebnissen fungiert wiederum die Streuung[1] der Zahlungsströme gegenüber den nominalen Wechselkursveränderungen. Diese Streuung der Zahlungsströme kann, wie in Kapitel 2.1 ausführlich dargelegt ist, zur Messung des ökonomischen Wechselkursrisikos eines Unternehmens herangezogen werden. Abschließend ist noch explizit darauf hinzuweisen, dass ein höheres ökonomisches Wechselkursrisiko – aufgrund einer approximativ fixierten Schwankungsbreite der Wechselkursveränderungen – mit einem höheren Wechselkurs-Exposure gleich gesetzt werden kann.[2]

5.3.3.1 Anteil der Fremdwährungsumsätze

Als *umsatzorientierte* Determinante auf die Höhe des ökonomischen Wechselkurs-Exposure zur Validierung wird der *Anteil der Fremdwährungsumsätze* am Gesamtumsatz herangezogen. Wie die Modellergebnisse in *Brunner* (2003) darlegen, weisen Exportunternehmen ein höheres ökonomisches Wechselkurs-Exposure im Vergleich zu anderen Unternehmen auf.[3] Nach *Brunner* (2003) ist es für diese Erörterung hilfreich, zwischen *Transaction-exposure-* und den *Operating-Exposure-Zahlungsströmen* zu unterscheiden.

[1] Die Streuung wird durch hierbei durch die Standardabweichung der Zahlungsströme gefasst.

[2] Vgl. zur der Gegenüberstellung des Risiko- sowie Exposure-Begriffs Kapitel 2.

[3] *Brunner* (2003), S. 60 führt hierzu an: *"Dieses Ergebnis ist nicht weiter verwunderlich, steht doch den ausschließlich in Heimatwährung anfallenden Kosten ein großer Block an Fremdwährungsumsätzen gegenüber."*

Für den Zweck der Validierung werden Simulationen durchgeführt, in denen sich das zu simulierende Unternehmen lediglich in dem Anteil der Fremdwährungsumsätze am Gesamtumsatz, wobei hier als Proxy-Variable die abgesetzte Menge im Ausland im Verhältnis zum Inland fungiert, *ceteris paribus* unterscheidet. In einem ersten Durchlauf besitzt das zu simulierende Unternehmen nur einen vergleichsweise geringeren Anteil an Fremdwährungsumsätzen. Im Gegensatz dazu wird in einem zweiten Durchlauf das zu simulierende Unternehmen mit einem relativ hohen Anteil an Fremdwährungsumsätzen angenommen. Die aus beiden Konstellationen ermittelten Zahlungsstrom-Ergebnisse werden sodann zum Vergleich gegenübergestellt.[1] Für ein mit der modelltheoretischen Darstellung von *Brunner* (2003) konsistentes Ergebnis wird erwartet, dass das Unternehmen mit dem relativ hohen Anteil an Fremdwährungsumsätzen eine deutlich höhere Variabilität der Zahlungsströme und somit ebenso ein höheres Exposure aufweist.

Die Ergebnisse aus der Simulation in Form von Box-Whisker Diagrammen für das Transaction-Exposure (siehe Abb. 51) lassen leicht die folgende Schlussfolgerung zu: Die durchschnittliche Schwankungsbreite der Transaction-Exposure-Zahlungsströme für das Unternehmen mit dem vergleichsweise niedrigen Anteil an Fremdwährungsumsätzen ist deutlich geringer als für das Unternehmen, dessen Absatz *ceteris paribus* zum großen Teil durch Exporte erfolgt.[2]

[1] Für die *Transaction-Exposure-Zahlungsströme,* die bereits *kontrahiert* und deshalb in der Menge fixiert sind, ist der Vergleich der Unternehmen hinsichtlich des Anteil der Fremdwährungsumsätze durch den Anteil der abgesetzten Menge im Auslandsmarkt zur gesamten Menge als so genannte *Proxy-Variable* leicht festzulegen. In der Simulationsstudie werden deshalb die Anteile der abgesetzten Menge im Ausland für die erste Simulation mit 20 Prozent und für die zweite Simulation mit 80 Prozent festgelegt.

[2] Die durchschnittliche Schwankungsbreite der Zahlungsströme gemessen in der Standardabweichung beträgt in Abb. 51(a) rund USD 40.000 und in Abb. (b) rund USD 140.000.

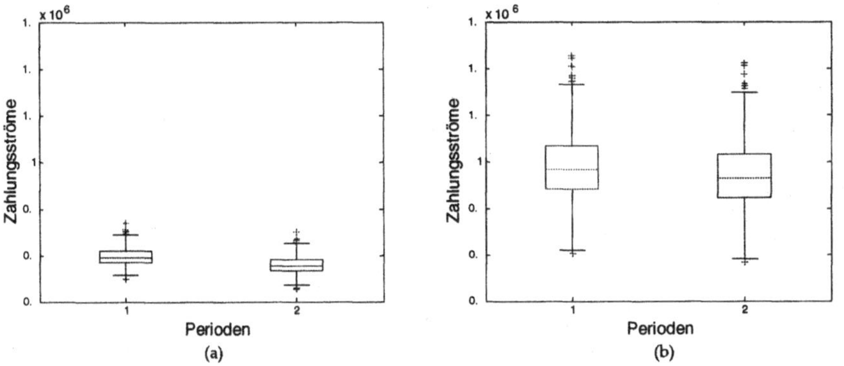

Abb. 51: Box-Whisker Diagramme für bereits kontrahierte Zahlungsströme eines Unternehmens für jeweils zwei Perioden mit (a) einem vergleichsweise relativ niedrigen Exportanteil sowie (b) einem vergleichsweise relativ hohen Exportanteil

Conclusio: Für dieses Ergebnis aus dem Computersimulations-Modell lässt sich eine Bekräftigung der modelltheoretischen Erkenntnisse aus *Brunner* (2003) ableiten.[1]

In der Folge wird nun ein modifizierter Ansatz der so eben durchgeführten Simulationsstudie evaluiert. Nach *Brunner* (2003) kann für die noch nicht-kontrahierten Zahlungsströme des Operating-Exposure keine so allgemeine Aussage wie zuvor für den Einfluss des Anteils an Fremdwährungsumsätzen auf die Transaction-Exposure-Zahlungsströme getätigt werden. Für ein konkretes Unternehmen muss daher geklärt werden, ob die Zahlungsströme aus dem inländischen Absatzmarkt in inländischer Währung oder die Zahlungsströme auf dem ausländischen Absatzmarkt (in ausländischer Währung) eine größere Wechselkurssensitivität und damit ein höheres ökonomisches Wechselkurs-Exposure aufweisen.[2]

[1] Vgl. hierzu *Brunner* (2003), S. 54 sowie S. 59ff.

[2] Die Festlegung der Anteile der Fremdwährungsumsätze für die *Operating-Exposure-Zahlungsströme* ist aufgrund meist eintretenden Preis- und Mengeneffekte nicht möglich. Für die Erörterung des Anteils der Fremdwährungsumsätze auf die Operating-Exposure-Zahlungsströme werden daher zwei Randfälle in der Bandbreite des Anteils der Fremdwährungsumsätze betrachtet. Einerseits der ausschließliche Absatz auf dem inländischen

Brunner (2003) fügt jedoch hinzu, dass sich eine Aussage analog zu den zuvor untersuchten kontrahierten Fremdwährungsumsätzen bei der Annahme von *gleichen Wettbewerbssituationen* auf dem inländischen sowie ausländischen Absatzmarkt ableiten lässt. In diesem Fall steigt aufgrund des *'conversion effects'*[1] mit steigendem Anteil der Fremdwährungsumsätze ceteris paribus ebenso das ökonomische Wechselkurs-Exposure und damit das ökonomische Wechselkursrisiko. Diese Aussage wird nun zur Prüfung der Validität des Computersimulations-Modells genutzt.

Im Rahmen einer Simulationsstudie werden dazu zwei Unternehmen angenommen, die sich lediglich durch ihre Absatzaktivitäten unterscheiden: Das eine Unternehmen bearbeitet ausschließlich den inländischen Absatzmarkt und unterliegt dabei einer Importkonkurrenz. Das andere zu simulierende Unternehmen bearbeitet ausschließlich einen ausländischen Absatzmarkt und sieht sich dort einem lokalen Konkurrenten gegenüber. Für beide Absatzmärkte werden dieselben Wettbewerbsbedingungen sowie der gleiche Wechselkurs als Risikofaktor unterstellt. In der Abb. 52 sind die aus den Simulationsläufen resultierenden Zahlungsstrom-Ergebnisse in Form von Box-Whisker Diagrammen verdichtet zusammengefasst.

Es zeigt sich in dieser Simulationsstudie, wie in Abb. 52 zu erkennen, dass die Streuung der nicht-kontrahierten Operating-Exposure-Zahlungsströme des Unternehmens mit ausschließlich Fremdwährungsumsätzen höher ist als die des Unternehmens mit ausschließlich in inländischer Währung denominierten Absatzumsätzen. Obwohl die Absatzumsätze beider Unternehmen ein ökonomisches Wechselkurs-Exposure aufweisen, so fällt dieses ökonomische Wechselkurs-Exposure – aufgrund des *'conver-*

Markt mit Importkonkurrenz und andererseits der ausschließliche Absatz auf dem ausländischen Absatzmarkt mit lokaler Konkurrenz unter ansonsten identen Prämissen. Beide Absatzmärkte weisen hierzu beispielsweise dieselbe Preiselastizität der Nachfrage auf.

[1] Dies sind die Effekte bei der Umwechslung der Fremdwährungsumsätze zu jeweils aktuellen Wechselkursen. Vgl. etwa *Flood/Lessard* (1986), S. 26f.

sion effects' – für das Unternehmen mit ausschließlich Absatzumsätzen im ausländischen Markt höher aus.[1]

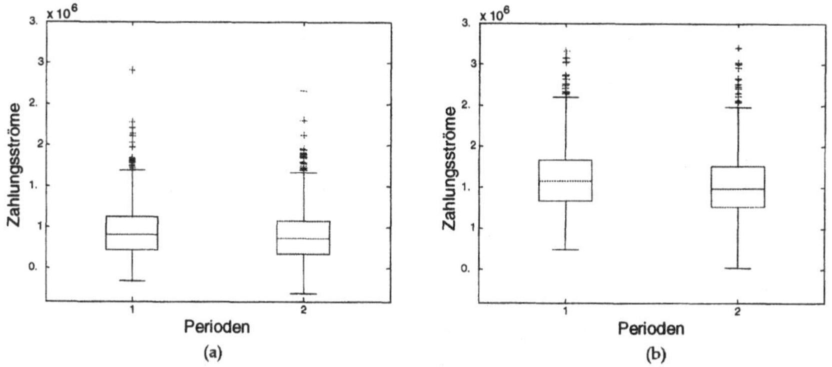

Abb. 52: Box-Whisker Diagramme für nicht-kontrahierte Zahlungsströme eines Unternehmens mit (a) keinem Exportanteil sowie (b) ausschließlich Exporten

Wenngleich in dieser Simulationsstudie zwei Randfälle in der Bandbreite des Anteils von Fremdwährungsumsätzen untersucht werden, so lässt sich diese Schlussfolgerung jedoch auch auf gleich gelagerte Fälle innerhalb dieser Bandbreite übertragen.[2]

<u>Conclusio:</u> Im Rahmen der Überprüfung anhand dieser Determinante auf das ökonomische Exposure kann dem vorliegenden Computersimulations-Modell Validität zugesprochen werden.

5.3.3.2 Anteil der Fremdwährungskosten

Im Rahmen der Validierung des Computersimulations-Modells fungiert als *kostenorientierte* Determinante auf die Höhe des ökonomischen Wechselkurs-Exposure der *Anteil der Fremdwährungskosten*. Mit Unterstützung von theoretisch abgeleiteten Modellergebnissen argumentiert *Brunner* (2003), dass der Anteil der Fremdwährungskosten einen entgegen gesetz-

[1] Die durchschnittliche Schwankungsbreite der Zahlungsströme gemessen in der Standardabweichung beträgt in Abb. 52(a) rund 320.000 und in Abb. 52(b) rund 390.000.

[2] Vgl. Fußnote 1 zur Messbarkeit des Anteils an Fremdwährungsumsätzen, S. 18.

ten Effekt auf ein bestehendes positives ökonomisches Wechselkurs-Exposure – beispielsweise durch absatzseitige Umsätze – hat. Somit verringern Fremdwährungskosten ein bestehendes positives ökonomisches Wechselkurs-Exposure bzw. verstärken ein bestehendes negatives ökonomisches Wechselkurs-Exposure.[1]

In der folgenden Simulationsstudie wird für die Validierungs-Zwecke untersucht, ob die simulierten Zahlungsstrom-Ergebnisse aus dem vorliegenden Computersimulations-Modell mit dem Ergebnis über den Anteil der Fremdwährungskosten aus *Brunner* (2003) übereinstimmen. Dazu wird zunächst ein Unternehmen mit der Beschaffung ausschließlich auf dem inländischen Beschaffungsmarkt ohne Importkonkurrenz simuliert. Dieses zu simulierende Unternehmen besitzt somit keinen Anteil an Fremdwährungskosten. Anschließend werden sodann – zur direkten Gegenüberstellung – die Zahlungsströme des Unternehmens mit der Beschaffung ausschließlich am ausländischen Markt in Fremdwährung simuliert. Es ist noch zu vermerken, dass in beiden Fällen das Unternehmen Umsätze sowohl im inländischen Markt mit Importkonkurrenz als auch in einem ausländischen Markt[2] besitzt und daher aus dem Absatzbereich ein positives ökonomisches Wechselkurs-Exposure aufweist. Mit diesen zwei Konstellationen wird versucht mittels Computersimulations-Modell zu prüfen, ob ein Anteil an Fremdwährungskosten ein bestehendes positives ökonomisches Wechselkurs-Exposure verringert, unberührt lässt oder noch weiter verstärkt.

---

[1] Um einen entgegen gesetzten Effekt auf ein bestehendes positives ökonomisches Wechselkurs-Exposure zu haben, müssen die Fremdwährungskosten natürlich in derselben Währung des positiven ökonomischen Wechselkurs-Exposure denominiert sein. Ist dies nicht der Fall, so hängen die konkreten Effekte von den Korrelationen zwischen den einzelnen Wechselkursveränderungen ab.

[2] Die Fremdwährungsumsätze und Fremdwährungskosten sind in derselben Fremdwährung denominiert.

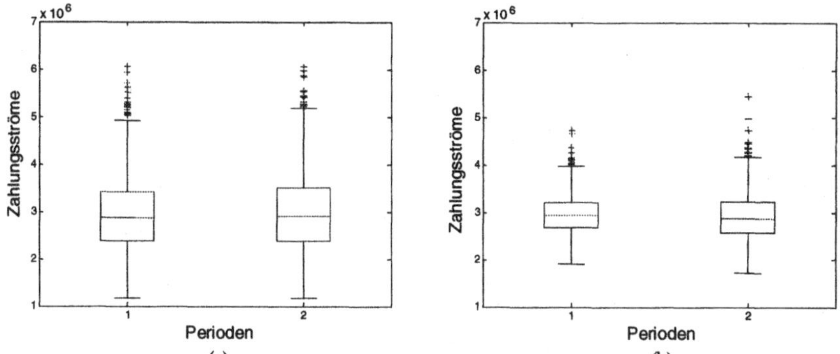

Abb. 53: Box-Whisker Diagramme für Zahlungsströme eines Unternehmens (a) mit Kosten in inländischer Währung sowie (b) mit Kosten in Fremdwährung

Die Schwankungsbreite der simulierten Zahlungsströme wird, wie Abb. 53 anhand von Box-Whisker Diagrammen augenscheinlich erkennbar, durch den Anteil an Fremdwährungskosten verringert.[1]

Conclusio: Die Simulationsergebnisse in Abb. 53 *stützen* das Ergebnis aus *Brunner* (2003), wonach Fremdwährungskosten einen entgegen gesetzten Effekt auf ein positives ökonomisches Wechselkurs-Exposure haben.

5.3.3.3 Höhe der monetären Nettovermögensposition in Fremdwährung

Zuletzt wird der noch der *Nettobestand an Fremdwährung, Fremdwährungskrediten und -anlagen* als finanzielle Determinante auf die Höhe des ökonomischen Wechselkurs-Exposure im Rahmen der Validierung des Computersimulations-Modells erörtert. Der modelltheoretische Ansatz von *Brunner* (2003) zeigt auf, dass eine Erhöhung der monetären Nettovermögensposition in Fremdwährung zu einem Anstieg des positiven ökonomischen Wechselkurs-Exposure führt.

[1] Die durchschnittliche Schwankungsbreite der Zahlungsströme gemessen durch die Standardabweichung beträgt in Abb. 53(a) rund 830.000 und in Abb. 53(b) rund 460.000.

Führt man diese Aussage weiter, so kann demzufolge eine negative monetäre Nettovermögensposition in Fremdwährung ein bestehendes positives ökonomisches Wechselkurs-Exposure verringern bzw. ein bereits bestehendes negatives ökonomisches Wechselkurs-Exposure noch erhöhen.

In der Folge wird nun dieser Einfluss auf das Economic Exposure anhand des vorliegenden Computersimulations-Modells überprüft. Hierzu wird ein Unternehmen mit einem positiven ökonomischen Wechselkurs-Exposure gegenüber einer Fremdwährung hinsichtlich zweier unterschiedlicher monetärer Nettovermögenspositionen in Fremdwährung simuliert.[1] In Abb. 54 ist die Streuung der Zahlungsströme eines simulierten Unternehmens mit ausschließlicher (Kredit-)Finanzierung in inländischer sowie ausschließlich in ausländischer Währung in verdichteter Form von Box-Whisker Diagrammen dargestellt.

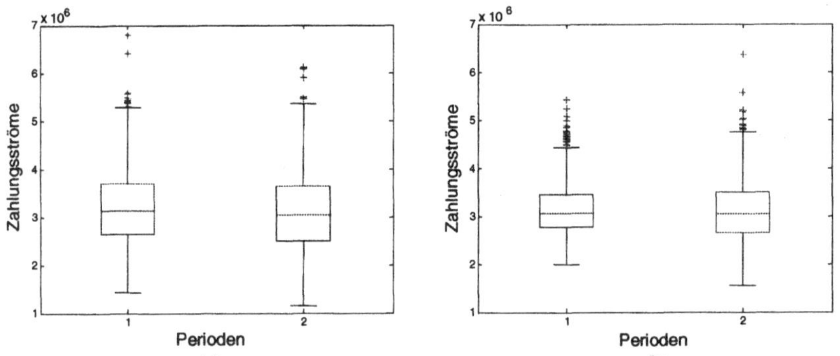

(a) (b)

Abb. 54: Box-Whisker Diagramme für Zahlungsströme eines Unternehmens mit (Kredit-)Finanzierung (a) in ausschließlich inländischer Währung sowie (b) ausschließlich in ausländischer Währung

Conclusio: Das Ergebnis von *Brunner* (2003), wonach ein bestehendes positives ökonomisches Wechselkurs-Exposure gegenüber einer Fremdwährung durch die Aufnahme von Finanzmitteln in dieser Fremdwährung

[1] Für diese Simulationsstudie wird der Bereich der Beschaffung realer Inputs völlig ausgeklammert.

verringert wird, kann anhand der durchgeführten Simulationen mit dem vorliegenden Computersimulations-Modell *bekräftigt* werden.[1]

Abschließend interessiert die Frage, ob eine Verringerung eines bestehenden positiven ökonomischen Wechselkurs-Exposure ebenso durch den Abschluss von Termingeschäften realisiert werden kann. Dazu muss für ein bestehendes positives ökonomisches Wechselkurs-Exposure ein *Devisenterminverkauf* abgeschlossen werden. Im Zuge des hier durchgeführten Versuchs einer Validierung wird nun ein Unternehmen mit einem positiven ökonomischen Wechselkurs-Exposure aus dem Absatzbereich *mit* sowie *ohne* Devisenterminverkäufe ceteris paribus simuliert, um Aufschlüsse über das Verhalten des vorliegenden Computersimulations-Modell zu gelangen. Unter der Prämisse, dass ansonsten keine weiteren Transaktionen auf der Finanzierungsseite vorgenommen werden, sollte es gelingen, eine Aussage über die Validität in dieser Hinsicht zu schaffen.

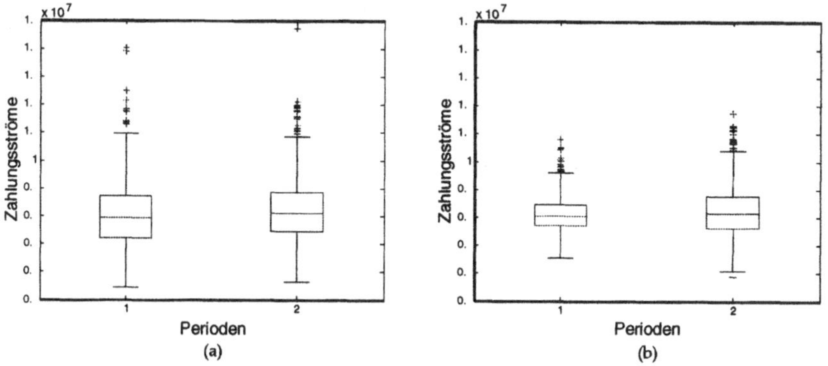

Abb. 55: Box-Whisker Diagramme für Zahlungsströme eines Unternehmens (a) ohne sowie (b) mit Devisenterminverkäufen an ausländischer Währung im Wert von GBP 2 Mio.

Ein perfekter Hedge, indem bspw. Verluste bzw. Gewinne in einem bestimmten Zahlungsstrom als Ergebnis von Wechselkursveränderungen

[1] Die durchschnittliche Schwankungsbreite der Zahlungsströme gemessen durch die Standardabweichung beträgt in Abb. 54(a) rund 810.000 und in Abb. 54(b) rund 590.000.

vollständig durch einen jeweils in der Höhe gegenläufigen Zahlungsstrom ausgeglichen werden, kann jedoch im Fall eines ökonomischen Wechselkursrisiko in aller Regel nicht – zumindest nicht durch finanzielle – Transaktionen erreicht werden.[1]

Conclusio: Anhand der Ergebnisse aus der Simulationsstudie (siehe Abb. 55) kann die Schlussfolgerung gezogen werden, dass ein positives ökonomisches Wechselkurs-Exposure auch im vorliegenden Computersimulations-Modell durch den Verkauf von einem Betrag in ausländischer Währung auf Termin reduziert wird. Damit kann dem Computersimulations-Modell für diesen spezifischen Fall Validität zugesprochen werden.[2]

5.4 Probelauf des Computersimulations-Modells

Der in diesem Abschnitt anhand eines hypothetischen Unternehmens dargestellte Probelauf des Computersimulations-Modells beinhaltet zwei Absichten: Zum einen soll die *Funktionsfähigkeit* und damit der praktikable Einsatz dieses Ansatzes *demonstrativ* aufgezeigt werden. Zweitens, sollen die *Vorteile* von dem in dieser Arbeit vorgestellten stochastischen Simulationsansatz zum Versuch der Messung und Analyse des ökonomischen Wechselkursrisikos aus Unternehmenssicht herausgestrichen werden.

---

[1] Für das Hedging eines ökonomischen Wechselkurs-Exposure besteht die große Schwierigkeit darin, dass dieses Exposure keine fixierte Größe darstellt, sondern von einem oder mehreren Wechselkursen abhängt. Eine weitere Schwierigkeit für das Hedging ist das unterschiedliche Verhalten der einzelnen Zahlungsströme gegenüber Wechselkursveränderungen. So verhält sich beispielsweise ein positives ökonomisches Wechselkurs-Exposure aus dem Absatzbereich aufgrund von Preis- sowie Mengeneffekten meist nichtlinear; wobei sich jedoch eine monetäre Nettovermögensposition in Form von Devisentermingeschäften hingegen als linear in Hinblick auf Wechselkursveränderungen darstellt.

[2] Die durchschnittliche Schwankungsbreite der Zahlungsströme gemessen durch die Standardabweichung beträgt in Abb. 55(a) rund 1,130.000 und in Abb. 55(b) rund 750.000.

5.4.1 Ausgangssituation

Das für den Probelauf unterstellte Unternehmen hat seinen Sitz in den USA[1]; dementsprechend stellt der US-Dollar für das Unternehmen die inländische Währung dar. Der *Absatzbereich* des Unternehmens stellt sich wie folgt dar: Das Unternehmen setzt sein Gut in gleicher Ausstattung auf dem lokalen US-amerikanischen Markt sowie als direkte Exporte auf dem britischen Markt in der jeweiligen Landeswährung ab (vgl. Tab. 6). Da auf allen Absatzmärkten eine hohe Substituierbarkeit für das Gut des Unternehmens unterstellt wird, besteht eine – wenngleich unterschiedliche – Preiselastizität der Nachfrage. Damit kommt den relativen Preisänderungs- sowie Wechselkursveränderungen eine zentrale Rolle für die Bestimmung der Höhe der Zahlungsströme zu.

Absatzmärkte	Währung	Wettbewerbsstruktur	Preiselastizität der Nachfrage
USA	*USD*	*Importkonkurrenz aus Großbritannien*	$QIM = 1000 \times \left[\frac{15.000}{PIM^2} + \frac{500}{PIM} + 0{,}1 \right]$
Großbritannien	*GBP*	*lokale Konkurrenz*	$QA = 1000 \times \left[\frac{20.000}{PIM^2} + \frac{1000}{PIM} + 0{,}05 \right]$

Tab. 6: Aktivitäten des Unternehmens auf der Absatzseite

Konkret sieht sich das Unternehmen auf dem US-amerikanischen Absatzmarkt einer Importkonkurrenz aus Großbritannien gegenüber, die gleichzeitig in Großbritannien, dem einzigen Exportmarkt für das Unternehmen, dort als lokaler Konkurrent auftritt.

Für den Bereich der *Beschaffung der realen Inputs* wird für die Ausgangssituation unterstellt, dass sämtliche Kosten für die realen Beschaffungsvor-

[1] Diese Annahme wird deshalb getroffen, damit die verschiedenen – aus dem konkreten Szenarien-Simulator in Kap. 4.5.2 – generierten Wechselkurse in der Preisnotierung zum US-Dollar unmittelbar in einem sinnvollen hypothetischen Beispiel verwendet werden können.

gänge für *Roh-, Hilfs- und Betriebsstoffe*, sowie für *Forschung und Entwicklung* auf dem US-amerikanischen Markt in US.-Dollar entstehen.[1]

Beschaffungsmarkt	Währung	Wettbewerbsstruktur
USA	*USD*	*keine Importkonkurrenz*

Tab. 7: Aktivitäten des Unternehmens im Bereich der Beschaffung realer Inputs

In allen Beschaffungsmärkten für reale Inputs des Unternehmens, wie in obiger Tab. 7 angeführt, besteht keine Importkonkurrenz. *Finanzielle Inputs* werden von dem Unternehmen ausschließlich in der lokalen Währung US-Dollar in Form von kurzfristigen Krediten mit einer Laufzeit von einem Jahr aufgenommen. Darüber hinaus besitzt das Unternehmen keine Kassabestände in Fremdwährung und betreibt auch keine Kurssicherung durch den Abschluss von Devisentermingeschäften. Diese für den Bereich der Beschaffung finanzieller Inputs unterstellte Ausgangssituation ist in der Tab. 8 prägnant zusammengefasst.

Beschaffungsmarkt	Währung	Währungsbetrag	Transaktion
USA	*USD*	*Mio. 10*	*Aufnahme von Kreditmitteln in inländischer Währung (fixer Zinssatz 10%)*

Tab. 8: Aktivitäten des Unternehmens im Bereich der Beschaffung finanzieller Inputs

Basierend auf den im Kapitel 2 vorgestellten theoretischen Ausführungen zum ökonomischen Wechselkursrisiko, kann bereits vermutet werden, dass sich in der soeben beschriebenen Ausgangssituation ein intensives ökonomisches Wechselkursrisiko für das Unternehmen verbirgt. Diese Vermutung lässt sich damit begründen, dass den Zahlungsausgängen sowohl für die Beschaffung der realen als auch der finanziellen Inputs in der lokalen Währung US-Dollar, Zahlungseingänge, die sich jedoch zu einem hohen Grad von dem Wechselkurs des US-Dollars zum britischen Pfund

[1] Vgl. hiezu etwa die Situation des Pharmakonzerns Merck in *Lewent/Kearney* (1990), S. 19ff.

bestimmen, gegenüberstehen. Nun gilt es diese Vermutung anhand des Computersimulations-Modells zu überprüfen und hierbei vor allem die Intensität des ökonomischen Wechselkursrisikos zu *quantifizieren*. Dieser Schritt stellt daher den Versuch einer konkreten *Messung* durch die Ermittlung der Schwankungsbreite der Zahlungsströme durch Berechnungsexperimente dar. Abschließend werden dann im Rahmen von *„What-if?"-Analysen* verschiedene Maßnahmen wiederum in Berechnungsexperimenten, um eine Reduzierung des ökonomischen Wechselkursrisikos zu erreichen, untersucht und gleichzeitig wird versucht, deren Auswirkungen quantitativ zu erfassen.

5.4.2 Analyse der Ergebnisse aus der Ausgangssituation

Bevor eine Prüfung von einzelnen und potentiell geeigneten Strategien aus dem theoretischen Maßnahmenkatalog zur Reduzierung eines ökonomischen Wechselkursrisikos getätigt wird, sind zuvor die aus der Simulation der Ausgangssituation gewonnenen Ergebnisse zu quantifizieren und analysieren. Betrachtet man zunächst die Zahlungsströme aus dem Absatzbereich, so ist aus folgender Abb. 56 unschwer erkennbar, dass hier eine im Vergleich zum Beschaffungsbereich (siehe dazu Abb. 57) beträchtliche Schwankungsbreite in den Zahlungsströmen vorliegt.[1]

Hierbei muss explizit hervorgehoben werden, dass die in Abb. 57 einsehbare geringere Schwankungsbreite lediglich auf den Absatzschwankungen basiert und nicht durch Wechselkurs- bzw. Preisschwankungen hervorgerufen wird.[2]

---

[1] Die Standardabweichung der Zahlungsströme aus den Simulationsläufen für den Absatzbereich beträgt rund 930.000 für die erste Periode sowie rund 940.000 für die zweite Periode. Im Gegensatz dazu beträgt die Standardabweichung der Zahlungsströme für die Beschaffung realer Güter nur rund 260.000 für die erste und rund 200.000 für die zweite Periode.

[2] Diese isolierte Betrachtung, welche aus der zuvor dargestellten Ausgangssituation resultiert, wird gewählt, um einen Vergleichsmaßstab für die anschließend zu evaluierenden einzelnen risikopolitischen Maßnahmen bzw. eines ganzen Maßnahmen-Katalogs zu haben.

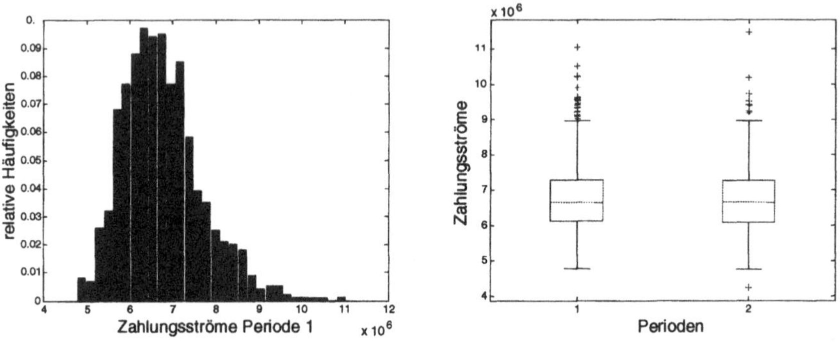

(a) (b)

Abb. 56: Zahlungsströme aus dem Absatzbereich für die Ausgangssituation für (a) die erste Periode in einem Histogramm sowie (b) die ersten zwei Perioden in Box-Whisker Diagrammen

Als extremen Gegenpol zu den großen Schwankungen im Absatzbereich, sind die Zahlungsströme aus dem Beschaffungsbereich finanzielle Inputs, wie in Abb. 58 erkennbar, zu sehen. Unter der Prämisse eines gleich bleibenden Finanzierungsbedarfs in ausschließlich inländischer Währung als auch durch den fixen Zinssatz resultieren konstante Zahlungsströme für diesen Bereich.

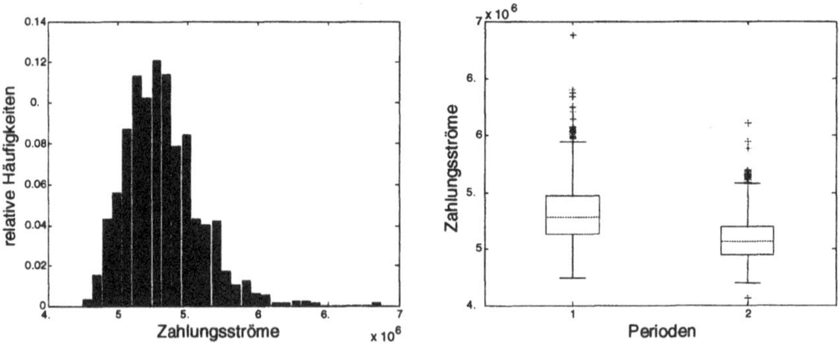

(a) (b)

Abb. 57: Zahlungsströme aus dem Beschaffungsbereich realer Inputs für (a) die erste Periode in einem Histogramm sowie (b) die ersten zwei Perioden in Box-Whisker Diagrammen

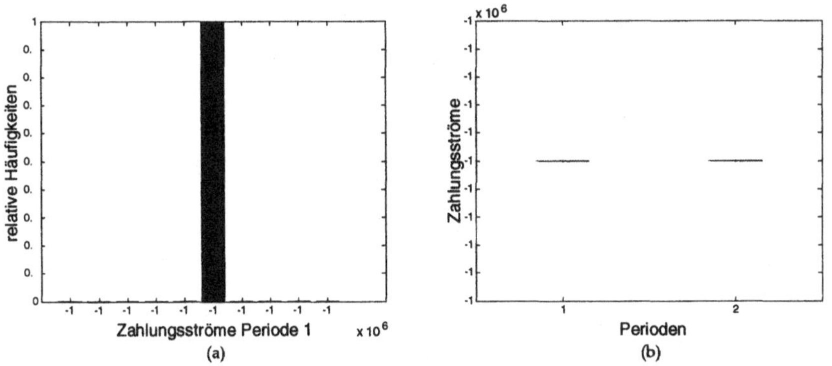

Abb. 58: Zahlungsströme aus dem Beschaffungsbereich finanzieller Inputs für (a) die erste Periode in einem Histogramm sowie (b) die ersten zwei Perioden in Box-Whisker Diagrammen

Fasst man abschließend für die Messung sämtliche Zahlungsströme aus diesen zuvor einzeln betrachteten Bereichen zusammen, so ergeben sich die in Abb. 59 gesamten Zahlungsströme des hypothetischen Unternehmens für die Ausgangssituation.[1]

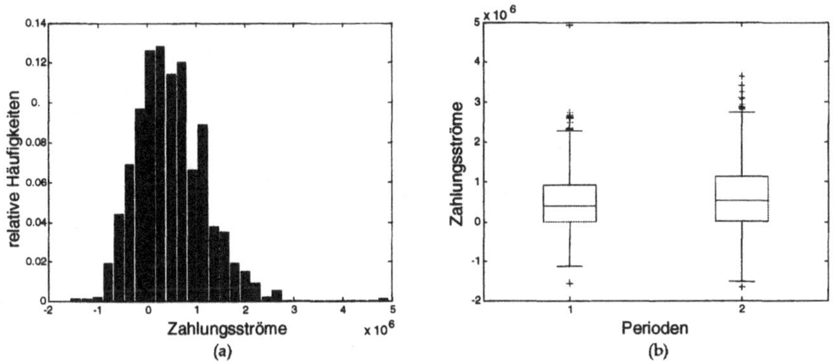

Abb. 59: Gesamte Zahlungsströme für das hypothetische Unternehmen für die Ausgangssituation für (a) die erste Periode in einem Histogramm sowie (b) die ersten zwei Perioden in Box-Whisker Diagrammen

[1] Die Standardabweichung der aggregierten Zahlungsströme aus den Simulationsläufen beträgt rund 700.000 für die erste Periode sowie rund 780.000 für die zweite Periode.

Nachdem hier für das hypothetische Unternehmen ein beträchtliches ökonomisches Wechselkursrisiko und damit als Konsequenz ebenso ein ökonomisches Wechselkurs-Exposure offen gelegt ist, interessiert in der Folge die Frage nach geeigneten Maßnahmen und deren konkrete messbaren Auswirkungen. Hierzu bieten sich wiederum Berechnungsexperimente in Form von *„What-if?"*-Analysen an, um einen wirkungsvollen und zuvor getesteten Maßnahmenkatalog für das Management des hypothetischen Unternehmens zu erstellen.

Für diese bedeutsame Aufgabe bietet sich eine Aufteilung des Maßnahmenbündels in *kurzfristig* bzw. *mittel-* und *langfristig* erreichbare Maßnahmen an. Demnach sind zu den kurzfristigen Strategien vor allem Maßnahmen im Bereich der Beschaffung von finanziellen Inputs zu zählen. Bei mittel- und langfristig erreichbaren Maßnahmen sind jene anzusehen, die in aller Regel Vorlaufzeiten beanspruchen und vor allem im Absatz- sowie im Bereich Beschaffung realer Inputs bestehen. In der Folge wird nun das Hauptaugenmerk auf die Messung und Analyse von einzelnen Maßnahmen gelegt. Zudem ist jedoch festzuhalten, dass hier im Rahmen der Arbeit nur eine begrenzte Anzahl von konkreten Maßnahmen untersucht wird; in einem realen Anwendungsfall – entsprechend der vorliegenden Prämissen – können natürlich eine weitaus höhere Anzahl an Strategien mit dem vorliegenden Rüstzeug analysiert werden. Die Analyse eines ganzen Maßnahmen-Mix rundet sodann das Kapitel ab.

5.4.3 Maßnahmen im Bereich der Beschaffung für finanzielle Inputs

Als erste Maßnahme zur Reduzierung des ökonomischen Wechselkursrisikos wird zuerst die teilweise[1] Finanzierung in der ausländischen Währung (britisches Pfund), in der das Unternehmen ein markantes Wechselkurs-Exposure im Absatzbereich aufweist, untersucht. Auf Basis der Ausführungen zum Management des ökonomischen Wechselkursrisikos in Kapitel 2.1.8 wird nun analysiert, ob dadurch eine bedeutsame Reduzie-

[1] Hierzu soll zunächst 50% des Finanzierungsbedarfs aus der Ausgangssituation in ausländischer Währung (Britisches Pfund) erfolgen.

rung des bestehenden ökonomischen Wechselkursrisikos für dieses Unternehmen erreicht werden kann. Dieser Versuch begründet sich auf der Überlegung, dass sich ein bestehendes positives ökonomisches Wechselkurs-Exposure im Absatzbereich durch ein entgegen gesetztes negatives ökonomisches Wechselkurs-Exposure im Bereich der Beschaffung finanzieller Inputs – zumindest teilweise – ausgleichen lässt.

Beschaffungsmarkt	Währung	Währungsbetrag	Transaktion
USA	*USD*	*USD Mio. 5*	*Aufnahme von Kreditmitteln in inländischer Währung (fixer Zinssatz)*
Großbritannien	*GBP*	*Pfund-Gegenwert von USD Mio. 5*	*Aufnahme von Kreditmitteln in ausländischer Währung (fixer Zinssatz)*

Tab. 9: Aktivitäten des Unternehmens im Bereich der Beschaffung finanzieller Inputs

Die zentrale Frage besteht nunmehr in der Höhe dieses negativen ökonomischen Wechselkurs-Exposures, wenn man bedenkt, dass ein zu hoch ausfallendes negatives ökonomisches Exposure wiederum eine – möglicherweise sogar höhere – Schwankungsbreite der gesamten Zahlungsströme bedeutet. Wenn dies der Fall wäre, so würde das hypothetische Unternehmen lediglich von einem positiven Wechselkurs-Exposure in ein negatives Wechselkurs-Exposure überführt werden.

Neben der Messung des ökonomischen Wechselkursrisikos des Unternehmens anhand der Schwankungsbreite der gesamten Zahlungsströme, erfolgt für die Analyse der Maßnahme jeweils eine Gegenüberstellung zu der Ausgangssituation, um eine direkte Vergleichsmöglichkeit zu erhalten und die Auswirkungen tiefergehend zu durchdringen. Dazu werden die in Tab. 9 vorgeschlagenen Aktivitäten im Bereich der Beschaffung finanzieller Inputs nun gemessen.

Zunächst ist, was aufgrund der unveränderten Parameter im Absatzbereich nicht verwundern kann, festzustellen, dass es keine bedeutsamen Unterschiede in der Schwankungsbreite der Zahlungsströme aus dem Absatzbereich gegenüber der zuvor erörterten Ausgangssituation vorliegen (vgl. hiezu Abb. 60).[1]

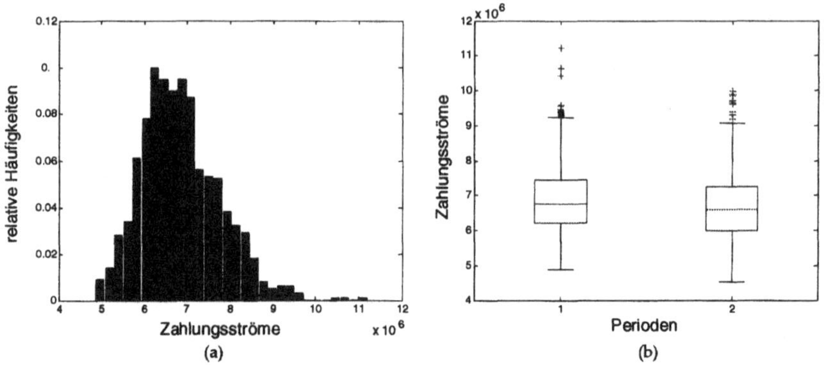

Abb. 60: Zahlungsströme aus dem Absatzbereich für eine gemischte Finanzierungsstrategie für (a) die erste Periode in einem Histogramm sowie (b) die ersten zwei Perioden in Box-Whisker Diagrammen

Neben dem Absatzbereich zeigt der Bereich reale Inputs keine bedeutsamen Unterschiede zu der Ausgangssituation auf.[2] Abweichend von der Ausgangssituation ist demnach nur der Bereich der Beschaffung finanzieller Inputs anzusehen, der wie Abb. 61 veranschaulicht, ebenso wie der Absatzbereich eine vergleichsweise hohe Schwankungsbreite aufweist.[3] Ferner ist auffällig, dass in einigen Fällen die Wechselkursgewinne in der Höhe die Zahlungsausgänge für Zinszahlungen übertreffen.

[1] Die Standardabweichung der Zahlungsströme aus den Simulationsläufen für den Absatzbereich beträgt rund 920.000 für die erste Periode sowie rund 910.000 für die zweite Periode.

[2] Die Standardabweichung der Zahlungsströme aus den Simulationsläufen für den Bereich der Beschaffung realer Inputs beträgt rund 260.000 für die erste Periode sowie rund 200.000 für die zweite Periode.

[3] Die Standardabweichung der Zahlungsströme aus den Simulationsläufen für den Bereich der Beschaffung finanzieller Inputs beträgt für diese Konstellation rund 830.000 für die erste Periode sowie rund 810.000 für die zweite Periode.

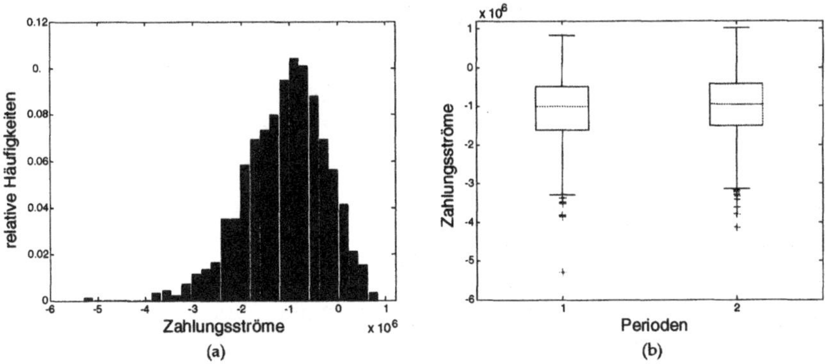

Abb. 61: Zahlungsströme aus dem Beschaffungsbereich finanzieller Inputs für (a) die erste Periode in einem Histogramm sowie (b) die ersten zwei Perioden in Box-Whisker Diagrammen

Letztendlich ist zu messen und zu analysieren, wie sich die beiden Wechselkurs-Exposures auf das ökonomische Wechselkursrisiko der gesamten aggregierten Zahlungsströme des Unternehmens auswirken. Dazu sind die Zahlungsstrom-Ergebnisse aus der Ausgangssituation des Unternehmens sowie die mit der durchgeführten Maßnahme im Bereich der Beschaffung finanzieller Inputs in der Abb. 62 gegenübergestellt.

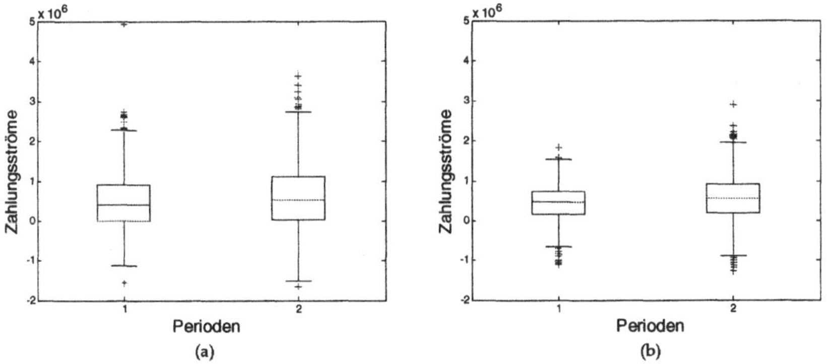

Abb. 62: Box-Whisker Diagramme für die gesamten Zahlungsströme für jeweils die ersten zwei Perioden für (a) die Ausgangssituation mit reiner Inlandsfinanzierung sowie (b) die teilweise Finanzierung in ausländischer Währung

Es lässt sich auf Basis der Simulationsergebnisse feststellen, dass durch die teilweise Aufnahme von Finanzmitteln in ausländischer Währung eine beträchtliche Verringerung der Schwankungsbreite der gesamten Zahlungsströme für das hypothetische Unternehmen mit seinen spezifischen Parametern erreicht wird.[1]

Nachdem die beträchtlichen positiven Auswirkungen einer teilweisen Aufbringung des Finanzbedarfs in ausländischer Währung quantifiziert und analysiert sind, stellen sich im Anschluss naturgemäß weitere so genannte *'What-if'*-Fragestellungen. Solche Fragenstellungen könnten für den Bereich der Beschaffung finanzieller Inputs beispielsweise lauten:

(1) Wie wirkt sich die Aufbringung des gesamten Finanzbedarfs in der ausländischen Währung aus?;

(2) Wie stellt sich die Situation dar, wenn stattdessen eine variable Verzinsung für die teilweise Aufbringung der Finanzmittel in ausländischer Währung gewählt wird?; bzw.

(3) Können dieselben positiven Effekte auf das ökonomische Wechselkursrisiko des Unternehmens ebenso mit einer reinen Finanzierung in inländischer Währung in Verbindung mit Devisenterminverkäufen erreicht werden?

Abschließend werden diese Fragestellungen nun anhand des Computersimulations-Modells für das hypothetische Unternehmen diskutiert.

ad (1): Verpackt man die erste Fragestellung für das hypothetische Unternehmen in einem Inputsatz, so zeigt sich in Abb. 63a, dass dies in einem beträchtlichen negativen ökonomischen Wechselkurs-Exposure aus dem Bereich Beschaffung finanzieller Inputs mündet. So kann es auch nicht verwundern, wenn man für die gesamten Zahlungsströme in Abb. 63b ein sogar weitaus höheres ökonomisches Wechselkursrisiko – diesmal jedoch hervorgerufen durch ein negatives Wechselkurs-Exposure – ausmachen

[1] Die Standardabweichung der aggregierten Zahlungsströme aus den Simulationsläufen nach der Durchführung dieser Maßnahme beträgt rund 420.000 für die erste Periode sowie rund 590.000 für die zweite Periode.

kann.[1] In Hinblick auf das ökonomische Wechselkursrisiko kann – basierend auf den Simulationsergebnissen – somit der Aufbringung des gesamten Finanzbedarfs in Fremdwährung für das vorliegende hypothetische Unternehmen eine klare Absage erteilt werden.

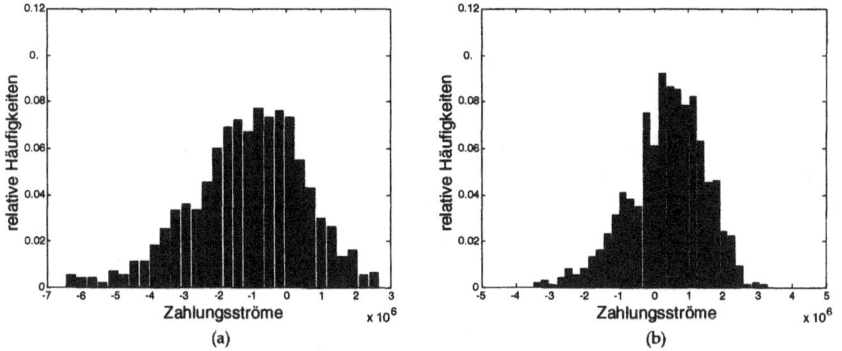

Abb. 63: Histogramme für jeweils die erste Periode für (a) Zahlungsströme aus dem Bereich Beschaffung finanzieller Inputs sowie (b) die gesamten Zahlungsströme für die Maßnahme der vollständigen Finanzierung in ausländischer Währung

ad (2): Ein differenziertes Bild ergibt sich bei der Analyse der zweiten Frage, wonach ebenso eine teilweise Aufbringung des Finanzbedarfs in ausländischer Währung auf Basis einer variablen Verzinsung[2] – hier in britischen Pfund – eine wie im Fall der fixen Verzinsung beträchtliche Reduzierung des ökonomischen Wechselkursrisikos des Unternehmens bedeutet.

[1] Die Standardabweichung der aggregierten Zahlungsströme aus allen Bereichen beträgt bei der vollständigen Aufbringung des Finanzbedarfs in ausländischen Währung (britisches Pfund) rund 1,100.000 für die erste Periode sowie 1,210.000 für die zweite Periode. Diese hohe Schwankungsbreite resultiert aus dem Bereich der Beschaffung finanzieller Inputs, in dem die Standardabweichung der Zahlungsströme rund 1,630.000 für die erste Periode und rund 1,700.000 für die zweite Periode ausmacht.

[2] Hierzu wird der simulierte (risikolose) Zinssatz aus dem Szenarien Simulator für das britische Pfund ohne einen Risikoaufschlag herangezogen.

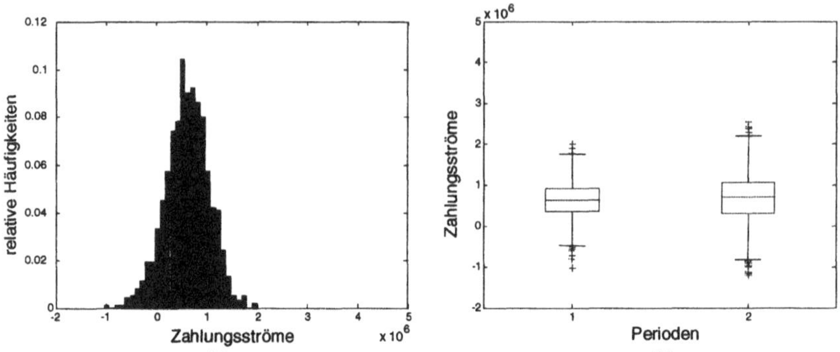

(a) (b)

Abb. 64: Gesamte Zahlungsströme für das hypothetische Unternehmen für die teilweise Aufbringung des Finanzbedarfs in ausländischer Währung mit variabler Verzinsung für (a) die erste Periode in einem Histogramm sowie (b) die ersten zwei Perioden in Box-Whisker Diagrammen

Zwischen diesen beiden Maßnahmen besteht auf Basis der Simulationsergebnisse, wie ein Vergleich der Simulationsergebnisse in Abbildung 64b mit denen in Abb. 62b zeigt, hinsichtlich der Reduzierung des ökonomischen Wechselkursrisikos kein markanter Unterschied.[1]

ad (3): Abschließend widmet sich dieser Abschnitt der oben aufgeworfenen Frage nach den Auswirkungen der Aufbringung des Finanzbedarfs in rein inländischer Währung in Verbindung mit dem Abschluss von Devisentermingeschäften auf das ökonomische Wechselkursrisiko. Für das hypothetische Unternehmen führt dies wiederum zur zentralen Fragestellung nach der Höhe der abzuschließenden Devisenterminverkäufe, um einerseits eine markante Reduzierung des ökonomischen Wechselkursrisikos zu erreichen und andererseits nicht ein das positive ökonomische Wechselkurs-Exposure überlagerndes negatives Exposure aufzubauen. Als konkrete Maßnahme wird daher zunächst der Abschluss von Devisenterminverkäufen in Höhe von GBP Mio. 2 auf das ökonomische Wechsel-

[1] Die Standardabweichung der aggregierten Zahlungsströme aus allen Bereichen beträgt für diese Konstellation rund 430.000 für die erste sowie rund 580.000 für die zweite Periode.

kursrisiko des hypothetischen Unternehmens quantifiziert. Die Tab. 10 enthält abschließend eine prägnante Zusammenfassung der gesamten Aktivitäten im Bereich der Beschaffung finanzieller Inputs.

Beschaffungsmarkt	Währung	Währungsbetrag	Transaktion
USA	*USD*	*USD Mio. 10*	*Aufnahme von Kreditmitteln in inländischer Währung (fixer Zinssatz von 10 %)*
USA	*GBP*	*GBP Mio. 2*	*Devisenterminverkäufe*

Tab. 10: Aktivitäten des Unternehmens nach der Maßnahme im Bereich der Beschaffung finanzieller Inputs

Belegt durch die relativ geringe Schwankungsbreite der gesamten Zahlungsströme des hypothetischen Unternehmens in Abb. 65, lässt sich ableiten, dass die Devisenterminverkäufe – bereits in vergleichsweise geringer

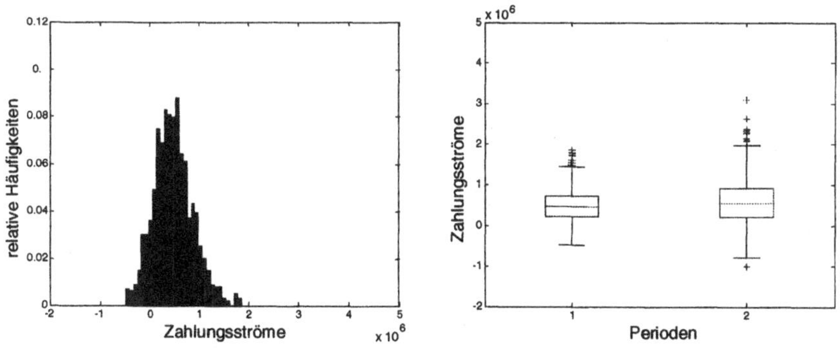

(a) (b)

Abb. 65: Gesamte Zahlungsströme für das hypothetische Unternehmen für die Aufbringung des Finanzbedarfs in inländischer Währung mit dem gleichzeitigen Abschluss von Devisenterminverkäufen für (a) die erste Periode in einem Histogramm sowie (b) die ersten zwei Perioden in Box-Whisker Diagrammen

Höhe – eine beträchtliche Verminderung des ökonomischen Wechselkursrisikos bewirken.[1]

Bei einer Steigerung des Nominalbetrages der Devisenterminverkäufe ist anhand der jeweiligen Simulationsergebnisse in Abb. 66 allerdings zu beobachten, dass bei Devisenterminverkäufen ab einer Höhe von rund GBP Mio. 4 die Situation eindeutig kippt und sich das ökonomische Wechselkursrisiko aufgrund des ansteigenden negativen Exposure erhöht.

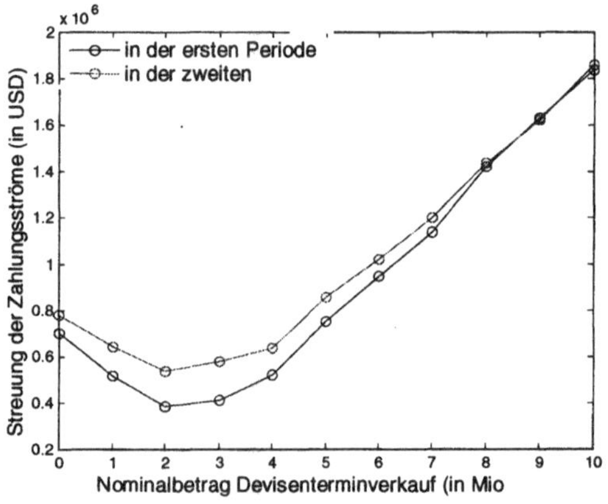

Abb. 66: Streuung der gesamten Zahlungsströme bei unterschiedlichen (diskreten) Beträgen von Devisenterminverkäufen in Mio. GBP

Zusammenfassend ergibt sich aufgrund der hier durchgeführten Messungen und Analysen für das Management des hypothetischen Unternehmens das folgende Bild: Die teilweise Aufbringung des Finanzbedarfs in ausländischer Währung – in diesem Fall britisches Pfund – ist zu befürworten.[2] Steht die Möglichkeit der Aufbringung der Finanzmittel in aus-

[1] Die Standardabweichung der aggregierten Zahlungsströme aus allen Bereichen für diese Konstellation beträgt rund 390.000 für die erste Periode und rund 540.000 für die zweite Periode.

[2] Die Höhe der Aufbringung des Finanzbedarfs in ausländischer Währung und damit die erreichbare Reduzierung des ökonomischen Wechselkursrisikos hängen dabei wesentlich

ländischer Währung nicht oder nur zu einem vergleichsweise hohen Zinssatz zur Verfügung, so kann eine wesentliche Reduzierung des ökonomischen Wechselkursrisikos ebenso durch den Abschluss von Devisenterminverkäufen bis zu einer Höhe von rund GBP Mio. 4 befürwortet werden.

5.4.4 Maßnahmen im Absatzbereich sowie im Bereich der Beschaffung für reale Inputs

Nachdem zuvor kurzfristig durchführbare Maßnahmen zur Reduzierung des ökonomischen Wechselkursrisikos anhand des Beispiels eines hypothetischen Unternehmens diskutiert wurden, beschäftigt sich der folgende Abschnitt nunmehr mit den eher mittel- bzw. langfristig anzusehenden Maßnahmen. Vorrangig werden in der Literatur hierbei konkrete Maßnahmen im Absatzbereich bzw. im Bereich der Beschaffung realer Inputs, unter Bedachtnahme auf die in der Regel notwendigen Vorlaufzeiten, angeführt.

Unter den zahleichen Alternativen im Maßnahmenkatalog für beide angeführten Bereiche, werden nun – immer unter der Prämisse des vorliegenden hypothetischen Unternehmens – die folgenden Fragestellungen:

(1) Wie wirkt sich die Ausweitung der Absatzaktivitäten auf einen weiteren Auslandsmarkt auf das bestehende ökonomische Wechselkursrisiko aus?;

(2) Inwieweit kann durch die (teilweise) Beschaffung auf dem ausländischen Markt eine Reduzierung des ökonomischen Wechselkursrisikos erreicht werden?; sowie

(3) Inwiefern können die im Kapitel 5.4.3 untersuchten Maßnahmen im Bereich der Beschaffung finanzieller Inputs mit den nun angesprochenen Maßnahmen vereinigt werden?

---

von der Höhe des Zinssatzes ab. Die konkreten Auswirkungen sind mittels Simulationen zu messen und zu analysieren.

exemplarisch gemessen und jeweils anschließend analysiert. Dazu ist festzuhalten, dass wie zuvor als Vergleichsbasis immer die Ausgangssituation des hypothetischen Unternehmens aus Abschnitt 5.4.1 zur konkreten Evaluierung der Maßnahme bzw. des Maßnahmen-Mix herangezogen wird.

ad (1): Die Ausweitung der Absatzaktivitäten auf einen weiteren ausländischen Absatzmarkt kann – beispielsweise bei Vorliegen keiner bzw. einer negativen Korrelation zwischen den beiden ausländischen Wechselkursveränderungen – sich positiv für jeweils eine Periodenbetrachtung aufgrund eines Diversifikationseffekts auswirken, der sich wiederum in einem geringeren ökonomischen Wechselkursrisiko der gesamten Zahlungsströme niederschlägt. In dynamischer Betrachtung lässt sich anführen, dass der gemeinsamen Entwicklung der Wechselkurse die zentrale Rolle für die Reduzierung der Schwankungsbreite der Zahlungsströme in den Perioden zukommt.

Absatz-märkte	Währung	Wettbewerbs-struktur	Preiselastizität der Nachfrage
Japan	*JPY*	*lokale Konkurrenz*	$QB = 1000 \times \left[\frac{10.000}{PIM^2} + \frac{500}{PIM} + 0{,}025 \right]$

Tab. 11: Aktivitäten des Unternehmens auf der Absatzseite in der Einzelbetrachtung (japanischer Absatzmarkt)

Zur Untersuchung eines möglichen Diversifikationseffekts auf der Absatzseite wird nun die folgende Vorgangsweise zur Illustration gewählt: Einerseits wird die Schwankungsbreite der gesamten Zahlungsströme für das hypothetische Unternehmen in der Ausgangsposition sowie mit lediglich einem Absatz auf japanischen Markt – sozusagen in *Einzelbetrachtungen* – untersucht. Die für den Absatz auf dem japanischen Markt verwendeten Input-Daten sind in der Tab. 11 prägnant aufgelistet.

Absatzmärkte	Währung	Wettbewerbsstruktur	Preiselastizität der Nachfrage
USA	*USD*	*Importkonkurrenz aus Großbritannien*	$QIM = 1000 \times \left[\frac{15.000}{PIM^2} + \frac{500}{PIM} + 0{,}1\right]$
Großbritannien	*GBP*	*lokale Konkurrenz*	$QA = 1000 \times \left[\frac{20.000}{PIM^2} + \frac{1000}{PIM} + 0{,}05\right]$
Japan	*JPY*	*lokale Konkurrenz*	$QB = 1000 \times \left[\frac{10.000}{PIM^2} + \frac{500}{PIM} + 0{,}025\right]$

Tab. 12: Aktivitäten des Unternehmens auf der Absatzseite nach der Ausweitung der Absatzmärkte

Stellt man diesen Ergebnissen dann eine *Portfoliobetrachtung* des hypothetischen Unternehmens (siehe Tab. 12) mit beiden Absatzmärkten ceteris paribus zu den Einzelbetrachtungen gegenüber, so kann ein möglicher Diversifikationseffekt auf der Absatzseite anhand der der Schwankungsbreite der gesamten Zahlungsströmen identifiziert werden. Ein Diversifikationseffekt kann dabei entscheidend zur Reduzierung eines ökonomischen Wechselkursrisikos beitragen.

Basierend auf den Simulationsergebnissen kann somit festgestellt werden, dass die Schwankungsbreite der gesamten Zahlungsströme in der Portfoliobetrachtung deutlich unter jener der aggregierten Einzelbetrachtungen liegt, was den Schluss eines vorliegenden Diversifikationseffekts für diese zwei Wechselkurs-Exposures und damit einem geringeren ökonomischen Wechselkursrisiko zulässt.[1]

ad (2): Wie schon zuvor im Kapitel 5.4.3 für den Bereich der Beschaffung finanzieller Inputs, zielt man im Bereich der Beschaffung realer Inputs auf

[1] Die Standardabweichung der aggregierten Zahlungsströme aus der Portfoliobetrachtung des Absatzbereichs beträgt rund 660.000 für die erste Periode und rund 880.000 für die zweite Periode. Zum Vergleich dazu beträgt die aufsummierte Standardabweichung für die aggregierten Zahlungsströme aus der Ausgangssituation und dem Absatz auf dem japanischen Markt für die erste Periode rund 1,110.000 sowie rund 1,200.000 für die zweite Periode.

dem Auslandsmarkt auf die Angleichung der Zahlungsströme aus dem Absatzbereich ab, um das ökonomische Wechselkursrisiko zu vermindern. Die Auswirkungen einer Verlagerung der Beschaffung von realen Inputs werden nun, mit den in der Tab. 13 zusammengefassten konkreten Parametern, für das hypothetische Unternehmen quantifiziert und einer Analyse unterzogen.

Beschaffungsmarkt	Währung	Wettbewerbsstruktur
Großbritannien	*GBP*	*lokaler Lieferant*

Tab. 13: Aktivitäten des Unternehmens im Bereich der Beschaffung realer Inputs nach der Verlagerung ins Ausland

Für die zweite untersuchte Fragestellung lässt sich hierzu eine eindeutige Erkenntnis für das vorliegende hypothetische Unternehmen ausmachen: Durch die Verlagerung der Beschaffung realer Inputs lässt sich die Schwankungsbreite der gesamten Zahlungsströme im Vergleich zur Ausgangssituation im Kapitel 5.4.2 deutlich senken.[1]

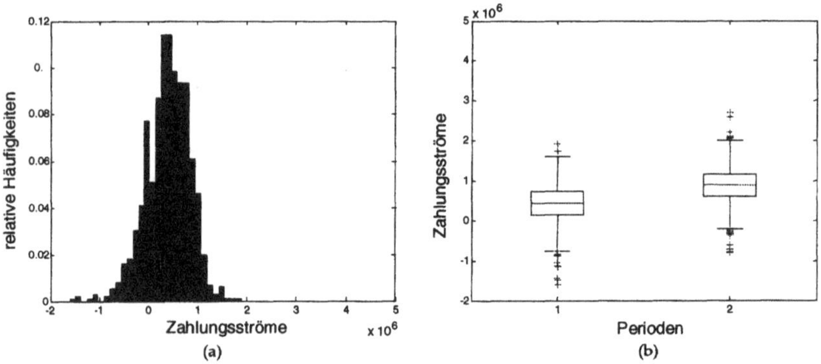

Abb. 67: Gesamte Zahlungsströme für das hypothetische Unternehmen für die Beschaffung realer Inputs in ausländischer Währung (Britisches Pfund) für (a) die erste Periode in einem Histogramm sowie (b) die ersten zwei Perioden in Box-Whisker Diagrammen

[1] Die Standardabweichung der aggregierten Zahlungsströme aus allen Bereichen beträgt für die vorliegende Konstellation rund 450.000 für die erste sowie rund 450.000 für die zweite Periode.

ad (3): Nach der isolierten Analyse der einzelnen Maßnahmen wird nun schließlich im Rahmen der Behandlung der letzteren Fragestellung versucht den Brückenschlag zwischen den bisherigen Ausführungen und dem wichtigsten Vorteil dieses Simulationsansatzes zu bauen. Dieser Ansatz erlaubt in *integrativer* und *umfassender* Sicht die Messung und Analyse eines konkreten Maßnahmen-Mix, dessen gesamte Auswirkungen nur – wenn überhaupt – äußerst schwierig in Bezug auf das ökonomische Wechselkursrisiko quantitativ messbar und analysierbar wären.

Zur Illustration wird abschließend beispielhaft ein Maßnahmen-Mix zur Reduzierung des in der Ausgangssituation bestehenden ökonomischen Wechselkursrisikos des hypothetischen Unternehmens erörtert, und gegebenenfalls, durch Anpassungen der einzelnen Parameter des Maßnahmen-Mix besser auf einander abgestimmt. Dieser Maßnahmen-Mix setzt sich aus den bislang aufgezeigten Maßnahmen

- neuer ausländischer Absatzmarkt zur Diversifikation;
- teilweise Verlagerung der Beschaffung realer Inputs ins Ausland; sowie
- die teilweise Aufbringung des Finanzbedarfs in ausländischer Währung

Absatzmärkte	Währung	Wettbewerbsstruktur	Preiselastizität der Nachfrage
USA	*USD*	*Importkonkurrenz aus Großbritannien*	$QIM = 1000 \times \left[\frac{15.000}{PIM^2} + \frac{500}{PIM} + 0{,}1 \right]$
Großbritannien	*GBP*	*lokale Konkurrenz*	$QA = 1000 \times \left[\frac{20.000}{PIM^2} + \frac{1000}{PIM} + 0{,}05 \right]$
Japan	*JPY*	*lokale Konkurrenz*	$QB = 1000 \times \left[\frac{10.000}{PIM^2} + \frac{500}{PIM} + 0{,}025 \right]$

Tab. 14: Aktivitäten des hypothetischen Unternehmens im Absatzbereich bei einem vorgeschlagenen Maßnahmen-Mix

zusammen. Die konkreten Input-Parameter für das Computersimulations-Modell sind hierzu in den folgenden Tab. 14 bis 16 aufgelistet. Im Absatzbereich wird der Markteintritt auf den japanischen Absatzmarkt vorgeschlagen, um hier einen möglichen Diversifikationseffekt bei den ausländischen Umsätzen zu erreichen.

Für den Beschaffungsbereich wird die Verlagerung ins Ausland, wobei jedoch hier auch eine währungsmäßige Aufteilung erfolgen soll, vorgeschlagen. Als konkrete Beschaffungsmärkte bieten sich auf Basis der ausländischen Absatzaktivitäten der britische sowie der japanische Beschaffungsmarkt an. Als Alternative wäre hier ebenso die Beschaffung von realen Inputs, für die eine Importkonkurrenz aus den eben genannten ausländischen Beschaffungsmärkten existiert, zu erwägen.

Beschaffungsmarkt	Währung	Kosten (in USD)	Wettbewerbsstruktur
Großbritannien	*GBP*	*Mio 3,5*	*lokaler Lieferant*
Japan	*JPY*	*Mio 0,5*	*lokaler Lieferant*

Tab. 15: Maßnahmen-Mix für das hypothetische Unternehmen im Bereich der Beschaffung realer Inputs

Abschließend wird für die Beschaffung finanzieller Inputs eine teilweise Aufbringung des Finanzbedarfs in ausländischer Währung zu einem fixen Zinssatz von 10 Prozent vorgeschlagen.

Beschaffungsmarkt	Währung	Währungsbetrag (in USD)	Transaktion
USA	*USD*	*Mio. 9*	*Aufnahme von Kreditmitteln in inländischer Währung (fixer Zinssatz von 10 %)*
Großbritannien	*GBP*	*Mio. 1*	*Aufnahme von Kreditmitteln in ausländischer Währung (fixer Zinssatz von 10 %)*

Tab. 16: Maßnahmen-Mix für das hypothetische Unternehmen im Bereich der Beschaffung finanzieller Inputs

Sämtliche Maßnahmen sind dann in einem entsprechenden Inputsatz[1] für das vorliegende Computersimulations-Modell zu kodieren.

Obwohl durch die Ausweitung der Absatzaktivitäten auf einen weiteren Auslandsmarkt das positive Wechselkurs-Exposure erhöht wird (siehe dazu Abb. 68), kann mit Hilfe des vorgeschlagenen Maßnahmen-Mixes das ökonomische Wechselkursrisiko insgesamt im Vergleich zur Ausgangssituation, wie durch Abb. 69 graphisch belegt wird, beträchtlich reduziert werden.[2]

Die Simulationsergebnisse für das hypothetische Unternehmen in Abb. 69 zeigen abschließend, dass dieser beispielhaft vorgeschlagene Maßnahmen-Mix geeignet ist, eine im Vergleich zur Ausgangssituation in Kap. 5.4.1 beträchtliche Reduzierung des ökonomischen Wechselkursrisikos zu bewirken.

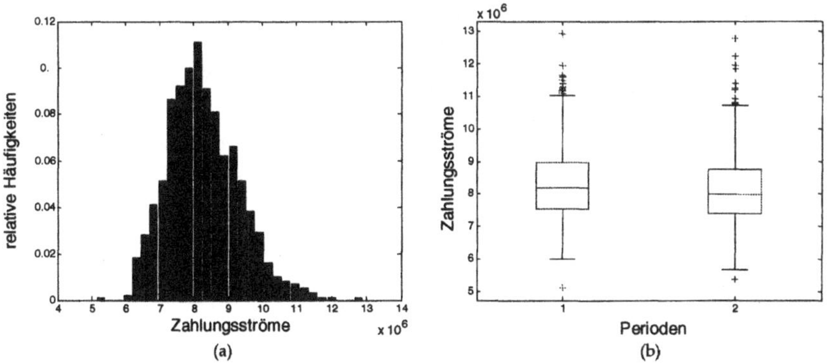

Abb. 68: Zahlungsströme aus dem Absatzbereich für den Maßnahmen-Mix für (a) die erste Periode in einem Histogramm sowie (b) die ersten zwei Perioden in Box-Whisker Diagrammen

[1] Vgl. dazu den Ausdruck zu dem Inputdatensatz im Anhang 8.3.

[2] Die Standardabweichung der aggregierten Zahlungsströme aus allen Bereichen beträgt für die vorliegende Konstellation rund 440.000 für die erste sowie rund 460.000 für die zweite Periode.

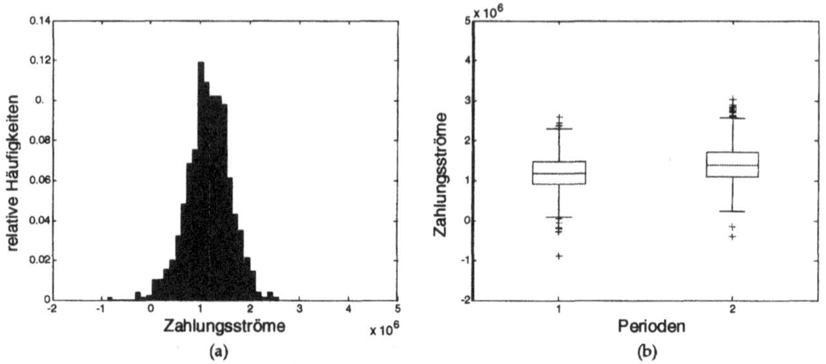

Abb. 69: Gesamte Zahlungsströme für das hypothetische Unternehmen nach der Durchführung des Maßnahmen-Mix für (a) die erste Periode in einem Histogramm sowie (b) die ersten zwei Perioden in Box-Whisker Diagrammen

5.5 Zwischenresümee

Als Synthese zu den vorangestellten Kapiteln wird diesem Kapitel eine zweifache Zielsetzung zugrunde gelegt: Zum einen sollen die im Rahmen der Behandlung einer Problemstellung mittels Computersimulations-Modells interessanten Themenkomplexe nach den Möglichkeiten und Grenzen einer Verifikation der Implementierung und Validierung umrissen und die in der vorliegenden Arbeit konkret durchgeführten Vorgangsweisen erläutert werden. Zum anderen soll ein Probelauf anhand eines hypothetischen Unternehmens die Einsatzfähigkeit demonstrieren sowie darüber hinaus die Vorteile für den in dieser Arbeit gewählten Simulationsansatz bei der Messung und Analyse abschließend aufzeigen.

Im Zuge der theoretischen Bearbeitung der beiden Themenkomplexe Verifikation der Implementierung und Validierung in Hinblick auf die generellen Möglichkeiten und konkreten Techniken wird sehr schnell die folgende Sachlage deutlich: Obwohl für beide Fragestellungen die Kernaufgabe in der Überprüfung des Computersimulations-Modells liegt, besteht doch ein wesentlicher Unterschied, der sich dann ebenso in dem ableitbaren Vertrauen für die mit diesem Ansatz gewonnenen Ergebnisse widerspiegelt.

Wie die Ausführungen zur Verifikation - d.h. die Überprüfung der korrekten Implementierung - darlegen, handelt es sich dabei eher um ein technisch-operationelles Problem. Mittels geeigneter Techniken kann somit ein hohes Vertrauen in das Computersimulations-Modell sichergestellt werden. Die Frage der Validierung stellt sich unter dessen als weit aus schwierigeres Unterfangen dar. Der Grund für die Schwierigkeiten rührt aus der methodologischen Überzeugung, dass ein Modell immer nur als abstraktes Abbild der Realität, welches jedoch nie alle Faktoren bzw. Wirkungszusammenhänge beinhalten kann, her. Als Konsequenz kann dies nur bedeuten, dass trotz Übereinstimmung von aus dem realen System stammenden Daten mit den aus dem Computersimulations-Modell gewonnenen Ergebnissen nicht auf das strukturidentes Abbild des Computersimulations-Modells geschlossen werden kann.

Als Ausweg aus diesem Dilemma wird für die vorliegende Arbeit eine Vorgangsweise gewählt, die versucht durch den qualitativen Vergleich mit bekannten modelltheoretischen Ergebnissen eine – zumindest für die intendierten Anwendungskreise – hinreichende Validität zu bekräftigen. Für einige ausgewählte – in einer modelltheoretischen Darstellung abgeleiteten – Determinanten für das Economic Exposure aus der Arbeit von *Brunner* (2003) sind durchweg konsistente Ergebnisse aufgetreten und somit kann eine gewisse – wenn auch eingeschränkte – Validität den mit dem Computersimulations-Modells gewonnenen Ergebnissen zugesprochen werden.

Im Anschluss daran widmet sich das Kapitel dem demonstrativen Aufzeigen der Einsatzfähigkeit des Computersimulations-Modells im Rahmen eines Probelaufs. Neben der Einsatzfähigkeit, wird gleichzeitig versucht, die mit der Anwendung verbundenen potentiellen Vorteile für den in dieser Arbeit gewählten Ansatz zu verdeutlichen. Als Ausgangs- und Anstoßpunkt fungiert dabei ein hypothetisches Unternehmen, für welches ein – aufgrund der Entstehung der Zahlungsströme – Economic Exposure und dementsprechend ein ökonomisches Wechselkursrisiko auszumachen ist. Nach einer ersten Messung und Analyse des hypothetischen Unternehmens in der Ausgangssituation, kann – in Anlehnung an das Kapitel 2.1.8

– sodann anhand von Simulationsstudien aufgezeigt werden, wie gezielte und im Ausmaß abgestimmte Maßnahmen bzw. ein ganzer Maßnahmen-Mix in den Bereichen

- Beschaffung finanzieller Inputs,
- Beschaffung realer Inputs, sowie
- Absatz,

eine Reduzierung des ökonomischen Wechselkursrisikos herbeiführen können.

Resümierend kann somit festgehalten werden, dass in diesem Kapitel Fragestellungen, die sich naturgemäß im Rahmen der Anwendung eines Computersimulations-Modells aufdrängen, die zentrale Rolle spielen. In einer kritischen Betrachtung kann abschließend festgehalten werden, dass – wenn auch eine restlose Validierung der durch diesen Ansatz gewonnenen Ergebnisse nicht möglich ist und der hier durchgeführte Probelauf keine zweifelsfreie Argumentationsbasis darstellt – das Computersimulations-Modell ein zur Behandlung der Problemstellung geeigneter Ansatz ist.

6
Conclusio und Ausblick

In den letzten Jahrzehnten haben zwei Entwicklungen, die sich prägnant mit der Internationalisierung bzw. Globalisierung der Güter- bzw. Dienstleistungsmärkte sowie der anhaltenden hohen Schwankungsbreite der im Welthandel wichtigsten Wechselkurse umschreiben lassen, dazu geführt, dass dem *Wechselkurs-Risikomanagement* in *Industrie- und Handelsunternehmen* zunehmend eine zentrale Rolle in der Unternehmenssicherung bzw. -planung zugewiesen werden muss.

Hierbei besteht die Schwierigkeit beim Aufbau – wenn man von einzelnen bereits fix in Fremdwährung kontrahierten Transaktionen absieht – eines auf die wahren ökonomischen Auswirkungen von Wechselkursveränderungen auf der Zahlungsstromebene fokussierenden Wechselkurs-Risikomanagements darin, das Wechselkursrisiko aufgrund der in aller Regel *komplexen Wirkungszusammenhänge* adäquat zu quantifizieren. Den Ausgangspunkt der vorliegenden Arbeit bildet somit die *Problematik* der *quantitativen Messung* des ökonomischen Wechselkursrisikos sowie der daran unmittelbar anknüpfenden *Analyse von risikopolitischen Gegenmaßnahmen* für Industrie- und Handelsunternehmen.

Der zentrale Beitrag der vorliegenden Arbeit liegt dabei in der umfassenden Diskussion und Umsetzung eines – nach Kenntnis des Autors – im Schrifttum bis dato lediglich erwähnten Ansatzes der *stochastischen Simulationsmethode* als *Entscheidungshilfe* zur Behandlung der zuvor aufgeworfenen Problemstellung.

Aus dieser Überlegung wird sodann die *zentrale Forschungsfrage* als

Entwicklung eines stochastischen Computersimulations-Modells als Lösungsansatz für die vorliegende Problemstellung, wobei die Forschungsfrage in die drei Teilkomplexe

(1) *Modellierung und Implementierung auf der Unternehmensseite;*

(2) Modellierung und Implementierung auf der Umweltseite; sowie

(3) Modelleinsatz in einem Probelauf mit Ergebnisanalyse

untergliedert werden kann,

formuliert.

Anhand der ebenso im Einleitungskapitel (*Kapitel 1*) konkret formulierten *Zielsetzung* der Arbeit, werden nun die *Vorgehensweise* sowie die *Ergebnisse* resümierend dargelegt. Bevor die einzelnen Themenkomplexe zum Kern der vorliegenden Arbeit in Angriff genommen werden, wird in *Kapitel 2* das Analysefeld des ökonomischen Wechselkursrisikos sowie die Analysemethodik Simulation anhand der einschlägigen Literatur herausgearbeitet. Im Zuge der Aufarbeitung zum Wesen des Analysefeldes sowie der -methodik hat sich als erstes theoriebasiertes *Zwischenergebnis* die besondere Eignung des Simulationsansatzes für die vorliegende Problemstellung herauskristallisiert. Demnach eignet sich gerade die Simulationsmethode insbesondere für die Behandlung von komplexen, schwach strukturierten sowie nicht-linearen Problemstellungen, wie dies bei der Messung des ökonomischen Wechselkursrisikos mit seinen komplexen Wirkungszusammenhängen der Fall ist.

Weiters erfolgt in *Kapitel 2* – basierend auf der Argumentation der neoinstitutionalistischen Sichtweise – eine Diskussion über die ökonomische Sinnhaftigkeit eines Wechselkurs-Risikomanagements zur Steigerung des Unternehmenswerts für die Anteilseigner. Obwohl die dazu gefundenen empirischen Belege bisher keineswegs eindeutige Schlussfolgerungen zulassen, muss für den weiteren Verlauf der Arbeit als *Zwischenergebnis* doch von der ökonomisch positiven Rolle eines Wechselkurs-Risikomanagements, da die Kapitalmarktunvollkommenheiten in aller Regel in der Unternehmenspraxis bestehen, ausgegangen werden. Das Kapitel beschließend werden die in der Literatur diskutierten risikopolitischen Maßnahmen, die sodann im Kapitel 5 wieder aufgegriffen werden, präsentiert.

Das *Kapitel 3* befasst sich dann ausschließlich – gemäß der Zielsetzung der Arbeit – mit der Modellierung eines dynamisierten Unternehmens auf Basis des Corporate Models von *Moser* (1985) und anschließender Implementierung in Form eines Dynamischen Corporate Model Simulators (DComSim). Als *Zwischenergebnis* kann dazu festgehalten werden, dass

- die Implementierung des Corporate Models von *Moser* (1985);
- die auf eine Erweiterung des Corporate Models von *Moser* (1985) abzielenden Modifikationen in einem Computerprogramm; sowie
- die Dynamisierung anhand des Klassifikationsansatzes von *Naylor* (1979)

in der Programmiersprache von Matlab® effizient realisierbar sind.

Die für die Modellierung und Implementierung eines Szenarien Simulators so interessanten Fragekomplexe zur Dynamik von stochastischen Größen und Abhängigkeiten zwischen stochastischen Größen widmet sich dann *Kapitel 4*. Hierzu wird bei der Modellierung und Simulation

- der Dynamik von stochastischen Größen auf die in der Ökonomie bereits weithin bekannten Zeitreihenmodelle zurückgegriffen und dazu eine kurze einleitende sowie systematische Behandlung gegeben;
- von Abhängigkeiten zwischen stochastischen Größen in einem Szenarien Simulator – aufgrund vieler Vorteile zu traditionelleren Ansätzen – der Ansatz der Copula-Funktionen, die die gesamte Abhängigkeitsstruktur fassen, erläutert. Neben der illustrativen Darstellung dieses Ansatzes werden die darin angeführten Algorithmen in Matlab® implementiert.

Abschließend wird dann – vor allem vorausblickend für die Anwendung in einem Probelauf – ein konkreter Szenarien Simulator für kurzfristige Zinssätze, Inflationsraten sowie Wechselkurse auf Basis des in *Blum* et. al. (2001) vorgestellten Kointegrations-Modells vorgestellt sowie in Matlab® implementiert. Kointegrations-Modelle für die zeitliche Dynamik der Risikofaktoren bieten sich generell vor allem dann an, wenn man mit Hilfe dieser Art von Modellen (kurz- bzw. mittelfristige) Abweichungen von theoretischen Gleichgewichtsbeziehungen – wie in der Realität oft beobachtbar – zwar zulässt, jedoch langfristig diese Gleichgewichtsbeziehungen bei der Entwicklung der Risikofaktoren wieder berücksichtigt werden müssen. Als *Zwischenergebnis* aus diesem Kapitel kann resümiert werden, dass beide zuvor dargestellten Ansätze die geforderte hohe Flexibilität und damit ein Anwendungsspektrum, das meist im Rahmen der Modellierung und Implementierung von konkreten Szenarien Simulatoren notwendig ist, aufweisen.

Die Themenkomplexe, die sich unmittelbar im Rahmen der Anwendung von Computersimulations-Modellen ergeben, stehen im Mittelpunkt des *Kapitels 5.* Zunächst werden in einer theoretischen Literatur-gestützten Aufarbeitung die wesentlichsten Fragestellungen zur Verifikation der korrekten Implementierung als auch zur Validierung von Computersimulations-Modellen erörtert. Dabei kann als *Zwischenergebnis* für die weitere Vorgangsweise der Arbeit festgehalten werden, dass die Verifikation der korrekten Implementierung ein rein technisch-operationelles Problem ist, das mit geeigneten Techniken effizient gelöst werden kann. Im Gegensatz dazu stellt sich die Validierung eines Computersimulations-Modells als eine äußerst schwierige Aufgabe dar, die in philosophischer Sicht – d.h. bei der Auffassung eines Modells als homophore Abbildung – im Grunde gar nie vollständig erfüllt werden kann. Allerdings gibt es Möglichkeiten, um eine zumindest für den intendierten Anwendungskreis des Computersimulations-Modells hinreichende Validierung sicherzustellen. Für das vorliegende Computersimulations-Modell werden sowohl Techniken zur Verifikation der korrekten Implementierung, als auch Versuche zur Validierung anhand bereits abgeleiteter modelltheoretischer Ergebnisse unternommen. Als *Zwischenergebnis* kann dazu konstatiert werden, dass – nach zahlreichen Ausbesserungen – die Verifikation der korrekten Implementierung als auch die im Rahmen einer Validierung durchgeführten isolierten Simulationsläufe durchweg erfolgreich waren.

Den Schluss der Arbeit bildet der Probelauf des Computersimulations-Modells für ein hypothetisches Unternehmen. Es wird dabei eine Vorgangsweise zur *Messung* und *Analyse* des ökonomischen Wechselkursrisikos anhand eines hypothetischen Unternehmens demonstriert. Ferner wird beispielsweise aufgezeigt, wie ein aus dem Absatzbereich resultierendes positives Economic Exposure mit Hilfe von *risikopolitischen Gegenmaßnahmen* sowohl im Bereich finanzieller Inputs, als auch im Bereich Beschaffung realer Inputs verringert werden kann. Auf der Grundlage des Probelaufs wird zusätzlich argumentiert, dass nicht nur die Wahl der konkreten risikopolitischen Gegenmaßnahme, sondern ebenso das Ausmaß der Maßnahme – beispielsweise die Höhe der Devisenterminverkäufe – eine äußerst wichtige Fragestellung bei der Reduzierung des ökonomischen Wechselkursrisikos darstellt. Abschließend führt ein Simulationslauf die mit diesem Ansatz verbundenen Vorteile, die in der Messung, Analyse und Abstimmung eines umfassenden und integrativen Maßnahmen-Mixes liegen, vor. Die Abschätzung der Auswirkungen eines Maßnahmen-Mix – mit dessen konkreten Ausgestaltungen in Richtung und Höhe – auf das Economic Exposure, kann dabei mit dem in dieser Arbeit vorgeführten Ansatz eines stochastischen Computersimulations-Modells effizient bewerkstelligt werden.

Als *generelles Ergebnis* kann – in Bezug auf die Forschungsfrage und Zielsetzungen der Arbeit – nun abschließend festgehalten werden, dass die Entwicklung eines Computersimulations-Modells mit den dafür festgemachten Teilkomplexen für die vorliegende Problemstellung als geeigneter und realisierbarer Ansatz angesehen werden kann, der wertvolle Erkenntnisse und Einsichten zu generieren vermag.

Für zukünftige Forschungsthemen im Zusammenhang mit den Ergebnissen dieser Arbeit ergeben sich – im Rahmen eines *Ausblicks* – weitere Ansatzpunkte.

Ein erster Ansatzpunkt besteht stets in der Erweiterung der in dieser Arbeit dargestellten Modelle – sowohl im Unternehmensbereich, als auch auf der Umweltseite eines Unternehmens – und deren Implementierungen in einer Programmiersprache. So können beispielsweise für den Dynamic Corporate Model Simulator neue Module, die spezielle bzw. der Realität eines Unternehmens besser entsprechende Gegebenheiten abbilden, entwickelt und dann integriert werden. Weiters könnte im Bereich der Verarbeitung und Darstellung der Simulationsergebnisse – beispielsweise in

Form von so genannten *Cash-Flow-at-Risk*-Kennzahlen – entsprechende Arbeiten getätigt werden.

Daneben eröffnet sich als weiterer Ansatzpunkt für zukünftige Forschungstätigkeiten die Erprobung des vorliegenden Computersimulations-Modells für den Fall eines real existierenden Unternehmens. Dabei könnte ferner ein Vergleich, der die aus einer Simulationsstudie *ex-ante* gewonnen Ergebnisse mit aus der Empirie *ex-post* beobachteten Unternehmens-Ergebnissen gegenüberstellt, interessante und aufschlussreiche Ergebnisse für die vorliegende Problemstellung ermöglichen.

7
Literaturverzeichnis

Adler, M./Dumas, B. (1984): „Exposure to Currency Risk: Definition and Measurement", *Financial Management* 13(2), S.41-50.

Aggarwal R./Soenen L.A. (1989): „Managing Persistent Real Changes in Currency values: The Role of Multinational Operating Strategies", *Columbia Journal of World Business* 24(3), S.60-67.

Alexander, C. (2001): *Market Models: A Guide to Financial Data Analysis,* John Wiley & Sons, Chichester.

Allayannis, G./Ihrig, J. (2001): „Exposure and Markups", *The Review of Financial Studies* 14(3), S.805-835.

Allayannis, G./Ofek, E. (2001): „Exchange Rate Exposure, Hedging, and the Use of Foreign Currency Derivatives", *Journal of International Money and Finance* 20(2), S.273-296.

Aliber, R.Z. (1973): „The Interest Rate Parity Theorem: A Reinterpretation", *Journal of Political Economy* 81(6), S. 1451-1459.

Amihud, Y./Lev, B. (1981): „Risk reduction as a managerial motive for conglomerate mergers", *Bell Journal of Economics* 12(2), S. 605-617.

Atkins, F. J.(1993): „The dynamics of adjustment in deviations from covered interest parity in the Euromarket: evidence from matched daily data", *Applied Financial Economics* 3, S.183-187.

Assenmacher, W. (2002): *Einführung in die Ökonometrie,* 6.Aufl., München.

Bartram, S. M. (1998): *Corporate Risk Management. Eine empirische Analyse der finanzwirtschaftlichen Exposures deutscher Industrie- und Handelsunternehmen*, Uhlenbruch Verlag, Bad Soden/Ts.

Bartram, S. M./Dufey, G./Frenkel, M.R. (2005): „A primer on the exposure of non-financial corporations to foreign exchange rate risk", *Journal of Multinational Financial Management* 15(4/5), S.394-413.

Barclay, M. J./Smith, C.W. (2005): „The Capital Structure Puzzle: The Evidence Revisited", *Journal of Applied Corporate Finance* 17(1), S. 8-17.

Baron, D. P. (1976): „Flexible Exchange Rates, Forward Markets and the Level of Trade", *American Economic Review* 66(3), S. 523-266.

Berens, W./Delfmann, W./Schmitting, W. (2004): *Quantitative Planung: Grundlagen, Fallstudien, Lösungen*, 4.Auflage, Schäffer-Poeschel Verlag, Stuttgart.

Berkman, H./Bradbury, M.E./Magan, S. (1997): „An International Comparison of Derivatives use", *Financial Management* 26(4), S. 69-73.

Biller, B./ Nelson, B.L. (2002): „Answers to the Top Ten Input Modelling Questions", Yücesan, E./Chen, C.-H./Snowdon, J.L./Charnes, J.M. (Hrsg.) *Proceedings of the 2002 Winter Simulation Conference*, S.35-40.

Bitz, M. (1993): Grundlagen des finanzwirtschaftlich orientierten Risikomanagements, in: *Handbuch des Finanzmanagements: Instrumente und Märkte der Unternehmensfinanzierung*, Gebhardt, G./Gerke, W./Steiner, M. (Hrsg.), Verlag C.H. Beck, München.

Blum, P./Dacorogna, M./Embrechts, P./Neghaiwi, T./Niggli, H. (2001): „Using DFA for Modelling the Impact of Foreign Exchange Risks on Reinsurance Decisions", *Casualty Actuarial Society Forum* 2001.

Bodnar, G.M./Dumas, B./Marston, R.C. (2002): „Pass-Through and Exposure", *Journal of Finance* 57(1), S.199-232.

Bodnar, G.M/Gentry, W.M. (1993): „Exchange Rate Exposure and Industry Char-acteristics: Evidence from Canada, Japan, and the USA", *Journal of International Money and Finance* 12(1), S.29-45.

Bodnar, G.M./Hayt, G.S./Marston, R.C. (1996): „1995 Wharton Survey of Financial Risk Management by US Non-Financial Firms", *Financial Management* 25(4), S.113-133.

Bodnar, G.M./Hayt, G.S./Marston, R.C. (1998): „1998 Wharton Survey of Financial Risk Management by US Non-Financial Firms", *Financial Management* 27(4), S.70-91.

Bodnar, G.M/Marston, R.C. (2000): „A simple model of foreign exchange exposure", *working paper*, The John Hopkins University, Washington DC und Wharton Business School, University of Pennsylvania.

Bodnar, G.M/Wong, M.H.F (2003): „Estimating Exchange Rate Exposures: Issues in Model Structure", *Financial Management* 32(1), S.35-67.

Booth, L./Rotenberg, W. (1990): „Assessing foreign exchange exposure: Theory and application using Canadian firms", *Journal of International Financial Management and Accounting* 2(1), S.1-22.

Box, G.E.P./Jenkins, G.M. (1976): *Time Series Analysis: Forecasting and Control*, Holden-Day, San Francisco.

Branson, W. H. (1969): „The Minimum Covered Interest Differential Needed for International Arbitrage Activity", *Journal of Political Economy* 77(6), S. 1028-1035.

Brennan, M.J./Schwartz, E.S. (1979): „A continuous time approach to the pricing of bonds", *Journal of Banking and Finance* 3, S.133-155.

Breeden, D./Viswanathan, S. (1996): "Why Do Firms Hedge? An Asymmetric Information Model", *working paper*, Fuqua School of Business, Duke University

Breuer, W. (2000): *Unternehmerisches Währungsmanagement: Eine anwendungsorientierte Einführung mit Übungsaufgaben*, 2.Auflage, Gabler-Verlag, Wiesbaden.

Brunner, M. (2003): *Das Economic Exposure deutscher Unternehmungen*, Peter Lang Verlag, Frankfurt/M.

Buscher, H.S. (2002): „Angewandte Zeitreihenanalyse", in: Schröder, M. (Hrsg.), *Finanzmarkt-Ökonometrie: Basistechniken, Fortgeschrittene Verfahren, Prognosemodelle*, Schäffer-Poeschel Verlag, Stuttgart.

Busse von Colbe, W./ Ordelheide, D. (2003): *Konzernabschlüsse: Rechnungslegung für Konzerne nach betriebswirtschaftlichen Grundsätzen und gesetzlichen Vorschriften*, 7.Auflage, Gabler Verlag, Wiesbaden.

Campbell, J.Y./Lo, A.W./MacKinlay, A. (1997): *The Econometrics of Financial Markets*, Princeton University Press, Princeton.

Carson, J.S. (2002): „Model Verification and Validation", *Proceedings of the 2002 Winter Simulation Conference*, S. 52-58.

Casal, Ch. (1989): *Die Problematik mittelfristiger Wechselkursschwankungen für international tätige Unternehmen*, Verlag Rüegger, Grüsch.

Chan, K.C./Karolyi, G.A./Longstaff, F.A./Sanders, A.B. (1992): „An Empirical Comparison of Alternative Models of the Short-Term Interest Rate", *Journal of Finance* 47(3), S.1209-1227.

Chen, B. (1991): „Computersimulation als universelle Methode für die optimale be-triebswirtschaftliche Entscheidungssuche", in: *Simulation als betriebliche Ent-scheidungshilfe*, Biethahn, J./Hummeltenberg, W./Schmidt, B. (Hrsg.), Springer-Verlag, Berlin Heidelberg.

Choi, J.J./Prasad, A.M. (1995): „Exchange Risk Sensitivity and its Determinants: A Firm and Industry Analysis of US Multinationals", *Financial Management* 24(3), S.77-88.

Chow, E. H./Lee, W.Y./Solt, M.E. (1997): „The Economic Exposure of US Multinational Firms", *Journal of Financial Research* 20(2), S.191-210.

Clinton, K. (1988): „Transactions Costs and Covered Interest Arbitrage: Theory and Evidence", *Journal of Political Economy* 96(3), S.358-370.

Committeri, M./Rossi, S./Santorelli, A. (1993): „Tests of covered interest parity on the Euromarkt with high quality data", *Applied Financial Economics* 3(1), S.89-93.

Cox, J.C./Ingersoll, J.E./Ross, S.A. (1985): „A theory of the term structure of interest rates", *Econometrica* 53, S.385-407.

Culp, C.L. (2002): *The Art of Risk Management: Alternative Risk Transfer, Capital Structure, and the Convergence of Insurance and Capital Markets*, John Wiley & Sons, New York.

Degeorge, F./Moselle, B./Zeckhauser, R. (1995): „Hedging and Gambling: Corporate Risk Choice When Informing the Market", *working paper*, Harvard university, Cambridge

DeMarzo, P./Duffie, D. (1995): „Corporate Incentives for Hedging and Hedge Accounting", *Review of Financial Studies* 8(3), S. 743-771.

Dufey, G. (1972): „Corporate Finance and Exchange Rate Variations", *Financial Management* 1(2), S.51-57.

Dumas, B. (1978): „The Theory of the Trading Firm Revisted", *Journal of Finance* 33(3), S. 1019-1030.

Dornbusch, R. (1976): „Expectations and Exchange Rate Dynamics", *Journal of Political Economy* 84(6), S.1161-1176.

Dothan, U.L. (1978): „On the term structure of interest rates", *Journal of Financial Economics* 6, S.59-69.

Eilenberger, G. (1986): *Währungsrisiken, Währungsmanagement und Devisenkurssicherung*, 2.Auflage, Fritz Knapp Verlag, Frankfurt/Main.

Eiteman, D.K/Stonehill, A.I. (1979): *Multinational Business Finance,* 2.Aufl., Reading.

Eiteman, D.K/Stonehill, A.I./Moffett, M.H. (1996): *Multinational Business Finance,* 8.Aufl, Reading.

Engle, R.C./Granger, C.W.J. (1987): „Co-integration and error correction: Representation, estimation, and testing", *Econometrica* 55(2), S. 251-276.

Embrechts, P./McNeil, A./Straumann, D. (2002): „Correlation and Dependence in Risk Management: Properties and Pitfalls", in *Risk Management: Value at Risk and Beyond,* Dempster, M./ Moffatt, H.K. (Hrsg.), 2002, Cambridge University Press, S. 176-243.

Embrechts, P./Lindskog, F./McNeil, A. (2001): Modelling Dependence with Copulas and Applications to Risk Management, *RiskLab paper,* Department of Mathematics EHTZ, Zürich.

Eun, C.S./Resnick, B.G. (2000): *International Financial Management,* 2.Aufl., Boston.

Fama, E. (1970): „Efficient Capital Markets: A Review of Theory and Empirical Work", *Journal of Finance* 25(2), S.383-417.

Finn, M.G. (1999): „An equilibrium theory of nominal and real exchange rate comovement", *Journal of Monetary Economics* 44, S. 453-475.

Fishman, G.S. (1996): *Monte Carlo: Concepts, Algorithms, and Applications,* Springer, New York.

Flood, E. Jr./ Lessard, D.R. (1986): „On the Measurement of Operating Exposure to Exchange Rates: A Conceptual Approach", *Financial Management* 15(1), S.25-37.

Fok, C.W. (1997): "Determinants of Corporate Hedging and Derivatives: A Revisit", *Journal of Economics and Business* 49, S. 569-585.

Forrester, J.W. (1961): „Industrial Dynamics: a major breakthrough for decision makers", *Harvard Business Review* 36(4), S.37-67.

Friberg, R. (1999): *Exchange Rates and the Firm: Strategies to Manage Exposure and the Impact of EMU*, Macmillan Press, London.

Frees, E.W./Valdez, E.A. (1998): „Understanding of relationships using copulas", *North American Actuarial Journal* 2(1), S.1-25.

Frenkel, J.A. (1978): „Purchasing Power Parity: Doctrinal Perspective and Evidence from 1920s", *Journal of International Economy* 8(2), S.169-191.

Frenkel, J.A. (1981): „The Collapse of Purchasing Power Parity During the 1970's", *European Economic Review* 16(1), S.145-165.

Frenkel, J.A./Levich, R.M. (1975): „Covered Interest Arbitrage: Unexploited Profits?", *Journal of Political Economy* 83(2), S. 325-338.

Frenkel, J.A./Levich, R.M. (1977): „Transaction Costs and Interest Arbitrage: Tranquil versus Turbulent Periods", *Journal of Political Economy* 85(6), S. 1209-1226.

Frank, M. (1999): „Modellierung und Simulation – Terminologische Probleme", in: *Simulation als betriebswirtschaftliche Entscheidungshilfe: state of the art und neuere Entwicklungen*, Biethahn, J./ Hummeltenberg, W./Schmidt, B./Stähly, P./Witte, T. (Hrsg.), Physica-Verlag, Heidelberg.

Franke, J./Härdle, W./Hafner, C. (2004): *Statistik für die Finanzmärkte*, Springer Verlag, Frankfurt/Main.

Frankel, J.A./ Rose, A.K. (1995): Empirical Research on Nominal Exchange Rates, in: Grossman, G. und Rogoff, K. (Hrsg.) *Handbook of International Economics III*, Elsevier Science, Amsterdam, S. 1689-1729.

Froot, K./Scharfstein, D./Stein, J. (1993): „Risk Management: Coordinating Investment and Financing Policies", *Journal of Finance* 48(5), S. 1629-1658.

Froot, K./Scharfstein, D./Stein, J. (1994): „A Framework for Risk Management", *Harvard Business Review* 72(6), S.91-102.

Froot, K. A./Rogoff, K. (1995): „Perspectives on PPP and Long Run Exchange Rates", in: Grossman, G./Rogoff, K. (Hrsg): *Handbook of International Economics, Elsevier*, Amsterdam.

Francis, J./Stephan, J. (1993): „Characteristics of Hedging Firms: An Empirical Examination", in Schwartz, R./Smith, C. (Hrsg.): *Advanced Strategies in Financial Risk Management*, Prentice Hall, Englewood Cliffs.

Gailliot, H.J. (1970): „Purchasing Power Parity as an explanation of Long-Term Changes in Exchange Rates", *Journal of Money, Credit and Banking* 2(3), S.348-357.

Garner, K.C./Shapiro, A.C. (1983): „A Practical Method of Assessing Foreign Exchange Risk", *Midland Corporate Finance Journal* 4, S.16-31.

Géczy, C./Minton, B.A./Schrand, C. (1997): „Why firms Use Currency Derivatives", *Journal of Finance* 52(4), S. 1323-1354.

George A. M./Schroth P. (1991): „Managing Foreign Exchange for Competitive Advantage", *Sloan Management Review* 32(2), S.105-116.

Glaum, M. (1991): *Finanzinnovationen und ihre Anwendung in internationalen Unternehmungen, dargestellt am Beispiel von Devisenoptionskontrakten*, Dissertation, Universität von Giessen.

Glaum, M. (2000): *Finanzwirtschaftliches Risikomanagement deutscher Industrie- und Handelsunternehmen,* PWC Industriestudie, Fachverlag Moderne Wirtschaft, Frankfurt am Main

Glaum, M. (2002): „The determinants of selective exchange risk management", *Journal of Applied Corporate Finance* 14(4), S. 108-121.

Glaum, M./Brunner, M./Himmel, H. (2000): „The DAX and the dollar: The economic exchange rate exposure of German corporations", *Journal of International Business Studies* 31(4), S. 715-724.

Goldberg, S.R./Godwin, J.H./Kim, M.-S./Trischler, C. A. (1998): „On the Determinants of Corporate Usage of Financial Derivatives", *Journal of International Financial Management and Accounting* 9(2), S. 132-166.

Gosh, S./Henderson, S.G. (2002): „Chessboard distributions and random vectors with specified marginals and covariance matrix", *Operations Research* 50(5), S.820-834.

Greene, W.H. (2000): *Econometric Analysis,* 4.Aufl., Prentice Hall, New Jersey.

He, J./Ng, L.K. (1998): „The foreign exchange exposure of Japanese multinational corporations", *Journal of Finance* 53(2), S.733-753.

Hekman, C.R. (1985): „A Financial Model of Foreign Exchange Exposure", *Journal of International Business Studies* 16(2), S.83-99.

Hodder, J.E. (1982): „Exposure to Exchange-Rate Movements", *Journal of Inter-national Economics* 13(3), S.375-386.

Hommel, G. (2005): „Value-Based Motives for Corporate Risk Management", in: *Risk Management: Challenge and Opportunity,* 2.Aufl., Frenkel, M./Hommel, U./Rudolf, M. (Hrsg.), Springer, Berlin.

Hörmann, W.,/Leydold, J./Derflinger, G. (2004): *Automatic Nonuniform Random Variate Generation*, Springer-Verlag, Berlin.

Hull, J.C. (2003): *Options, Futures & other derivative Securities*, 5.Aufl., Prentice Hall, Upper Saddle River.

Jacque, L.L. (1981): „Management of Foreign Exchange Risk: A Review Article", *Journal of International Business Studies* 12(1), S.81-101.

James, J./Webber, N. (2000): *Interest Rate Modelling*, John Wiley & Sons, Chichester.

Jensen, M.C./Murphy K.J. (1990): „CEO incentives – It's not how much you pay, but how, *Harvard Business Review* May-June, S. 138-153.

Jesswein, K.R./Kwok, C.C.Y. /Folks, W.R.Jr. (1995): „Corporate Use of Innovative Foreign Exchange Risk Management Products", *Columbia Journal of World Business* 30(3), S.70-82.

Joe, H. (1997): *Multivariate Models and Dependence Concepts*, Chapman & Hall, London.

Jorion, P. (1990): „The Exchange-Rate Exposure of US Multinationals", *Journal of Business* 63(3), S.331-345.

Kilian, L./ Taylor, M.P. (2003): „Why is it so difficult to beat the random walk forecast of exchange rates?", *Journal of International Economics* 60(1), S. 85-107.

Kleijnen, J.P.C. (1995): „Theory and Methodology: Verification and validation of simulation models", *European Journal of Operational Research* 82, S. 145-162.

Knetter, M.M. (1989): „Price discrimination by U.S. and German exporters", *American Economic Review* 79(1), S.198-210.

Knetter, M.M. (1993): „International comparison of pricing-to-market behavior", *American Economic Review* 83(3), S.473-486.

Knight, F.H. (1921): *Risk, Uncertainty, and Profit*, Houghton Mifflin, New York.

Koller, H. (1969): *Simulation und Planspieltechnik*, Gabler, Wiesbaden.

Kolb, R.W. (2002): *Futures, Options, & Swaps*, 4.Aufl., Oxford.

Krugman, P.R. (1978): „Purchasing Power Parity and Exchange Rates", *Journal of International Economics*, 8(3), S. 397-407.

Kugler, P. (2002): „Nichtstationarität und Kointegration", in: Schröder, M. (Hrsg.), *Finanzmarkt-Ökonometrie: Basistechniken, Fortgeschrittene Verfahren, Prognosemodelle*, Schäffer-Poeschel Verlag, Stuttgart.

Küll R./Stähly, P. (1999): „Zur Planung und effizienten Abwicklung von Simulationsexperimenten", in: *Simulation als betriebswirtschaftliche Entscheidungshilfe: state of the art und neuere Entwicklungen*, Biethahn, J./ Hummeltenberg, W./Schmidt, B./Stähly, P./Witte, T. (Hrsg.), Physica-Verlag, Heidelberg.

Law, A.M./Kelton, W.D. (2000): *Simulation Modeling and Analysis*, 3.Aufl., McGraw-Hill, New York.

Leemis, L. (2003): „Input modelling", Chick, S./Sánchez, P.J./Ferrin, D./Morrice, D.J. (Hrsg.), *Proceedings of the 2003 Winter Simulation Conference*, S.14-24.

Lessard D. R./Lightstone J.B. (1986): „Volatile Exchange Rates Can Put Operations at Risk", *Harvard Business Review* 64(4), S.107-114.

Levi, M. D. (1994): „Exchange rates and the valuation of firms". In: Amihud, Y. and Levich, R. M. (Hrsg.). *Exchange Rates and Corporate Performance*, Irwin (NY), S.37-48.

Levi, M.D. (1996): *International Finance: The Markets and Financial Management of Multinational Business*, 3.Aufl., McGraw-Hill, New York.

Lewent, J.C./Kearney, A.J. (1990): „Identifying, Measuring, and Hedging Currency Risk at Merck", *Journal of Applied Corporate Finance* 2(4), S.19-29.

Li, S.T./Hammond, J.L. (1975): „Generation of pseudo-random numbers with specified univariate distributions and correlation coefficients", *IEEE Transactions on Systems, Man, and Cybernetics* 5, S.557-561.

Lindskog, F. (2000): Modelling Dependence with Copulas and Applications to Risk Management, *Master Thesis*, ETHZ, Zürich.

Logue, D.E./Oldfield, G.S. (1977): "Managing Foreign Assets When Foreign Exchange Markets are Efficient", *Financial Management* 6(2), S. 16-22.

Lothian, J.R./Taylor, M.P. (1996): „Real Exchange Rate Behavior: The Recent Float from the Perspective of the Past Two Centuries", *Journal of Political Economy* 104(3), S.488-510.

Louis, H./Blenman, L.P /Thatcher, J.S. (1999): „Interest Rate Parity and the Behavior of the Bid-Ask spread", *Journal of Financial Research* 22(2), S.189-206.

Lurie, P.M./Goldberg, M.S. (1998): „An approximate method for sampling correlated random variables from partially-specified distributions", *Management Science* 44, S.203-218.

MacMinn, R.D. (1987): „Forward Markets, Stock Markets, and the Theory of the Firm", *Journal of Finance* 42(5), S. 1167-1185.

Madura, J. (2003): *International Financial Management*, 7.Aufl., Thompson South-Western, Mason.

Martin, A.D./Mauer, L.J. (2003): „Transaction versus economic exposure: which has greater cash flow consequences?", *International Review of Economics and Finance* 12(4), S. 437-449.

May, D.O. (1995): „Do managerial motives influence firm risk reduction strategies?", *Journal of Finance* 50(4), S. 1275-1290.

Meese, R.A./ Rogoff, K. (1983): „Empirical Exchange Rate Models of the Seventies: Do They Fit Out of Sample?", *Journal of International Economics* 14(1), S.3-24.

Mertens, P. (1982): *Simulation*, 2.Aufl., Poeschel Verlag, Stuttgart.

Mian, S. L. (1996): „Evidence on Corporate Hedging Policy", *Journal of Financial and Quantitative Analysis* 31(3), S. 419-439.

Mills, T.C. (1999): *The Econometric Modelling of Financial Time Series*, 2.Aufl., Cambridge University Press, Cambridge.

Modigliani, F./Miller, M.H. (1958): „The cost of capital, corporation finance and the theory of investment", *The American Economic Review* 48(3), S. 261-297.

Moser, R. (1978): *Wechselkursrisiko: Theorie und Praxis der Kurssicherungstechniken*, 2. Aufl., Österreichische Bankwissenschaftliche Gesellschaft, Wien

Moser, R. (1985): *Preis- und Finanzierungsentscheidungen im Auslandsgeschäft. Ein Corporate-Modelling-Ansatz*, Verlag der Österreichischen Akademie der Wissenschaften, Wien.

Myers, S. C (1977): „Determinants of Corporate Borrowing", *Journal of Financial Economics* 5(2), S. 147-175.

Myers, S. C. (1984): „The Capital Structure Puzzle", *Journal of Finance* 39(3), S. 575-592.

Myers, S. C. /Majluf, N. (1984): „Corporate Financing and Investment Decisions When Firms Have Information that Investors Do Not", *Journal of Financial Economics* 13(2), S. 187-221.

Nance, D.R./Smith, C.W./Smithson, C.W. (1993): „On the determinants of corporate hedging", *Journal of Finance* 48(1), S. 267-284.

Naylor, T.H. (1979): *Corporate Planning Models*, Addison-Wesley, Reading.

Nelson, B.L./Yamnitsky, M. (1998): „Input modelling tools for complex problems", *Proceedings of the 1998 Winter Simulation Conference*, Medeiros, D.J./ Watson, E.F./ Carson, S./ Manivannan, M.S. (Hrsg.), Institute of Electrical and Electronics Engineers, Piscataway, New Jersey

Nydahl, S. (1999): „Exchange rate exposure, foreign involvement and currency hedging of firms: Some Swedish evidence", *European Financial Management* 5(2), S.241-257.

Oakshott, L. (1997): *Business Modeling and Simulation*, Pitman Publishing, London.

Ochynski, W. (2004): *Strategien an den Devisenmärkten: Eine Anleitung für die Praxis – unter Berücksichtigung der Euro-Besonderheiten*, 5.Auflage, Gabler-Verlag, Wiesbaden.

Oehler, A./Unser, M. (2001): *Finanzwirtschaftliches Risikomanagement*, Springer-Verlag Berlin.

Officer, L./Willet, T.D. (1970): „The Covered-Arbitrage Schedule: A Critical Survey of Recent Developments", *Journal of Money, Credit and Banking* 2(2), S. 247-257.

Orcutt, G.H. (1960): „Simulation of economic systems", *American Economic Review* 50(5), Nr. 5, S.893-907.

Oxelheim, L./Wihlborg, C. (1991): „Measuring Macroeconomic Exposure: The Case of Volvo Cars", *European Financial Management* 1(3), S.241-264.

Pausenberger, E./Glaum, M. (1993): Management von Währungsrisiken, in: Gebhardt, G./Gerke, W./Steiner, M. (Hrsg.) *Handbuch des Finanzmanagements: Instrumente und Märkte der Unternehmensfinanzierung*, Verlag C.H. Beck, München.

Perridon, L./Steiner, M. (2004): *Finanzwirtschaft der Unternehmung*, Verlag Franz Vahlen, München.

Pidd, M. (1998): *Computer simulation management science*, 4.Aufl., Chichester.

Pringle, J.J. (1991): „Managing foreign currency exposure", *Journal of Applied Corporate Finance* 3(4), S.73-82.

Pringle, J.J. (1995): „A Look at Indirect Foreign Currency Exposure", *Journal of Applied Corporate Finance* 8(3), S.75-81.

Pritsch, G./Hommel, G. (1997): „Hedging im Sinne des Aktionärs: Ökonomische Erklärungsansätze für das unternehmerische Risikomanagement, *DBW* 53(5), S.672-693.

Pritsch, G./Hommel, G. (2002): „Notwendigkeit des unternehmerischen Risikomanagements aus Shareholder Value-Sicht", in: *Handbuch Corporate Finance: Konzepte, Strategien und Praxiswissen*, 2.Aufl., Achleitner, A.-K./Thoma, G.F. (Hrsg.), Deutscher Wissenschaftsdienst, Köln.

Poddig, T./Dichtl, H./Petersmeier, K. (2000): *Statistik, Ökonometrie, Optimierung*, Uhlenbruch Verlag, Bad Soden.

Rhee, S.G./Chang, R.P. (1992): „Intra-Day Arbitrage Opportunities in Foreign Exchange and Eurocurrency Markets", *Journal of Finance* 47(1), S.363-379.

Ripley, B.D. (1987): *Stochastic Simulation*. Wiley, New York.

Rogoff, K. (1996): „The Purchasing Power Parity Puzzle", *Journal of Economic Literature*, 34(2), S.647-668.

Roth, A. (1997): *Das ökonomische Wechselkursrisiko internationaler Unternehmungen*, Verlag der Ferber'schen Universitäts-Buchhandlung, Gießen.

Santomero, A.M. (1995): „Financial risk management: The Why's and How's", *Financial Markets, Institutions & Instruments* 4(5), S. 1-14.

Sargent, R.G. (2000): „Verification, Validation, and Accreditation of Simulation models", *Proceedings of the 2000 Winter Simulation Conference*, S. 50-59.

Sargent, R.G. (2001): „Some Approaches and Paradigms for Verifying and Validating Simulation Models", *Proceedings of the 2001 Winter Simulation Conference*, S. 106-114.

Sarno, L./ Taylor, M.P. (2002): „Purchasing Power Parity and the Real Exchange Rate", *IMF Staff papers* 49(1), S.65-105.

Schlesinger S./R.E. Crosbie/Gagne, R.E./G.S. Innis, C.S. Lalwani, J. Loch, R.J. Sylvester, R.D. Wright, N. Kheir and D. Bartos. (1979): "Terminology for model credibility.", *Simulation* (32), S. 103-104.

Schmidt, R.H./Terberger, E. (1997): *Grundzüge der Investitions- und Finanzierungstheorie*, 3.Aufl., Wiesbaden.

Schmitt, C. (2002): „Stochastische Volatilität", in: Schröder, M. (Hrsg.), *Finanzmarkt-Ökonometrie: Basistechniken, Fortgeschrittene Verfahren, Prognosemodelle.*, Schäffer-Poeschel Verlag, Stuttgart

Schrand, C./Unal, H. (1998): „Hedging and Coordinated Risk Management: Evidence from Thrift Conversions", *Journal of Finance* 53(3), S. 979-1013.

Schröder, M. (2002): *Finanzmarkt-Ökonometrie: Basistechniken, Fortgeschrittene Verfahren, Prognosemodelle,* Schäffer-Poeschel Verlag, Stuttgart

Sercu, P./Uppal, R. (1995): *International Financial Markets and the Firm,* London.

Shapiro, A.C. (1975): „Exchange Rate Changes, Inflation and the Value of the Multinational Corporation", *Journal of Finance* 30(2), S.485-502.

Shapiro, A.C. (1977): „Defining Exchange Risk", *Journal of Business* 50(1), S.37-39.

Shapiro, A. C. (2003): *Multinational Financial Management,* 7. Aufl., John Wiley & Sons, New York.

Smith, C.W./Stulz, R. (1985): „The determinants of firms' hedging policies", *Journal of Financial and Quantitative Analysis* 20(4), S. 391-405.

Spreemann, C. (2002): *Finanzanalyse und Unternehmensbewertung,* Oldenbourg Wissenschaftsverlag, München.

Spremann, K./Gantenbein, P. (2003): *Zinsen, Anleihen, Kredite,* 2.Aufl., Oldenbourg Verlag, München.

Srinivasulu, S.L. (1981): „Strategic response to foreign exchange risk", *Columbia Journal of World Business* 16(1), S.13-23.

Stulz, R.M. (1984): „Optimal Hedging Policies", *Journal of Financial and Quantitative Analysis* 19(2), S. 127-140.

Stulz, R.M. und Williamson, R. (1997): „Identifying and Quantifying Exposures", in: *Financial Risk and the Corporate Treasury*, Risk Publications, New York.

Stulz, R. (1996): „Rethinking Risk Management", *Journal of Applied Corporate Finance* 9(3), S.8-24.

Taylor, M.P. (1989): „Covered Interest Arbitrage and Market Turbulence", *The Economic Journal* 99(396), S.376-391.

Taylor, M.P. (2003): „Purchasing Power Parity", *Review of International Economics* 11(3), S.436-452.

Taylor, M.P./McMahon, P.C. (1988): „Long-run purchasing power parity in 1920s", *European Economic Review* 32(1), S. 179-197.

Thornton, D.L. (1995): „Tests of Covered Interest Rate Parity", *Working paper*, Federal Reserve Bank of St.Louis.

Topritzhofer, E./Moser, R. (1990): *Das Exportgeschäft: Seine Abwicklung und Absicherung*, 7.Aufl., Service Fachverlag, Wien.

Tufano, P. (1996): „Who Manages Risk? An Empirical Examination of Risk Management Practices in the Gold Mining Industry", *Journal of Finance* 51(4), S. 1097-1138.

Vasicek, O. (1977): „An equilibrium characterization of the term structure, *Journal of Financial Economics* 5, S.177-188.

Vose, D. (1997): *Quantitative Risk Analysis: A Guide to Monte Carlo Simulation modelling*, Wiley & Sons, Chichester.

Wagenhofer, A. (2005): *Internationale Rechnungslegungsstandards – IAS/IFRS: Grundkonzepte, Bilanzierung/Bewertung/Angaben, Umstellung/Analyse*, 5.Aufl., Verlag moderne Industrie Redline-Wirtschaft, Frankfurt/Main.

Warner, J.B. (1977): „Bankruptcy Costs: Some Evidence", *Journal of Finance* 22(2), S. 337-347.

Weiss, L.A. (1990): „Bankruptcy Resolution", *Journal of Financial Economics* 27(2), S. 285-305.

Williamson, R. G. (2001): „Exchange rate exposure and competition: Evidence from the automotive industry", *Journal of Financial Economics* 59(3), S. 441-475.

Winker, P. (2002): „Vektor Autoregressive Modelle", in: Schröder, M. (Hrsg.), *Finanzmarkt-Ökonometrie: Basistechniken, Fortgeschrittene Verfahren, Prognosemodelle.*, Schäffer-Poeschel Verlag, Stuttgart.

Wysocki, P.D. (1998): „Managerial Motives and Corporate Use of Derivatives: Some Evidence", *working paper*, University of Michigan, Ann Arbor.

8
Anhang

8.1 Gegenüberstellung der Variablen aus dem Modell und dem Simulator

Absatzbereich

Bezeichnung im Modell	*Bezeichnung im Simulator*
IUMSO	*MCFIN*
PIO	*OPD*
QIO	*MSQ*
α	*alpha_*
IUMSM	*MCFIN*
PIM	*OPD*
QIM	*MSQ*
PVA(1)	*PCD_1*
β	*beta_*
KDIF	*Fxratio0*
K	*sfx*
AUMS	*MCFIN*
PA	*OPF*
QA	*MSQ*
γ	*gamma_*
KDAS	*Fxratio1*
λ	*lambda_*
FWL	*FPS*

Beschaffung realer Inputs

Bezeichnung im Modell	*Bezeichnung im Simulator*
ZAIO	*PCFOUT*
KIO	*C*
BLIO	*PMS*

FKK	*FCC*
DBLIO	*CPMS*
PDIF	*PDIFF*
δ	*delta_*
ZAIM	*PCFOUT*
KIM	*C*
BLIM	*PMS*
π	*pi_*
BPA	*PFC*
BPI	*PDC*
K	*pfx*
φ	*phi_*
ε	*epsilon_*
ζ	*zeta_*
ZAA	*PCFOUT*
KA	*C*
BLA	*PMS*
DBLA	*CPMS*
η	*eta_*

Beschaffung finanzieller Inputs	
Bezeichnung im Modell	*Bezeichnung im Simulator*
FK	*DC*
ψ	*psi_*
K	*ffx*
ZAF	*DPROFINCF*
ZKIW	*DIRP*
ZKAW	*FIRP*
DKAW	*DV*
ZI	*PIR*
ZA	*PIR*
KDIF	*fxdiff*
EKST	*OFTFX*
TGAW	*FTFX*
T	*fdfx*
TZA_i	*FIR*
TZI	*FIR*

8.2 Geschätzte Parameter aus Blum et al. (2001)

- Zinssatz-Modell:

$$\Delta r_t = r_t - r_{t-1} = a(b - r_{t-1}) + s\sqrt{r_{t-1}}\varepsilon_t$$

	USD	CHF	GBP	JPY
a	0,29157	0,24343	0,18029	0,02769
b	0,05	0,035	0,06	0,03
s	0,04202	0,07029	0,05072	0,04492
r_0	0,06325	0,06004	0,06004	0,00341

Korrelationsmatrix für die gemeinsamen Residuen

	USD	CHF	GBP	JPY
USD	1	0,31022	0,55942	0,43474
CHF	0,31022	1	0,64407	0,63582
GBP	0,55942	0,64407	1	0,66107
JPY	0,43474	0,63582	0,66107	1

- Inflations-Modell

$$i_t^i = \beta_0^i + \beta_1^i r_t^i + \varepsilon_t^i$$

	USD	CHF	GBP	JPY
β_0	0,00584	-0,006662	-0,02255	-0,0008
β_1	0,41237	0,722173	0,76457	0,40863
$\sigma(\varepsilon)$	0,011053	0,010601	0,013627	0,0096097

- Wechselkurs-Modell

$$s_t^{i/j} = \alpha_0^j + \alpha_1^j r_t^i + \alpha_2^j i_t^i + \alpha_3^j r_t^j + \alpha_4^j i_t^j + \varepsilon_t$$

	CHF	GBP	JPY
α_0	-0,1666	0,52786	0,17831
α_1	-7,3806	0,28439	-8,71995
α_2	7,3806	-0,28439	8,71995
α_3	1,8608	-1,41399	-5,97009
α_4	-1,8608	1,41399	0
$\sigma(\varepsilon)$	0,14102	0,10203	0,13337

8.3 Input-Datensatz für den Maßnahmen-Mix im Rahmen des Probelaufs

```
% Probelauf DCOMSIM_and_Scenario_Simulator

% First, the scenario_simulator is called that generates
% short-term interest rates (USD,CHF,GBP,JPY), inflation rates
% (USD,CHF,GBP,JPY) and the fx-rates for USD/CHF, USD/GBP and
% USD/JPY

clear;

% varying input data for the simulations

scenario_simulator_inputs; % script that specifies all input
                           % parameters for the scenario
                           % simulator function

[sim_interest_rates, sim_inflation_rates, sim_fx_rates] = ...
                      scenario_simulator('sc_sim_inputs_file');

% 'fixed' input data for the simulation

% Inputs for Sales
n_periods = time_period-1;
MNC = [1;1;1];
OPD = [10];
OPF = [10;10];
PCF = [10;10;10];
mark_fun = ['mf_h1';'mf_f1';'mf_f2'];
PQ  = [200000];
```

```
FPS = [10000];
option_dalpha_ = 'M';
option_dbeta_ = 'M';
option_dgamma_ = 'M';
dlambda_ = 0.5;
option_dlambda_ = 'C';

% Inputs for Procurement real inputs
C = [1000000;2000000;1000000];
DFCC = [0.9;0.9;0.9];
option_DFCC = 'C';
PFS = [];
PDS = [];
PMS = [12500;25000;12500];
option_ddelta_ = 'M';
option_deta_ = 'M';
option_depsilon_ = 'C';
depsilon_ = [];
option_dzeta_ = 'C';
dzeta_ = [];

% Inputs for Procurement financial inputs
DDC = 10000000;
option_DDC = 'C';
dpsi_ = [0.9;0.1];
option_dpsi_ = 'C';
DFTFX = [];
option_DFTFX = 'C';


display ('simulation starts...')

for i=1:sim_runs
    tic
    dsfx = [sim_fx_rates(2,1:time_period,i); ...
            sim_fx_rates(2,1:time_period,i); ...
            sim_fx_rates(3,1:time_period,i)];
    dalpha_ = sim_inflation_rates(1,1:time_period,i);
    dgamma_ = [sim_inflation_rates(1,1:time_period,i); ...
              sim_inflation_rates(1,1:time_period,i)];
    dbeta_ = [sim_inflation_rates(3,1:time_period,i); ...
             sim_inflation_rates(3,1:time_period,i); ...
             sim_inflation_rates(4,1:time_period,i)];

    dpfx = [sim_fx_rates(2,1:time_period,i); ...
            sim_fx_rates(3,1:time_period,i)];
    ddelta_= [sim_inflation_rates(1,1:time_period,i)];
    deta_ = [sim_inflation_rates(3,1:time_period,i); ...
```

```
            sim_inflation_rates(4,1:time_period,i)];

    dffx = [sim_fx_rates(2,1:time_period,i)];
    DPIR = [0.10 0.10; 0.10 0.10; 0.10 0.10];
    DFIR = [sim_interest_rates(1,1:n_periods,i); ...
            sim_interest_rates(3,1:n_periods,i)];

    save 'Probelauf_inputs';

    filename='Probelauf_inputs';

    [DTCF, DSCFIN, DMCFIN, DPCFOUT, DPCFCOUT, DMSQ, ...
     DDPROFINCF] = DCOMSIM_v0 ('Probelauf_inputs');

    DynamicTCF(:,:,i) = DTCF;
    DynamicSCFIN(:,:,i) = DSCFIN;
    DynamicMCFIN(:,:,i) = DMCFIN;
    DynamicPCFOUT(:,:,i) = DPCFOUT;
    DynamicPCFCOUT(:,:,i) = DPCFCOUT;
    DynamicMSQ(:,:,i) = DMSQ;
    DynamicDPROFINCF(:,:,i) = DDPROFINCF;
    toc
end
```

8.4 Legende zu den Flussdiagramm-Symbolen

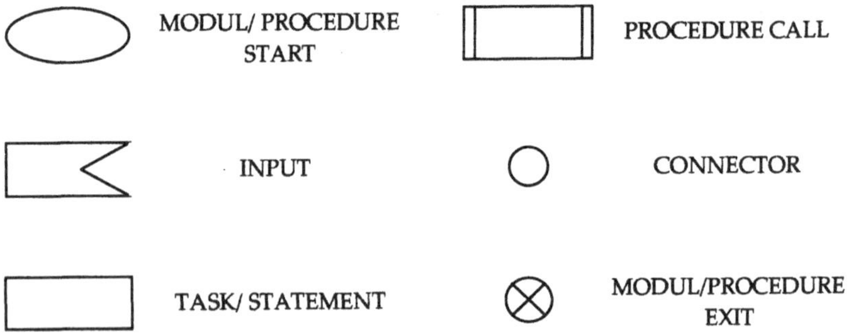

SAVE DATA

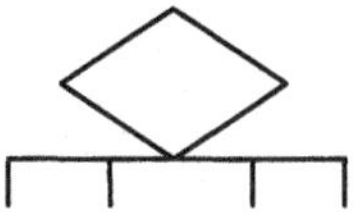

MULTIPLE DECISION

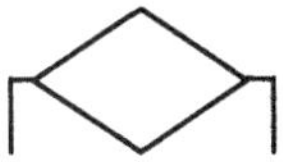

DECISION

PROGRAMM EXIT

COMMENT

8.5 Programmcode

DComSim.m

```
% DCOMSIM Dynamic COrporate Model SIMulator
%
% Format:
%          [DTCF, DSCFIN, DMCFIN, DPCFOUT, DPCFCOUT, DMSQ,
%           DPROFINCF] = DCOMSIM (filename);
%
% Outputs:
%
% DTCF -> Dynamic Total Cash FLow (Total Cash Flow in each
%         period)
% DSCFIN -> Dynamic Sales Cash Flow INcome (Sales Cash Flow
%           Income in each period)
% DMCFIN -> Dynamic Cash Flow INcome per Market (Cash Flow
%           Income per Market in each period)
% DPCFOUT -> Dynamic Procurement Cash Flow OUT (Procurement
%            Cash Flow OUT in each period)
% DPCFCOUT -> Dynamic Procurement Cash Flow per Component OUT
%             (Procurement Cash Flow per Component OUT in each
%             period)
% DMSQ -> Dynamic Sold Quantity forecast per Market (Sold
%         Quantity forecast per Market in each period)
% DDPROFINCF -> Dynamic Debt PROcurement FINancing Cash Flow
%               (Debt PROcurement FINancing Cash Flow in each
%               period)
%
% Inputs (given in a .MAT file specified with "filename"):
%
```

```
% n_periods -> Number of periods to be run.
% dsfx -> Matrix that contains the exchange rate for each sales
%         market (first index) and for every period second
%         index) plus the initial period (period 0). The number
%         of rows of this input must be equal to the number of
%         markets. For the domestic market, the exchange rate
%         for the currency of the foreign competitors must be
%         also given. The number of columns must be the number
%         of periods +1.
% dpfx ->  Matrix that contains the exchange rates for each
%          procurement market (first index) and for every
%          period (second index) plus the initial period
%          (period 0). The number of columns must be the number
%          of periods +1.
% dffx -> Exchange rate for each financial market (first index)
%         and for every period (second index) plus the initial
%         period (period 0). The number of columns must be the
%         number of periods +1.
% MNC -> Number of Competitors per Market. This parameter is a
%        column vector. The number of rows must be equal to the
%        number of markets in which the company operates.
% mark_fun -> Market function of each market. This input
%             parameter is a matrix containing on each row a
%             character string indicating the name of the
%             market function to be used for each market. The
%             market functions specified must be .m files
%             written in MATLAB code.
% OPD -> Own Price in Domestic market (and specified in %
%        domestic currency), at time 0. The maximum number of
%        rows of this parameter is one. If the company does not
%        operate in the domestic market, this paramter must be
%        specified as the void matrix '[]'.
% OPF -> Own Price in Foreign markets (and specified in foreign
%        currency), at time 0. The number of rows of this
%        parameter must be equal to the number of foreign
%        markets where the company operates. If the company
%        does not operate in any foreign market, this parameter
%        must be specified as the void matrix '[]'.
% PCF -> Price of the Competitors in Foreign currency at time
%        0. The price of each competitor is specified in a
%        different row of this matrix. If there are no
%        competitors, this parameter must be set to the void
%        matrix '[]'.
% PQ -> Produced Quantity in period 0.
% FPS -> Finished Product Storage in period 0.
% C -> Costs in period 0.
% PMS -> Prime Materials Storage in period 0.
% PDS -> Price of Domestic Suppliers in period 0 (set to [] for
```

```
%         those components for which there is no domestic
%         supplier).
% PFS -> Price of Foreign Suppliers in period 0 (in foreign
%         currency).
% DPIR -> Interest Rate for domestic (first row) and foreign
%          markets for interest rate payments made by the
%          company.
% DFIR -> Interest Rate for domestic (first row) and foreign
%          markets to determine the forward exchange rates.
% dalpha_ -> Relative Own Price increment for the domestic
%             market for time 1. If the option M is selected,
%             then the values for all periods must be included.
%             If the company does not operate in the domestic
%             market, this parameter must be specified as the
%             void matrix '[]'.
% option_dalpha_ -> Option selected for the variable dalpha_
%                    ('C', 'M'...) plus suboptions.
% dbeta_ -> Estimated relative price increment of competitors
%            for time 1. If the option M is selected, then the
%            values for all periods must be included. The number
%            of rows of this parameter must be the same as for
%            PCF_0. If there are no competitors, this parameter
%            must be set to the void matrix '[]'.
% option_dbeta_ -> Option selected for the variable dbeta_
%                   ('C', 'M'...) plus suboptions.
% dgamma_ -> Relative Own Price increment for the foreign
%             markets for time 1. If the option M is selected,
%             then the values for all periods must be included.
%             If the company does not operate in any foreign
%             market, this parameter must be specified as the
%             void matrix '[]'. The number of rows of this
%             parameter must be equal to the number of foreign
%             markets.
% option_dgamma_ -> Option selected for the variable dgamma_
%                    ('C', 'M'...) plus suboptions.
% DFCC -> Fixed Costs Coefficient for period 1. If the option
%          M is selected, then the values for all periods must
%          be included.
% option_DFCC -> Option selected for the variable DFCC ('C',
%                 'M'...) plus suboptions.
% dlambda_ -> Storage Coeficient planned for the next period.
%              If the option M is selected, then the values for
%              all periods must be included. The Storage
%              Coeficient is calculated as the ratio of the
%              amount of stored units (Finished Product Storage
%              - FPS) in the period to the total amount of sold
%              units in that same period:
%                  lambda = FPS (i)/ [QD (i) + SUM(QF (i))]
```

```
%            where QD is the quantity of sales in the domestic
%            markets and QF is the quantity of sales in each
%            foreign market. This parameter is an input and
%            must be calculated and passed to the simulator.
% option_dlambda_ -> Option selected for the variable dlambda_
%                    ('C', 'M'...) plus suboptions.
% ddelta_ -> Estimated increase in the price of prime materials
%           from domestic suppliers for period 1. If the
%           option M is selected, then the values for all
%           periods must be included.
% option_ddelta_ -> Option selected for the variable ddelta_
%                   ('C', 'M'...) plus suboptions.
% dnu_ -> Estimated increase in the price of the component from
%        foreign suppliers for period 1. If the option M is
%        selected, then the values for all periods must be
%        included.
% option_dnu_ -> Option selected for the variable dnu_ ('C',
%                'M'...) plus suboptions.
% depsilon_ -> Estimated increase in the price of the component
%             from domestic supplier for period 1. If the
%             option M is selected, then the values for all
%             periods must be included.
% option_depsilon_ -> Option selected for the variable
%                     depsilon_ ('C', 'M'...) plus suboptions.
% dchi_ -> Estimated increase in the price of prime materials
%         from foreign suppliers for period 1. If the option M
%         is selected, then the values for all periods must be
%         included.
% option_dchi_ -> Option selected for the variable dchi_ ('C',
%                 'M'...) plus suboptions.
% DDC -> Debt Capital raised for financing the operations of
%       the company for period 1. If the option M is selected,
%       then the values for all periods must be included.
% option_DDC -> Option selected for the variable DDC ('C',
%               'M'...) plus suboptions.
% dpsi_ -> parameter vector for dividing the Debt Capital into
%         Debt Capital parts raised in different markets for
%         the period 1 (for every element it must be
%         0<=psi<=1; and the sum must be 1). If the option M
%         is selected, then the values for all periods must be
%         included.
% option_dpsi_ -> Option selected for the variable dpsi_ ('C',
%                 'M'...) plus suboptions.
% DFTFX -> Forward transactions in foreign exchange (FTFX > 0
%         -> purchase of foreign currency, FTFX < 0 -> sale of
%         foreign currency) for the first period. If the
%         option M is selected, then the values for all
%         periods must be included.
```

```
% option_DFTFX -> Option selected for the variable DFTFX ('C',
%                  'M'...) plus suboptions.
%
% Martin Rietsch, 2004.

function [DTCF, DSCFIN, DMCFIN, DPCFOUT, DPCFCOUT, DMSQ, ...
          DDPROFINCF] = DCOMSIM (g_filename)
% Local variables:
% cp -> current period (index variable for the loop over the
%       periods)
% g_filename -> Name of the file with the global inputs.
% d_filename -> Name of the file with inputs for the DFC
% cp_filename -> Name of the file with the inputs for the
%                current period.
% O_flag -> 1 => There is at least one variable for which the
%                option 'O' was selected
%           0 => There were no variables for which the option
%                'O' was selected

% Load number of periods
load (g_filename, 'n_periods');

% Previous calculations, configuration and initalisation of
% vectors
[d_filename, O_flag] = DFC (g_filename);

% First period

% 1) Prepare input for COMSIM in file named
%    SCOMSIM_INPUT_P1.MAT
cp_filename = CIC (1, d_filename);

% 2) Call COMSIM with the created input file
[DTCF, DSCFIN, DMCFIN, DPCFOUT, DPCFCOUT, DMSQ, ...
 DDPROFINCF] = COMSIM (cp_filename);

% Remaining periods

for cp = (2:n_periods),

    % 1) Save accumulated cashflow information in the output
    % file.
    save 'SCOMSIM_OUTPUT' DTCF DSCFIN DMCFIN DPCFOUT ...
         DPCFCOUT DMSQ DDPROFINCF -APPEND

    % 2) Call to a subfunction that calculates the values of
    % those variables which depend on the result from the
    % previous period
```

```
    DFM (d_filename, 'SCOMSIM_OUTPUT', cp, O_flag);

    % 3) Prepare input for COMSIM in file named
    % SCOMSIM_INPUT_PX.MAT, where X is the number of the
    % current period.
    cp_filename = CIC (cp, d_filename);

    % 4) Call COMSIM with the created input file
    [DTCF(:,cp), DSCFIN(:,cp), DMCFIN(:,cp), DPCFOUT(cp), ...
     DPCFCOUT(:,cp), DMSQ(:,cp), DDPROFINCF(:,cp)] = ...
     COMSIM (cp_filename);
end;
```

DFC.m

```
% DFC Dynamic File Configurator
%
% Format:
%       [d_filename, O_Flag] = DFC (g_filename)
%
% Martin Rietsch, 2004

function [d_filename, O_flag] = DFC (g_filename)

% Load the input variables:
load (g_filename);

d_filename = 'CIC_Input';
O_flag = 0;

% Inputs for MARKREV
save (d_filename, 'dsfx');  % The file will be saved in
                            % MATLAB7/work
save (d_filename, 'OPD', '-APPEND');
save (d_filename, 'OPF', '-APPEND');
save (d_filename, 'MNC', '-APPEND');
save (d_filename, 'PCF', '-APPEND');
save (d_filename, 'mark_fun', '-APPEND');
if (all(size(dalpha_)) ~= 0),
    [dalpha_, flag] = Initialise_Variable (dalpha_, ...
                      option_dalpha_, g_filename, n_periods);
    O_flag = O_flag || flag;
    save (d_filename, 'dalpha_', '-APPEND');
    save (d_filename, 'option_dalpha_', '-APPEND');
end;
if (all(size(dbeta_)) ~= 0),
    [dbeta_, flag] = Initialise_Variable (dbeta_, ...
                       option_dbeta_, g_filename, n_periods);
```

```
    O_flag = O_flag || flag;
    save (d_filename, 'dbeta_', '-APPEND');
    save (d_filename, 'option_dbeta_', '-APPEND');
end;
if (all(size(dgamma_)) ~= 0),
    [dgamma_, flag] = Initialise_Variable (dgamma_, ...
                      option_dgamma_, g_filename, n_periods);
    O_flag = O_flag || flag;
    save (d_filename, 'dgamma_', '-APPEND');
    save (d_filename, 'option_dgamma_', '-APPEND');
end;

% Inputs for PROCOST
save (d_filename, 'dpfx', '-APPEND');
save (d_filename, 'PQ', '-APPEND');
save (d_filename, 'FPS', '-APPEND');
save (d_filename, 'C', '-APPEND');
save (d_filename, 'PMS', '-APPEND');
save (d_filename, 'PDS', '-APPEND');
save (d_filename, 'PFS', '-APPEND');
if (all(size(DFCC)) ~= 0),
    [DFCC, flag] = Initialise_Variable (DFCC, option_DFCC, ...
                                        g_filename, n_periods);
    O_flag = O_flag || flag;
    save (d_filename, 'DFCC', '-APPEND');
    save (d_filename, 'option_DFCC', '-APPEND');
end;
if (all(size(dlambda_)) ~= 0),
    [dlambda_, flag] = Initialise_Variable (dlambda_, ...
                       option_dlambda_, g_filename, n_periods);
    O_flag = O_flag || flag;
    save (d_filename, 'dlambda_', '-APPEND');
    save (d_filename, 'option_dlambda_', '-APPEND');
end;
if (all(size(ddelta_)) ~= 0),
    [ddelta_, flag] = Initialise_Variable (ddelta_, ...
                      option_ddelta_, g_filename, n_periods);
    O_flag = O_flag || flag;
    save (d_filename, 'ddelta_', '-APPEND');
    save (d_filename, 'option_ddelta_', '-APPEND');
end;
if (all(size(deta_)) ~= 0),
    [deta_, flag] = Initialise_Variable (deta_, ...
                        option_deta_, g_filename, n_periods);
    O_flag = O_flag || flag;
    save (d_filename, 'deta_', '-APPEND');
    save (d_filename, 'option_deta_', '-APPEND');
end;
```

```
if (all(size(depsilon_)) ~= 0),
    [depsilon_, flag] = Initialise_Variable (depsilon_, ...
                        option_depsilon_, g_filename, n_periods);
    O_flag = O_flag || flag;
    save (d_filename, 'depsilon_', '-APPEND');
    save (d_filename, 'option_depsilon_', '-APPEND');
end;
if (all(size(dzeta_)) ~= 0),
    [dzeta_, flag] = Initialise_Variable (dzeta_, ...
                        option_dzeta_, g_filename, n_periods);
    O_flag = O_flag || flag;
    save (d_filename, 'dzeta_', '-APPEND');
    save (d_filename, 'option_dzeta_', '-APPEND');
end;

% Inputs for PROFINCF
save (d_filename, 'dffx', '-APPEND');
save (d_filename, 'DPIR', '-APPEND');
save (d_filename, 'DFIR', '-APPEND');
if (all(size(DDC)) ~= 0),
    [DDC, flag] = Initialise_Variable (DDC, option_DDC, ...
                                        g_filename, n_periods);
    O_flag = O_flag || flag;
    save (d_filename, 'DDC', '-APPEND');
    save (d_filename, 'option_DDC', '-APPEND');
end;
if (all(size(dpsi_)) ~= 0),
    [dpsi_, flag] = Initialise_Variable (dpsi_, ...
                        option_dpsi_, g_filename, n_periods);
    O_flag = O_flag || flag;
    save (d_filename, 'dpsi_', '-APPEND');
    save (d_filename, 'option_dpsi_', '-APPEND');
end;
if (all(size(DFTFX)) ~= 0),
    [DFTFX, flag] = Initialise_Variable (DFTFX, ...
                        option_DFTFX, g_filename, n_periods);
    O_flag = O_flag || flag;
    save (d_filename, 'DFTFX', '-APPEND');
    save (d_filename, 'option_DFTFX', '-APPEND');
end;

end
```

Initialise_Variable.m

```
% Initialise_Variable according to the option of the user
%
% Format:
%       [out, flag] = Initialise_Variable (in_0, option,...
%                                         g_filename, n)
%
% Programmed by Martin Rietsch, 2004
%
function [out, flag] = Initialise_Variable (in_0, option, ...
                                           g_filename, n)

if size (option) == 0,
    option = 'C';      % The option by default is 'C'
end

flag = 0;

switch option (1)
    case 'C',
        if (ndims (in_0) == 2)&&(size (in_0, 2) == 1),
           out = in_0;
           for i=(1:n-1),
               out = cat (2, out, in_0);
           end
        else,
            error ('Variable has more than 1 dimension');
        end;
    case 'M',
        out = in_0;
    case 'L',
        switch option (2)
            case 'u',
                out = User_Specified_Option (in_0, option, ...
                                            g_filename);
                % Linked to external variables (fx rates or
                % inflation rates)
            otherwise
                error('This specification code for linking ...
                      variables is not valid')
            end
    case 'O',
        out = in_0; % This variable depends on the output of
                    % the next period. At this point, only its
                    % initial value is known.
        flag = 1;
end
```

User_Specified_Option.m

```
% User_Specified_Option
%
% Format:
%     out = User_Specified_Option (in, option, filename, ...
%                                  period)
%
% Option -> a string, whose first two characters are 'Lu' or
%           'Ou'. The 3rd and 4th characters indicate the
%           number nv of variables on which the variable "Out"
%           depends on (without counting the period number and
%           the past values of the variable itself). The next
%           2*v characters indicate the code of the variables
%           (see decoder.m). The last characters indicate the
%           name of the .m file where the dependency function
%           is specified (this function must take as many
%           arguments as indicated on v).
% Period -> current period. Not used when option is 'L...'
%
% Martin Rietsch, 2004

function out = User_Specified_Option (in, option, filename, ...
                                      period)
% Local variables:
% nv --> Number of variables of the user specified function
% var_codes --> vector containing the numerical codes of the
%               variables
% var_name --> character strings with the names of each
%              variable
% argin --> arguments to be passed to the function indicated by
%           the user

nv = str2num ([option(3) option(4)]);

for i = (5:2:4+2*nv),
    var_codes ((i-5)/2+1) = str2num ([option(i) option(i+1)]);
end;

load (filename); % Load the input workspace

for i = (1:nv),
    % Obtain variables from codes
    if (option (1) == 'L'),
        var_name = decoder1 (var_codes(i));
    else
        var_name = decoder2 (var_codes(i));
    end;
```

```
    argin (i) = {eval(var_name)};
end;

if (option (1) == 'O'),      % IMPORTANT: The user specified
                             % function must have as two
    argin (i+1) = {period};  % last input arguments the current
                             % period and the variable
    argin (i+2) = {in};      % being calculated and it must be
                             % in this order!
end;

function_name = option (5+2*nv:length(option));

if (option (1) == 'L'),
    out = feval (function_name, argin {:});
else
    out = in;
    out (:, period) = feval (function_name, argin {:});
end;

end
```

decoder1.m

```
% DECODER1 Translates a numerical code into a variable name
%
% Codes:
%    C            -- 00  --> Only with 'O' option
%    dalpha_      -- 01
%    dbeta_       -- 02
%    dzeta_       -- 03
%    DDC          -- 04
%    ddelta_      -- 05
%    depsilon_    -- 06
%    DFCC         -- 07
%    dffx         -- 08
%    DFTFX        -- 09
%    dgamma_      -- 10
%    DFIR         -- 11
%    DPIR         -- 12
%    dlambda_     -- 13
%    deta_        -- 14
%    dpfx         -- 15
%    DPMS         -- 16  --> Only with 'O' option
%    dpsi_        -- 17
%    dsfx         -- 18
%    FPS          -- 19  --> Only with 'O' option
%    OPD          -- 20  --> Only with 'O' option
```

```
%   OPF          -- 21  --> Only with 'O' option
%   PCF          -- 22  --> Only with 'O' option
%   PDS          -- 23  --> Only with 'O' option
%   PFS          -- 24  --> Only with 'O' option
%   PQ           -- 25  --> Only with 'O' option
%
% Programmed by Martin Rietsch, 2004

function name = decoder1 (number)

code = {'C';'dalpha_';'dbeta_';'dzeta_';'DDC';'ddelta_'; ...
        'depsilon_';'DFCC';'dffx';'DFTFX';'dgamma_';'DFIR'; ...
        'DPIR';'dlambda_';'deta_';'dpfx';'DPMS';'dpsi_'; ...
        'dsfx';'FPS';'OPD';'OPF';'PCF';'PDS';'PFS';'PQ'};

name = cell2mat (code (number+1));

end
```

CIC.m

```
% CIC COMSIM Input Configurator
%
% This function prepares the inputs for the use in ComSim for
% each period
%
function cp_filename = CIC (period, d_filename);

% Load file where all necessary variables are stored
load (d_filename);

% Name of file where the inputs for the first period will be
% stored
cp_filename = ['SCOMSIM_INPUT_P' num2str(period)];

% Inputs for MARKREV
if (exist('dsfx')&&(all(size(dsfx)) ~= 0)),
    sfx_0 = dsfx (:,period);
    save (cp_filename, 'sfx_0') % The file will be saved in
                                % MATLAB7/work
    sfx_1 = dsfx (:,period+1);
    save (cp_filename, 'sfx_1', '-APPEND');
else
    sfx_0 = [];
    sfx_1 = [];
    save (cp_filename, 'sfx_0'); % The file will be saved in
                                 % MATLAB7/work
    save (cp_filename, 'sfx_1', '-APPEND');
```

```
end;
if (exist('OPD')&&(all(size(OPD)) ~= 0)),
    OPD_0 = OPD (:,period);
    save (cp_filename, 'OPD_0', '-APPEND');
else
    OPD_0 = [];
    save (cp_filename, 'OPD_0', '-APPEND');
end;
if (exist('OPF')&&(all(size(OPF)) ~= 0)),
    OPF_0 = OPF (:,period);
    save (cp_filename, 'OPF_0', '-APPEND');
else
    OPF_0 = [];
    save (cp_filename, 'OPF_0', '-APPEND');
end;
if (exist('MNC')&&(all(size(MNC)) ~= 0)),
    save (cp_filename, 'MNC', '-APPEND');
else
    MNC = [];
    save (cp_filename, 'MNC', '-APPEND');
end;
if (exist('PCF')&&(all(size(PCF)) ~= 0)),
    PCF_0 = PCF (:,period);
    save (cp_filename, 'PCF_0', '-APPEND');
else
    PCF_0 = [];
    save (cp_filename, 'PCF_0', '-APPEND');
end;
if (exist('dalpha_')&&(all(size(dalpha_)) ~= 0)),
    alpha_ = dalpha_ (:,period);
    save (cp_filename, 'alpha_', '-APPEND');
else
    alpha_ = [];
    save (cp_filename, 'alpha_', '-APPEND');
end;
if (exist('dbeta_')&&(all(size(dbeta_)) ~= 0)),
    beta_ = dbeta_ (:,period);
    save (cp_filename, 'beta_', '-APPEND');
else
    beta_ = [];
    save (cp_filename, 'beta_', '-APPEND');
end;
if (exist('dgamma_')&&(all(size(dgamma_)) ~= 0)),
    gamma_ = dgamma_ (:,period);
    save (cp_filename, 'gamma_', '-APPEND');
else
    gamma_ = [];
    save (cp_filename, 'gamma_', '-APPEND');
```

```
end;
if (exist('mark_fun')&&(all(size(mark_fun)) ~= 0)),
    save (cp_filename, 'mark_fun', '-APPEND');
else
    mark_fun = [];
    save (cp_filename, 'mark_fun', '-APPEND');
end;

% Inputs for PROCOST
if (exist('dpfx')&&(all(size(dpfx)) ~= 0)),
    pfx_0 = dpfx (:,period);
    save (cp_filename, 'pfx_0', '-APPEND');
    pfx_1 = dpfx (:,period + 1);
    save (cp_filename, 'pfx_1', '-APPEND');
else
    pfx_0 = [];
    pfx_1 = [];
    save (cp_filename, 'pfx_0', '-APPEND');
    save (cp_filename, 'pfx_1', '-APPEND');
end;
if (exist('PQ')&&(all(size(PQ)) ~= 0)),
    PQ_0 = PQ (:,period);
    save (cp_filename, 'PQ_0', '-APPEND');
else
    PQ_0 = [];
    save (cp_filename, 'PQ_0', '-APPEND');
end;
if (exist('FPS')&&(all(size(FPS)) ~= 0)),
    FPS_0 = FPS (:,period);
    save (cp_filename, 'FPS_0', '-APPEND');
else
    FPS_0 = [];
    save (cp_filename, 'FPS_0', '-APPEND');
end;
if (exist('C')&&(all(size(C)) ~= 0)),
    C_0 = C (:,period);
    save (cp_filename, 'C_0', '-APPEND');
else
    C_0 = [];
    save (cp_filename, 'C_0', '-APPEND');
end;
if (exist('DFCC')&&(all(size(DFCC)) ~= 0)),
    FCC = DFCC (:,period);
    save (cp_filename, 'FCC', '-APPEND');
else
    FCC = [];
    save (cp_filename, 'FCC', '-APPEND');
end;
```

```
if (exist('PMS')&&(all(size(PMS)) ~= 0)),
    PMS_0 = PMS (:,period);
    save (cp_filename, 'PMS_0', '-APPEND');
else
    PMS_0 = [];
    save (cp_filename, 'PMS_0', '-APPEND');
end;
if (exist('PDS')&&(all(size(PDS)) ~= 0)),
    PDS_0 = PDS (:,period);
    save (cp_filename, 'PDS_0', '-APPEND');
else
    PDS_0 = [];
    save (cp_filename, 'PDS_0', '-APPEND');
end;
if (exist('PFS')&&(all(size(PFS)) ~= 0)),
    PFS_0 = PFS (:,period);
    save (cp_filename, 'PFS_0', '-APPEND');
else
    PFS_0 = [];
    save (cp_filename, 'PFS_0', '-APPEND');
end;
if (exist('dlambda_')&&(all(size(dlambda_)) ~= 0)),
    lambda_ = dlambda_ (:,period);
    save (cp_filename, 'lambda_', '-APPEND');
else
    lambda_ = [];
    save (cp_filename, 'lambda_', '-APPEND');
end;
if (exist('ddelta_')&&(all(size(ddelta_)) ~= 0)),
    delta_ = ddelta_ (:,period);
    save (cp_filename, 'delta_', '-APPEND');
else
    delta_ = [];
    save (cp_filename, 'delta_', '-APPEND');
end;
if (exist('deta_')&&(all(size(deta_)) ~= 0)),
    eta_ = deta_ (:,period);
    save (cp_filename, 'eta_', '-APPEND');
else
    eta_ = [];
    save (cp_filename, 'eta_', '-APPEND');
end;
if (exist('depsilon_')&&(all(size(depsilon_)) ~= 0)),
    epsilon_ = depsilon_ (:,period);
    save (cp_filename, 'epsilon_', '-APPEND');
else
    epsilon_ = [];
    save (cp_filename, 'epsilon_', '-APPEND');
```

```
end;
if (exist('dzeta_')&&(all(size(dzeta_)) ~= 0)),
    zeta_ = dzeta_ (:,period);
    save (cp_filename, 'zeta_', '-APPEND');
else
    zeta_ = [];
    save (cp_filename, 'zeta_', '-APPEND');
end;

% Inputs for PROFINCF
if (exist('dffx')&&(all(size(dffx)) ~= 0)),
    ffx_0 = dffx (:,period);
    save (cp_filename, 'ffx_0', '-APPEND');
    ffx_1 = dffx (:,period + 1);
    save (cp_filename, 'ffx_1', '-APPEND');
else
    ffx_0 = [];
    ffx_1 = [];
    save (cp_filename, 'ffx_0', '-APPEND');
    save (cp_filename, 'ffx_1', '-APPEND');
end;
if (exist('DDC')&&(all(size(DDC)) ~= 0)),
    DC = DDC (:,period);
    save (cp_filename, 'DC', '-APPEND');
else
    DC = [];
    save (cp_filename, 'DC', '-APPEND');
end;
if (exist('dpsi_')&&(all(size(dpsi_)) ~= 0)),
    psi_ = dpsi_ (:,period);
    save (cp_filename, 'psi_', '-APPEND');
else
    psi_ = [];
    save (cp_filename, 'psi_', '-APPEND');
end;
if (exist('DPIR')&&(all(size(DPIR)) ~= 0)),
    PIR = DPIR (:,period);
    save (cp_filename, 'PIR', '-APPEND');
else
    PIR = [];
    save (cp_filename, 'PIR', '-APPEND');
end;
if (exist('DFIR')&&(all(size(DFIR)) ~= 0)),
    FIR = DFIR (:,period);
    save (cp_filename, 'FIR', '-APPEND');
else
    FIR = [];
    save (cp_filename, 'FIR', '-APPEND');
```

```
end;
if (exist('DFTFX')&&(all(size(DFTFX)) ~= 0)),
    FTFX = DFTFX (:,period);
    save (cp_filename, 'FTFX', '-APPEND');
else
    FTFX = [];
    save (cp_filename, 'FTFX', '-APPEND');
end;

end
```

ComSim.m

```
% COMSIM COrporate Model SIMulator
%
% Format:
%          [TCF, SCFIN, MCFIN, PCFOUT, PCFCOUT, MSQ] = ...
           COMSIM (filename)
% Outputs:
%
% TCF -> Total Cash FLow
% SCFIN -> Sales Cash Flow INcome
% MCFIN -> Cash Flow INcome per Market
% PCFOUT -> Procurement Cash Flow OUT
% PCFCOUT -> Procurement Cash Flow per Component OUT
% MSQ -> Sold Quantity forecast per Market
% DPROFINCF -> Debt PROcurement FINancing Cash Flow
% output file -> In this version, an output file is created by
%                COMSIM and stored in the MATLAB7/work folder.
%                This file contains all outputs of the
%                simulation, plus intermediate outputs that are
%                necessary for the dynamic extension. The name
%                of the file is 'SCOMSIM_OUTPUT.mat'.
%
% Inputs:
%
% sfx_0 -> Matrix that contains the exchange rate at time 0 for
%          each sales market. The number of rows of this input
%          must be equal to the number of markets. For the
%          domestic market, the exchange rate for the currency
%          of the foreign competitors must be also given.
% sfx_1 -> Matrix that contains the predicted exchange rate at
%          time 1 for each sales market. The number of rows of
%          this input must be equal to the number of markets.
%          For the domestic market, the exchange rate
%          prediction for  the currency of the foreign
%          competitors must be also given.
% OPD_0 -> Own Price in Domestic market (and specified in
```

```
%          domestic currency), at time 0. The maximum number of
%          rows of this parameter is one. If the of this
%          parameter is one. If the company does not operate in
%          the domestic market, this parameter must be
%          specified as the void matrix '[]'.
% OPF_0 -> Own Price in Foreign markets (and specified in
%          foreign currency), at time 0. The number of rows of
%          this parameter must be equal to the number of
%          foreign markets where the company operates. If the
%          company does not operate in any foreign market, this
%          parameter must be specified as the void matrix '[]'.
% MNC -> Number of Competitors per Market. This parameter is a
%        column vector. The number of rows must be equal to the
%        number of markets in which the company operates.
% PCF_0 -> Price of the Competitors in Foreign currency at time
%          0. The price of each competitor is specified in a
%          different row of this matrix. If there are no
%          competitors, this parameter must be set to the void
%          matrix '[]'.
% alpha_ -> Relative Own Price increment for the domestic
%           market for time 1. If the company does not operate
%           in the domestic market, this parameter must be
%           specified as the void matrix '[]'.
% beta_ -> Estimated relative price increment of competitors
%          for time 1. The number of rows of this parameter
%          must be the same as for PCF_0. If there are no
%          competitors, this parameter must be set to the void
%          matrix '[]'.
% gamma_ -> Relative Own Price increment for the foreign
%           markets for time 1. If the company does not operate
%           in any foreign market, this parameter must be
%           specified as the void matrix '[]'. The number of
%           rows of this parameter must be equal to the number
%           of foreign markets.
% mark_fun -> Market function of each market. This input
%             parameter is a matrix containing on each row a
%             character string indicating the name of the
%             market function to be used for each market. The
%             market functions specified must be .m files
%             written in MATLAB code.
% pfx_0 -> Matrix that contains the exchange rates at time 0
%          for each procurement market.
% pfx_1 -> Matrix that contains the predicted exchange rates at
%          time 1 for each procurement market.
% PQ_0 -> Produced Quantity in period 0.
% FPS_0 -> Finished Product Storage in period 0.
% C_0 -> Costs in period 0.
% FCC -> Fixed Costs Coefficient.
```

```
% PMS_0 -> Prime Materials Storage in period 0.
% PDS_0 -> Price of Domestic Suppliers in period 0 (set to -1
%          for those components for which there is no domestic
%          supplier).
% PFS_0 -> Price of Foreign Suppliers in period 0 (in foreign
%          currency).
% lambda_ -> Storage Coefficient planned for the next period.
%            The Storage Coefficient is calculated as the ratio
%            of the amount of stored units (Finished Product
%            Storage - FPS) in the period to the total amount
%            of sold units in that same period:
%                lambda = FPS (i)/ [QD (i) + SUM(QF (i))]
%           where QD is the quantity of sales in the domestic
%           markets and QF is the quantity of sales in each
%           foreign market. This parameter is an input and must
%           be calculated and passed to the simulator.
% delta_ -> Estimated increase in the price of prime materials
%           from domestic suppliers for period 1.
% nu_ -> Estimated increase in the price of the component from
%        foreign suppliers for period 1.
% epsilon_ -> Estimated increase in the price of the component
%             from domestic supplier for period 1.
% chi_ -> Estimated increase in the price of prime materials
%         from foreign suppliers for period 1.
%
% ffx_0 -> exchange rate for each financial market at time 0.
% ffx_1 -> exchange rate for each financial market at time 1.
% DC -> Debt Capital raised for financing the operations of the
%       company for period 1.
% psi_ -> parameter vector for dividing the Debt Capital into
%         Debt Capital parts raised in different markets (for
%         every element it must be 0<=psi<=1; and the sum must
%         be 1).
% PIR -> Interest Rate for domestic (first row) and foreign
%        markets for interest rate payments made by the
%        company.
% FIR -> Interest Rate for domestic (first row) and foreign
%        markets to determine the forward exchange rates.
% FTFX -> Forward transactions in foreign exchange (FTFX > 0 ->
%         purchase of foreign currency, FTFX < 0 -> sale of
%         foreign currency)
%
% Changes with respect to version 0:
% 1) An output file 'SCOMSIM_OUTPUT.mat' is produced.
%
% Martin Rietsch, 2004.

function [TCF, SCFIN, MCFIN, PCFOUT, PCFCOUT, MSQ, ...
```

```
          DPROFINCF] = COMSIM (filename);
% Local variables:

% Load the input variables stored in the file given in filename
load (filename);

% Create the output file SCOMSIM_OUTPUT.mat
save 'SCOMSIM_OUTPUT.mat' filename;

% Calculate market revenues for next period
[MCFIN, MSQ] = MARKREV (sfx_0, sfx_1, OPD_0, OPF_0, MNC, ...
                       PCF_0, alpha_, beta_, gamma_, mark_fun);

% Calculate procurement costs for the next period
if (all(size (FCC) ~= 0)),
   [PCFOUT, PCFCOUT] = PROCOST (pfx_0, pfx_1, PQ_0, FPS_0, ...
               sum(MSQ), C_0, FCC, PMS_0, PDS_0, PFS_0, ...
               lambda_, delta_, eta_, epsilon_, zeta_);
else
   PCFOUT = 0;
   PCFCOUT = 0;
end;

% Calculate procurement financial inputs for the next period
if (all(size(PIR)) ~= 0)||(all(size(FTFX) ~= 0)),
   DPROFINCF = PROFINCF (ffx_0, ffx_1, DC, psi_, PIR, ...
                         FIR, FTFX);
else
   DPROFINCF = 0;
end;

% Calculate total cash flow:
SCFIN = sum (MCFIN);
TCF = SCFIN - PCFOUT + DPROFINCF;

% Save output into output file:
save 'SCOMSIM_OUTPUT.mat' TCF SCFIN MCFIN PCFOUT PCFCOUT ...
     MSQ DPROFINCF -APPEND
```

MARKREV.m

```
% MARKREV Calculate MARKet REVenue for next period
%
% Format:
%        [MCFIN, MSQ] = MARKREV (fx_0, fx_1, OPD_0, OPF_0,...
%                MNC, PCF_0, alpha_, beta_, gamma_, mark_fun);
%
% NOTE: This function assumes that a file named
```

```
% 'SCOMSIM_OUTPUT.mat' exists already.
%
% Martin Rietsch, 2004.

function [MCFIN, MSQ] = MARKREV (sfx_0, sfx_1, OPD_0, OPF_0,...
                  MNC, PCF_0, alpha_, beta_, gamma_, mark_fun);
% Local Variables
% DM -> flag for Domestic Market |0-> companny does not operate
%                                     in domestic market
%                                |1-> companny operates in
%                                     domestic market
% NF -> Number of Foreign markets in which the company
%       operates.

% Calculate DM
if (size(alpha_) == 0),
   DM = 0;
else
   DM = 1;
end;

% Calculate NF
NF = size (gamma_, 1);

% Calculate cash flows in each market
j = 0;
% Domestic Market:
if (DM),
   if (MNC(1) == 0),
      [MCFIN, MSQ] = DMREV ([], [], OPD_0, [], alpha_, [],...
                           mark_fun (1,:));
   else
      [MCFIN, MSQ, PCF_1] = DMREV (sfx_0 (1, :), ...
       sfx_1 (1, :), OPD_0, PCF_0 (1:MNC(1),:), alpha_, ...
       beta_ (1:MNC(1),:), mark_fun (1,:));
   end;
   j = MNC (1);  % Auxiliary index for the PCF_0 matrix.
end;
% Foreign Markets:
if DM,
   flag = (MNC(1) == 0);
else
   flag = 0;
end;
for i=((1:NF)+DM),
   if (MNC(i) == 0),
      [aux_1, aux_2, OPF_1(i-DM)] = ...
       FMREV (sfx_0 (i-flag, :), sfx_1 (i-flag, :), ...
```

```
        OPF_0 (i-DM), [], gamma_ (i-DM,:), [], mark_fun (i,:));
    else
        [aux_1, aux_2, OPF_1(i-DM), PCF_1((1:MNC(i))+j,:)] = ...
        FMREV (sfx_0 (i-flag, :), sfx_1 (i-flag, :), ...
        OPF_0 (i-DM), PCF_0 ((1:MNC(i))+j,:), ...
        gamma_ (i-DM,:), beta_ ((1:MNC(i))+j,:), ...
        mark_fun (i,:));
    end;
    MCFIN (i,:) = aux_1;
    MSQ (i,:) = aux_2;
    j = j + MNC (i);
end;

% Save intermediate results in output file
if size(OPF_0,1) < 1 |OPF_0 == 0
    OPF_1 = 0;
end
if size(PCF_0,1) < 1 | PCF_0 == 0
    PCF_1 = 0;
end
save 'SCOMSIM_OUTPUT.mat' OPF_1 PCF_1 -APPEND;
```

DMREV.m

```
% DMREV Domestic Market Revenue
%
% Format: [DMDCFIN, SQDM] = DMREV (fx_0, fx_1, OPD_0, ...
%                               PCF_0, alpha_, beta_, mark_fun);
%
% mark_fun is an inline object that specifies the market
% reaction function. It should be a function of the own price
% in the domestic currency (OPD) and the price of the different
% competitors in the domestic currency (PCD), in that order.
% Additionally, the order of the competitors' prices must be
% the same as the order in which they are specified in the
% input arguments.
%
% NOTE: This function assumes that a file named
% 'SCOMSIM_OUTPUT.mat' exists already.
%
% Martin Rietsch, 2004.

function [DMDCFIN, SQDM, PCF_1] = DMREV (fx_0, fx_1, OPD_0, ...
                               PCF_0, alpha_, beta_, mark_fun);

NC = size (PCF_0, 1);

FXratio0 = (fx_1 - fx_0)./fx_0;
```

```
OPD_1 = OPD_0.*(1 + alpha_);
PCD_1 = PCF_0.*fx_0.*(1 + beta_).*(1 + FXratio0);
PCF_1 = PCF_0.*(1 + beta_);

switch NC,
 case 0,
   SQDM = feval (mark_fun, OPD_1);
 case 1,
   SQDM = feval (mark_fun, OPD_1, PCD_1);
 case 2,
   SQDM = feval (mark_fun, OPD_1, PCD_1(1, :), PCD_1(2, :));
 case 3,
   SQDM = feval (mark_fun, OPD_1, PCD_1(1, :), PCD_1(2, :), ...
                 PCD_1(3,:));
end;

DMDCFIN = OPD_1.*SQDM;

% Save intermediate results in output file
save 'SCOMSIM_OUTPUT.mat' OPD_1 -APPEND;
```

FMREV.m

```
% FMREV Foreign Market Revenue
%
% Format: [FMDCFIN, SQFM, OPF_1, PCF_1] = FMREV (fx_0, fx_1,...
                         OPF_0, PCF_0, gamma_, beta_, mark_fun);
%
% mark_fun is an inline object that specifies the market
% reaction function. It should be a function of the own price
% in the foreign currency (OPF) and the price of the different
% competitors in the foreign currency (PCF), in that order.
% Additionally, the order of the competitors' prices must be
% the same as the order in which they are specified in the
% input arguments.
%
% Martin Rietsch, 2004.

function [FMDCFIN, SQFM, OPF_1, PCF_1] = FMREV (fx_0, fx_1, ...
                         OPF_0, PCF_0, gamma_, beta_, mark_fun);

NC = size (PCF_0, 1);

FXratio1 = (fx_0 - fx_1)./fx_1;

OPF_1 = OPF_0.*(1 + gamma_).*(1 + FXratio1);
PCF_1 = PCF_0.*(1 + beta_);
```

```
switch NC,
 case 0,
   SQFM = feval (mark_fun, OPF_1);
 case 1,
   SQFM = feval (mark_fun, OPF_1, PCF_1);
 case 2,
   SQFM = feval (mark_fun, OPF_1, PCF_1(1, :), PCF_1(2, :));
 case 3,
   SQFM = feval (mark_fun, OPF_1, PCF_1(1, :), PCF_1(2, :), ...
                 PCF_1(3,:));
end;

FMDCFIN = OPF_1.*SQFM.*fx_1;
```

PROCOST.m

```
% PROCOST Calculate PROCurement COSTs for the next period
%
% Format:
%
% [PCFOUT, PCFCOUT] = PROCOST (fx_0, fx_1, PQ_0, FPS_0, ...
%  SQ_1, C_0, FCC, PMS_0, PDS_0, PFS_0, lambda_, delta_, ...
%  eta_, epsilon_, zeta_);
%
% Outputs:
%
% PCFOUT -> Procurement Cash Flow OUT
% PCFCOUT -> Procurement Cash Flow per Component OUT
%
% Inputs:
% fx_0 -> Matrix that contains the exchange rates at time 0
%         for each procurement market.
% fx_1 -> Matrix that contains the predicted exchange rates at
%         time 1 for each procurement market.
% PQ_0 -> Produced Quantity in period 0.
% FPS_0 -> Finished Product Storage in period 0.
% SQ_1 -> Sold Quantity prediction for period 1 (total).
% C_0 -> Costs in period 0.
% FCC -> Fixed Costs Coefficient.
% PMS_0 -> Prime Materials Storage in period 0.
% PDS_0 -> Price of Domestic Suppliers in period 0 (set to -1
%          for those components for which there is no domestic
%          supplier).
% PFS_0 -> Price of Foreign Suppliers in period 0 (in foreign
%          currency).
% lambda_ -> Storage Coefficient planned for the next period.
%            The Storage Coeficient is calculated as the ratio
```

```
%            of the amount of stored units (Finished Product
%            Storage - FPS) in the period to the total amount
%            of sold units in that same period:
%                  lambda = FPS (i)/ [QD (i) + SUM(QF (i))]
%            where QD is the quantity of sales in the domestic
%            markets and QF is the quantity of sales in each
%            foreign market.
% delta_ -> Estimated increase in the price of prime materials
%           from domestic suppliers for period 1.
% eta_ -> Estimated increase in the price of the component from
%         foreign suppliers for period 1.
% epsilon_ -> Estimated increase in the price of the component
%             from domestic supplier for period 1.
% zeta_ -> Estimated increase in the price of prime materials
%          from foreign suppliers for period 1.
%
% NOTE 1: It is assumed that the data in the matrices C_0, FCC,
% PMS_0 is ordered in the following way: in the first rows the
% data for the components (prime material) for which there is
% only a domestic supplier must be listed; additionally, the
% ordering of this data  must correspond to the ordering in
% delta matrix (the number of rows must correspond to the
% number of rows in delta). After this data, the data for the
% components for which there is only one foreign supplier must
% be entered. Again, the number of elements and ordering of
% this data must correspond to the matrix nu. Finally, the data
% for those components for which there is both a domestic and a
% foreign supplier must be entered with their ordering of the
% matrices epsilon and chi.
%
% NOTE 2: The ordering of the exchange rates in the matrices
% fx_0 and fx_1 must have the same ordering as that of in
% matrices nu and chi.
%
% NOTE 3: This function assumes that a file named
% 'SCOMSIM_OUTPUT.mat' exists already.
%
% Programmed by Martin Rietsch, 2004.

function [PCFOUT, PCFCOUT] = PROCOST (fx_0, fx_1, PQ_0, ...
         FPS_0, SQ_1, C_0, FCC, PMS_0, PDS_0, PFS_0, ...
         lambda_, delta_, eta_, epsilon_, zeta_);
% Local variables:
% NC -> Number of components
% NCDS -> Number of Components for which there is only a
%         Domestic Supplier.
% NCFS -> Number of Components for which there is only a
%         Foreign Supplier.
```

```
% NCDFS -> Number of Components for which there are Domestic
%          and Foreign Suppliers.
% FPS_1 -> Finished Product Storage in period 1 (Intermediate
%          result for dynamic extension).
% PQ_1 -> Produced Quantity in period 1 (Intermediate result
%         for dynamic extension).
% C_1 -> Total procurement Costs for the component in period 1
%        (Intermediate result for dynamic extension).

% Calculate local variables:
NC = size (C_0, 1);
NCDS = size (delta_, 1);
NCFS = size (eta_, 1);
NCDFS = NC - NCDS - NCFS;

% Begin calculation of the cash flow out, for each component:
for i = (1:NCDS),
   [PCFCOUT(i,:),FPS_1_aux(i,:),PQ_1_aux(i,:),C_1(i,:), ...
    PMS_1(i,:)] = DMCOST (PQ_0, FPS_0, SQ_1, C_0 (i), ...
    FCC (i), PMS_0 (i), lambda_, delta_ (i));
end;

for i = (1:NCFS),
   [PCFCOUT(i+NCDS,:),FPS_1_aux(i+NCDS,:), ...
    PQ_1_aux(i+NCDS,:),C_1(i+NCDS,:),PMS_1(i+NCDS,:)] = ...
    FMCOST (fx_0 (i), fx_1 (i), PQ_0, FPS_0, SQ_1, ...
    C_0 (i+NCDS), FCC (i+NCDS), PMS_0 (i+NCDS), lambda_, ...
    eta_ (i));
end;

for i = (1:NCDFS),
   [PCFCOUT(i+NCFS+NCDS,:),FPS_1_aux(i+NCFS+NCDS,:), ...
    PQ_1_aux(i+NCFS+NCDS,:),C_1(i+NCFS+NCDS,:), ...
    PMS_1(i+NCFS++NCDS,:)] = DFMCOST (fx_0 (i+NCFS), ...
    fx_1 (i+NCFS), PQ_0, FPS_0, SQ_1, C_0 (i+NCFS+NCDS), ...
    FCC (i+NCFS+NCDS), PMS_0 (i+NCFS+NCDS), PDS_0 (i), ...
    PFS_0 (i), lambda_ , epsilon_ (i), zeta_ (i));
end;

% Calculation of total cash flow out:
PCFOUT = sum(PCFCOUT);

% Calculation of total finished product storage (FPS_1) and
% production quantity PQ_1
FPS_1=FPS_1_aux(1);
PQ_1=PQ_1_aux(1);

% Save intermediate results in output file
```

```
save 'SCOMSIM_OUTPUT.mat' FPS_1 PQ_1 C_1 PMS_1 -APPEND;
```

DMCOST.m

```
% DMCOST Calculate Domestic Market PROCurement COSTs of one
% prime material for the next period Version 1
%
% Format:
%
%  [PCFOUT, FPS_1, PQ_1, C_1, PMS_1] = DMCOST (PQ_0, ...
                FPS_0, SQ_1, C_0, FCC, PMS_0, lambda_, delta_);
%
% Output:
%
% PCFOUT -> Procurement Cash Flow Out for the prime material
%           (component).
% FPS_1 -> Finished Product Storage in period 1 (Intermediate
%          result for dynamic extension).
% PQ_1 -> Produced Quantity in period 1 (Intermediate result
%         for dynamic extension).
% C_1 -> Total procurement Costs for the component in period 1
%        (Intermediate result for dynamic extension).
% PMS_1 -> Prime Materials Storage for the component in period
%          1.
%
% Inputs:
%
% PQ_0 -> Produced Quantity in period 0.
% FPS_0 -> Finished Product Storage in period 0.
% SQ_1 -> Sold Quantity prediction for period 1 (total).
% C_0 -> Total procurement Costs for the component in period 0.
% FCC -> Fixed Costs Coefficient (assumed to be constant).
% PMS_0 -> Prime Materials Storage for the component in period
%          0.
% lambda_ -> Storage Coefficient planned for the component for
%            the next period.
% delta_ -> Estimated increase in the price of the component
%           from the domestic supplier for period 1.
%
% Changes with respect to version 0:
% - Added intermediate results FPS_1, PQ_1 and C_1 to the
%   outputs.
%
% Programmed by Martin Rietsch, 2004.

function [PCFOUT, FPS_1, PQ_1, C_1 , PMS_1] = DMCOST (PQ_0, ...
                FPS_0, SQ_1, C_0, FCC, PMS_0, lambda_, delta_);
% Local variables:
```

```
% C_1 -> Total procurement Costs the component in period 1.
% CPMS -> Change in cost of the Prime Materials Storage for the
         component.

% Calculate the Finished Product Storage in the next period
FPS_1 = lambda_.*SQ_1;
% Calculate the Production Quantity in the next period
PQ_1 = SQ_1 + FPS_1 - FPS_0;
% Calculate the Production Difference
PDIFF = (PQ_1-PQ_0)./PQ_0;

% Calculate estimated cost and change in prime materials
% storage for the component for next period.
C_1 = (C_0.*(1 + (1-FCC).*PDIFF)).*(1 + delta_);
PMS_1 = PMS_0.*(1 + PDIFF).*(1 + delta_);
CPMS = PMS_0.*PDIFF.*(1 + delta_);

% Calculate estimated procurement costs for the component:
PCFOUT = C_1 + CPMS;
```

FMCOST.m

```
% FMCOST Calculate Foreign Market PROCurement COSTs of one
% prime material for the next period
%
% Format:
%
%  [PCFOUT, FPS_1, PQ_1, C_1, PMS_1] = FMCOST (fx_0, fx_1, ...
%           PQ_0, FPS_0, SQ_1, C_0, FCC, PMS_0, lambda_, eta_);
%
% Output:
%
% PCFOUT -> Procurement Cash Flow Out for the prime material
%           (component).
% FPS_1 -> Finished Product Storage in period 1 (Intermediate
%          result for dynamic extension).
% PQ_1 -> Produced Quantity in period 1 (Intermediate result
%         for dynamic extension).
% C_1 -> Total procurement Costs for the component in period 1
%        (Intermediate result for dynamic extension).
% PMS_1 -> Prime Materials Storage for the component in period
%          1.
%
% Inputs:
%
% fx_0 -> Exchange rate in period 0.
% fx_1 -> Exchange rate in period 1.
% PQ_0 -> Produced Quantity in period 0.
```

```
% FPS_0 -> Finished Product Storage in period 0.
% SQ_1 -> Sold Quantity prediction for period 1 (total).
% C_0 -> Total procurement Costs for the component in period 0.
% FCC -> Fixed Costs Coefficient (assumed to be constant).
% PMS_0 -> Prime Materials Storage for the component in period
%          0.
% lambda_ -> Storage Coefficient planned for the component for
%            the next period.
% nu_ -> Estimated increase in the price of the component from
%        foreign suppliers for period 1.
%
% Changes with respect to version 0:
% - Added intermediate results FPS_1, PQ_1 and C_1 to the
%   outputs.
%
% Martin Rietsch, 2004.


function [PCFOUT, FPS_1, PQ_1, C_1, PMS_1] = FMCOST (fx_0, ...
      fx_1, PQ_0, FPS_0, SQ_1, C_0, FCC, PMS_0, lambda_, eta_);
% Local variables:
% C_1 -> Total procurement Costs of the component in period 1.
% CPMS -> Change in the Prime Materials Storage for the
%         component.

% Calculate exchange rate ratio, with respect to fx_0
FXratio0 = (fx_1 - fx_0)./fx_0;

% Calculate the Finished Product Storage in the next period
FPS_1 = lambda_.*SQ_1;
% Calculate the Production Quantity in the next period
PQ_1 = SQ_1 + FPS_1 - FPS_0;
% Calculate the Production Difference
PDIFF = (PQ_1-PQ_0)./PQ_0;

% Calculate estimated cost and change in prime materials
% storage for the component for next period.
C_1 = (C_0.*(1 + (1-FCC).*PDIFF)).*(1 + eta_).*(1 + FXratio0);
PMS_1 = PMS_0.*(1 + PDIFF).*(1 + eta_).*(1 + FXratio0);
CPMS = PMS_0.*PDIFF.*(1 + eta_).*(1 + FXratio0);

% Calculate estimated procurement costs for the component:
PCFOUT = C_1 + CPMS;
```

DFMCOST.m

```
% DFMCOST Calculate Domestic-Foreign Market PROCurement COSTs
% for one prime material for the next period
```

```
%
% Format:
%
%  [PCFOUT, FPS_1, PQ_1, C_1, PMS_1] = DFMCOST (fx_0, fx_1, ...
    PQ_0, FPS_0, SQ_1, C_0, FCC, PMS_0, PDS_0, PFS_0, ...
    lambda_, epsilon_, zeta_);
%
% Output:
%
% PCFOUT -> Procurement Cash Flow Out for one material
%           (the component).
% FPS_1 -> Finished Product Storage in period 1 (Intermediate
%          result for dynamic extension).
% PQ_1 -> Produced Quantity in period 1 (Intermediate result
%         for dynamic extension).
% C_1 -> Total procurement Costs for the component in period 1
%        (Intermediate result for dynamic extension).
% PMS_1 -> Prime Materials Storage for the component in period
%          1.
%
% Inputs:
%
% fx_0 -> Exchange rate in period 0.
% fx_1 -> Exchange rate in period 1.
% PQ_0 -> Produced Quantity in period 0.
% FPS_0 -> Finished Product Storage in period 0.
% SQ_1 -> Sold Quantity prediction for period 1 (total).
% C_0 -> Total procurement Costs of the component in period 0.
% FCC -> Fixed Costs Coefficient (assumed to be constant).
% PMS_0 -> Prime Materials Storage for the component in period
%          0.
% PDS_0 -> Price of Domestic Suppliers in period 0.
% PFS_0 -> Price of Foreign Suppliers in period 0 (in foreign
%          currency).
% lambda_ -> Storage Coefficient planned for the component for
%            the next period.
% epsilon_ -> Estimated increase/ decrease in the price of the
%             component from domestic supplier for period 1.
% zeta_ -> Estimated increase/ decrease in the price of the
%          component from foreign supplier for period 1.
%
% Programmed by Martin Rietsch, 2004.

function [PCFOUT, FPS_1, PQ_1, C_1, PMS_1] = DFMCOST ...
          (fx_0, fx_1, PQ_0, FPS_0, SQ_1, C_0, FCC, PMS_0, ...
           PDS_0, PFS_0, lambda_, epsilon_, zeta_);
% Local variables:
% C_1 -> Total procurement Costs of the component in period 1.
```

```
% CPMS -> Change in the Prime Materials Storage of the
%         component.
% Pi_0 -> Procurement price difference between domestic and
%         foreign suppliers, period 0.
% Pi_1 -> Procurement price difference between domestic and
%         foreign suppliers, period 1.
% aux -> auxiliary variable
% PDS_1 -> Price of Domestic Suppliers in period 1.
% PFS_1 -> Price of Foreign Suppliers in period 1 (in foreign
%          currency).

% Calculate exchange rate ratio, with respect to fx_0
FXratio0 = (fx_1 - fx_0)./fx_0;

% Calculate the Finished Product Storage in the next period
FPS_1 = lambda_.*SQ_1;
% Calculate the Production Quantity in the next period
PQ_1 = SQ_1 + FPS_1 - FPS_0;
% Calculate the Production Difference
PDIFF = (PQ_1-PQ_0)./PQ_0;

% Calculate the procurement price difference
Pi_0 = (PFS_0.*fx_0 - PDS_0)./PDS_0;
Pi_1 = (PFS_0.*(1 + zeta_).*fx_1 - ...
        PDS_0.*(1 + epsilon_))./(PDS_0.*(1 + epsilon_));

% Comparison of foreign and domestic suppliers
if (Pi_0 >= 0), % Domestic suppliers were cheaper in period 0.
    if (Pi_1 >= 0), % Domestic suppliers remain cheaper in
                    % period 1.
        phi_ = 1 + epsilon_;
    else % Foreign suppliers are cheaper in period 1.
        phi_ = (1 + Pi_0).*(1 + zeta_).*(1 +  FXratio0);
   end;
else % Foreign suppliers were cheaper in period 0.
   if (Pi_1 >= 0), % Domestic suppliers are cheaper in
                   % period 1.
      aux = 1./(1 + Pi_0);
      phi_ = aux.*(1 + epsilon_);
   else % Foreign suppliers keep cheaper in period 1.
      phi_ = (1 + zeta_).*(1 + FXratio0);
   end;
end;

% Calculate estimated cost and change in prime materials
% storage for the component for next period.
C_1 = (C_0.*(1 + (1-FCC).*PDIFF)).*phi_;
CPMS = PMS_0.*PDIFF.*phi_;
```

```
% Calculate estimated procurement costs of the component:
PCFOUT = C_1 + CPMS;

% Calculate intermediate results necessary for dynamic
% extension
PMS_1 = PMS_0.*(1 + PDIFF).*phi_;
PDS_1 = PDS_0.*(1 + epsilon_);
PFS_1 = PFS_0.*(1 + zeta_);
save 'SCOMSIM_OUTPUT.mat' PDS_1 PFS_1 -APPEND;
```

PROFINCF.m

```
% DPROFINCF Calculates the PROcurement FINancing Cash Flow for
the next period
%
% Format:
% [DPROFINCF, DEratio, fxdiff, DV, DIRP, FIRP, fd_fx, IRD,...
   OFTFX] = PROFINCF (fx_0, fx_1, DC, psi_, PIR, FIR, FTFX);
%
% Inputs:
%
% fx_0 -> exchange rate at time 0.
% fx_1 -> exchange rate at time 1.
% DC -> Debt Capital raised for financing the operations of the
%       company for period 1.
% psi_ -> parameter vector for dividing the Debt Capital into
%         Debt Capital parts raised in different markets (for
%         every element it must be 0<=psi<=1; and the sum must
%         be 1).
% PIR -> Interest Rate for domestic (first row) and foreign
%        markets for interest rate payments made by the
%        company.
% FIR -> Interest Rate for domestic (first row) and foreign
%        markets to determine the forward exchange rates.
% FTFX -> Forward transactions in foreign exchange (FTFX > 0 ->
%         purchase of foreign currency, FTFX < 0 -> sale of
%         foreign currency)
%
% Outputs:
%
% DPROFINCF -> Debt PROcurement FINancing Cash Flow
%
% Basic assumptions for the financing part:
% 1. The capital needed in the first period constitutes the
% capital basis for the following periods, i.e. it stays
% constant (alternative: capital needed is determined by the
% previous actual sales figures).
```

```
% 2. The overall capital needed can be divided into equity
% capital and debt capital; only debt capital is modelled
% (alternative: both equity capital and debt capital are
% modelled).
%
% Martin Rietsch, 2004.

function [DPROFINCF, DV, DIRP, FIRP, OFTFX] = ...
               PROFINCF (fx_0, fx_1, DC, psi_, PIR, FIR, FTFX);
% Local functions:
% DV -> Debt Variation from foreign markets due to exchange
%      rate variation.
% DIRP -> Domestic Interest Rate Payment.
% FIRP -> Foreign Interest Rate Payment.
% aux_psi_ -> Auxiliary variable used for calculating DV.
% aux_PIR -> Auxiliary variable used for calculating FIRP.
% aux_FIRD -> Auxiliary variable used for calculating fdfx.
% fxdiff -> Exchange rate ratio.
% fdfx -> Forward exchange rate for time 1.
% OFTFX -> Outcome of forward transaction (equals
%          FTFX*(fx_1 - fdfx)).

% Calculation of the Debt Variation
fxdiff = (fx_1 - fx_0)./fx_0;
if (size(psi_, 1) > 1),
   aux_psi_ = psi_(2:end,:);
   DV = DC.*(-sum(aux_psi_.*fxdiff));
else
   DV = 0;
end;

% Calculation of domestic market interest rate payment
DIRP = psi_(1).*DC.*PIR(1); % If there is no domestic market,
                            % psi(1) = 0 anyway.

% Calculation of foreign markets interest rate payments
if (size(psi_, 1) > 1),
    aux_PIR = PIR (2:end,:);
    FIRP = DC*aux_psi_.*aux_PIR.*(1+fxdiff);
else
    FIRP = 0;
end;

% Forward exchange rate for time 1
aux_FIR = ((1+FIR(1))-(1+FIR))./(1+FIR); % Interest rate
         % difference between domestic and foreign currencies
FIRD = aux_FIR(2:end,:);
fdfx = (fx_0.*FIRD)+fx_0;
```

```
% Outcome of forward transaction
if (exist('FTFX','var') == 1) && (all(size(FTFX)) ~= 0),
    OFTFX = FTFX.*(fx_1 - fdfx);
else
    OFTFX = 0;
end;

% Calculate total
DPROFINCF = sum(DV) - DIRP - sum (FIRP) + sum(OFTFX); % Cash
    % Flow in-/outgoing due to financial procurement operations
```

DFM.m

```
% DFM Dynamic File Modifier
%
% Format:
%   [] = DFM (d_filename, o_filename, period, O_flag)
%
% Programmed by Martin Rietsch, 2004

function DFM (d_filename, o_filename, period, O_flag)

load (d_filename);
save (o_filename, '-APPEND');
load (o_filename);

% Inputs for MARKREV
if (exist('OPD_1','var') == 1),
    OPD (:,period) = OPD_1;
    save (d_filename, 'OPD', '-APPEND');
end;
if (exist('OPF_1','var') == 1),
    OPF (:,period) = OPF_1;
    save (d_filename, 'OPF', '-APPEND');
end;
if (exist('PCF_1','var') == 1),
    PCF (:,period) = PCF_1;
    save (d_filename, 'PCF', '-APPEND');
end;
if O_flag,
    if (exist('option_dalpha_')&&(option_dalpha_ (1) == 'O')),
        dalpha_ = NVC (dalpha_, option_dalpha_, period, ...
                       o_filename);
        save (d_filename, 'dalpha_', '-APPEND');
    end;
    if (exist('option_dbeta_')&&(option_dbeta_ (1) == 'O')),
        dbeta_ = NVC (dbeta_, option_dbeta_, period, ...
```

```
                        o_filename);
        save (d_filename, 'dbeta_', '-APPEND');
    end;
    if (exist('option_dgamma_')&&(option_dgamma_ (1) == 'O')),
        dgamma_ = NVC (dgamma_, option_dgamma_, period, ...
                        o_filename);
        save (d_filename, 'dgamma_', '-APPEND');
    end;
end;

% Inputs for PROCOST
if (exist('PQ_1','var') == 1),
    PQ (:,period) = PQ_1;
    save (d_filename, 'PQ', '-APPEND');
end;
if (exist('FPS_1','var') == 1),
    FPS (:,period) = FPS_1;
    save (d_filename, 'FPS', '-APPEND');
end;
if (exist('C_1','var') == 1),
    C (:,period) = C_1;
    save (d_filename, 'C', '-APPEND');
end;
if (exist('PMS_1','var') == 1),
    PMS (:,period) = PMS_1;
    save (d_filename, 'PMS', '-APPEND');
end;
if (exist('PDS_1','var') == 1),
    PDS (:,period) = PDS_1;
    save (d_filename, 'PDS', '-APPEND');
end;
if (exist('PFS_1','var') == 1),
    PFS (:,period) = PFS_1;
    save (d_filename, 'PFS', '-APPEND');
end;
if O_flag,
    if (exist('option_DFCC')&&(option_DFCC (1) == 'O')),
        DFCC = NVC (DFCC, option_DFCC, period, o_filename);
        save (d_filename, 'DFCC', '-APPEND');
    end;
    if (exist('option_dlambda_')&& ...
    (option_dlambda_ (1) == 'O')),
        dlambda_ = NVC (dlambda_, option_dlambda_, period, ...
                         o_filename);
        save (d_filename, 'dlambda_', '-APPEND');
    end;
    if (exist('option_ddelta_')&&(option_ddelta_ (1) == 'O')),
        ddelta_ = NVC (ddelta_, option_ddelta_, period, ...
```

```
                    o_filename);
        save (d_filename, 'ddelta_', '-APPEND');
    end;
    if (exist('option_deta_')&&(option_deta_ (1) == 'O')),
        deta_ = NVC (deta_, option_deta_, period, o_filename);
        save (d_filename, 'deta_', '-APPEND');
    end;
    if (exist('option_depsilon_')&& ...
    (option_depsilon_ (1) == 'O')),
        depsilon_ = NVC (depsilon_, option_depsilon_, ...
                        period, o_filename);
        save (d_filename, 'depsilon_', '-APPEND');
    end;
    if (exist('option_dzeta_')&&(option_dzeta_ (1) == 'O')),
        dzeta_ = NVC (dzeta_, option_dzeta_, period, ...
                    o_filename);
        save (d_filename, 'dzeta_', '-APPEND');
    end;
end;

% Inputs for PROFINCF
if O_flag,
    if (exist('option_DDC')&&(option_DDC (1) == 'O')),
        DDC = NVC (DDC, option_DDC, period, o_filename);
        save (d_filename, 'DDC', '-APPEND');
    end;
    if (exist('option_dpsi_')&&(option_dpsi_ (1) == 'O')),
        dpsi_ = NVC (dpsi_, option_dpsi_, period, o_filename);
        save (d_filename, 'dpsi_', '-APPEND');
    end;
    if (exist('option_DFTX')&&(option_DFTX (1) == 'O')),
        DFTX = NVC (DFTX, option_DFTX, period, o_filename);
        save (d_filename, 'DFTX', '-APPEND');
    end;
end;

end
```

NVC.m

```
% NVC Next Value Calculator
%
% Format:
%       out = NVC (in, option, period, o_filename)
%
% Programmed by Martin Rietsch, 2004

function out = NVC (in, option, period, o_filename)
```

```
switch option (2)
    case 'u',
        out = User_Specified_Option (in, option, ...
                                    o_filename, period);
      otherwise
        error('This specification code for linking variables...
               with past outcomes of variables is not valid')
      end
end;
```

User_Specified_Option.m

```
% User_Specified_Option
%
% Format:
%   out = User_Specified_Option (in, option, filename, period)
%
% Option -> a string, whose first two characters are 'Lu' or
%           'Ou'. The 3rd and 4th characters indicate the
%           number nv of variables on which the variable "Out"
%           depends on (without counting the period number and
%           the past values of the variable itself). The next
%           2*v characters indicate the code of the variables
%           (see decoder2.m). The last characters indicate the
%           name of the .m file where the dependency function
%           is specified (this function must take as many
%           arguments as indicated on v).
% Period -> current period. Not used when option is 'L...'
%
% Martin Rietsch, 2004

function out = User_Specified_Option (in, option, filename, ...
                                      period)
% Local variables:
% nv --> Number of variables of the user specified function
% var_codes --> vector containing the numerical codes of the
%               variables
% var_name --> character strings with the names of each
%              variable
% argin --> arguments to be passed to the function indicated by
%           the user

nv = str2num ([option(3) option(4)]);

for i = (5:2:4+2*nv),
    var_codes ((i-5)/2+1) = str2num ([option(i) option(i+1)]);
end;
```

```
load (filename); % Load the input workspace

for i = (1:nv),
    % Obtain variables from codes
    if (option (1) == 'L'),
        var_name = decoder1 (var_codes(i));
    else
        var_name = decoder2 (var_codes(i));
    end;
    argin (i) = {eval(var_name)};
end;

if (option (1) == 'O'),       % IMPORTANT: The user specified
                              % function must have as two
    argin (i+1) = {period};   % last input arguments the current
                              % period and the variable
    argin (i+2) = {in};       % being calculated and it must be
                              % in this order.
end;

function_name = option (5+2*nv:length(option));

if (option (1) == 'L'),
    out = feval (function_name, argin {:});
else
    out = in;
    out (:, period) = feval (function_name, argin {:});
end;

end
```

Decoder2.m

```
% DECODER2 Translates a numerical code into a variable name
%
% Codes:
%    C           -- 00
%    C_1         -- 01
%    dalpha_     -- 02
%    dbeta_      -- 03
%    dchi_       -- 04
%    DDC         -- 05
%    ddelta_     -- 06
%    DDPROFINCF  -- 07
%    depsilon_   -- 08
%    DFCC        -- 09
%    dffx        -- 10
```

```
%    DFTFX        -- 11
%    dgamma_      -- 12
%    DFIR         -- 13
%    DPIR         -- 14
%    dlambda_     -- 15
%    DMCFIN       -- 16
%    DMSQ         -- 17
%    dnu_         -- 18
%    DPCFCOUT     -- 19
%    DPCFOUT      -- 20
%    dpfx         -- 21
%    DPMS         -- 22
%    DPROFINCF    -- 23
%    dpsi_        -- 24
%    DSCFIN       -- 25
%    dsfx         -- 26
%    DTCF         -- 27
%    FPS          -- 28
%    FPS_1        -- 29
%    MCFIN        -- 30
%    MSQ          -- 31
%    OPD          -- 32
%    OPD_1        -- 33
%    OPF          -- 34
%    OPF_1        -- 35
%    PCF          -- 36
%    PCF_1        -- 37
%    PCFCOUT      -- 38
%    PCFOUT       -- 39
%    PDS          -- 40
%    PDS_1        -- 41
%    PFS          -- 42
%    PFS_1        -- 43
%    PQ           -- 44
%    PQ_1         -- 45
%    SCFIN        -- 46
%    TCF          -- 47
%
% Martin Rietsch, 2004

function name = decoder2 (number)

code = {'C';'C_1';'dalpha_';'dbeta_';'dchi_';'DDC';...
        'ddelta_';'DDPROFINCF';'depsilon_';'DFCC';'dffx'; ...
        'DFTFX';'dgamma_';'DFIR';'DPIR';'dlambda_'; ...
        'DMCFIN';'DMSQ';'dnu_';'DPCFCOUT';'DPCFOUT';'dpfx'; ...
        'DPMS';'DPROFINCF';'dpsi_';'DSCFIN';'dsfx';'DTCF'; ...
        'FPS';'FPS_1';'MCFIN';'MSQ';'OPD';'OPD_1';'OPF'; ...
```

```
        'OPF_1';'PCF';'PCF_1';'PCFCOUT';'PCFOUT';'PDS'; ...
        'PDS_1';'PFS';'PFS_1';'PQ';'PQ_1';'SCFIN';'TCF'};

name = cell2mat (code (number+1));

end
```

Programmcode Scenario_Simulator

scenario_simulator_inputs.m

```
% Script scenario_simulator_inputs specifies all the required
% input parameters for the scenario_simulator
%
% Programmed by Mag.Martin Rietsch 2005
% Parameter values are from Blum et al. (2001).

% General Simulation parameters
sim_runs=1000;     % number of simulation runs
number_of_realizations = 1;% one equals one year time
                           % increments (12 monthly, 52 weekly)
time_period = 3; % number of the simulated periods plus one for
                 % the last fx rate (e.g. 16 for 15 years)

aux_plots = 0; % auxiliary variable for plotting (plots=1; no
               % plots=0)

% parameters for the (multivariate) interest rate models
num_procs = 4;
copula = 'normal';
copula_para = ...
    [1 0.31022 0.55942 0.43474;.31022 1 0.64407 0.63582; ...
    0.55942 0.64407 1 0.66107; 0.43474 0.63582 0.66107 1];
models = {'CIR_SR';'CIR_SR';'CIR_SR';'CIR_SR'};
start_value = [0.06325; 0.06004; 0.06004; 0.00341];
a_blum = [0.29157; 0.24343; 0.18029; 0.02769]; % mean-reverting
                          % factor estimated in Blum et al. (2001)
m_blum = [0.05; 0.035; 0.06; 0.03]; % long-term mean estimated
                                    % in Blum et al. (2001)
a = a_blum.*m_blum; % Parameters are re-arranged according to
                    % the paper Chan/Karolyi/Longstaff/Sanders
                    % (1992), so that all specific models
b = -a_blum;        % (BM, Vasicek, CIR_SR, CIR_VR) can be
                    % nested within an unrestricted general
                    % model
s = [0.04202; 0.07029; 0.05072; 0.04492];
g = [0.5;0.5;0.5;0.5];
```

```
% parameters for the inflation rate models
b_0 = [0.00584; -0.006662; -0.02255; -0.0008];
b_1 = [0.41237; 0.722173; 0.76457; 0.40863];
s_e_1 = [0.011053; 0.0106001; 0.013627; 0.0096097];

% parameters for the fx rate models
a_0 = [-0.1666; 0.52786; 0.17831];
a_1 = [-7.3806; 0.28439; -8.71995];
a_2 = [ 7.3806; -0.28439; 8.71995];
a_3 = [ 1.8608; -1.41399; -5.97009];
a_4 = [-1.8608; 1.41399; 0];
s_e_2 = [0.14102; 0.10203; 0.13337];

save sc_sim_inputs_file
```

scenario_simulator.m

```
% scenario_simulator
%
%  [sim_interest_rates, sim_inflation_rates, sim_fx_rates] =
%   scenario_simulator(sc_sim_filename)
%
% e.g. sc_sim_filename = 'sc_sim_input_file'
%
% Inputs:
% num_procs -> number of processes to be simulated
% copula -> type of copula (as 'string', later in a cell
%           structure)
% copula_param -> parameter of the copula
% models -> type of interest rate process-(models) (as {cell
%           array})
% a -> reversion factor
% m -> long term mean
% s -> st.dev.
% g -> parameter for the process (e.g. square root process
%      r^1/2)
%
% Outputs:
% interest_rates
% inflation_rates
% fx_rates
%
% Programmed by Mag. Martin Rietsch 2005

function [sim_interest_rates, sim_inflation_rates,...
         sim_fx_rates] = ...
                       scenario_simulator(sc_sim_input_filename)
```

```
load (sc_sim_input_filename);

for n=1:sim_runs

    % call the multivariate_interest_rate_processes
    interest_rates = multivariate_interest_rate_processes ...
                (num_procs, copula, copula_para, models, ...
                 start_value, a, b, s, g, ...
                 number_of_realizations, time_period);

    aux_interest_rates = (exp(interest_rates)-1);

    if aux_plots==1
        % plotting of the multivariate processes
        x = 1:number_of_realizations*time_period;
        figure(1);
        plot(x,aux_interest_rates);
        title('interest rates');
    end

    % call the multivariate_inflation_rate_process
    for i=1:size(interest_rates, 1)
        inflation_rates(i,:) = inflation_process (b_0(i), ...
                  b_1(i), s_e_1(i), interest_rates(i,:), ...
                  number_of_realizations, time_period);
    end

    aux_inflation_rates = (exp(inflation_rates)-1);

    if aux_plots==1
        % plotting of the multivariate processes
        figure(2);
        plot(x,aux_inflation_rates(:,:));
        title('inflation rates');
    end

    % call the fx_simulator with the input parameter

    for l=2:num_procs
        fx_rates(l-1,:) = fx_simulator(a_0(l-1,:), ...
           a_1(l-1,:), a_2(l-1,:), a_3(l-1,:), a_4(l-1,:), ...
           s_e_2(l-1,:), interest_rates(1,:), ...
           inflation_rates(1,:), interest_rates(l,:), ...
           inflation_rates(l,:), number_of_realizations, ...
           time_period);
    end
```

```
    aux_fx_rates = exp(fx_rates);


    if aux_plots==1
        figure(3)
        plot(x, aux_fx_rates)
        title('fx rates')
    end

    sim_interest_rates(:,:,n) = aux_interest_rates(:,:);
    sim_inflation_rates(:,:,n) = aux_inflation_rates(:,:);
    sim_fx_rates(:,:,n) = aux_fx_rates(:,:);

end
end
```

multivariate_interest_rate_processes.m

```
% The function multivariate_interest_rate_processes simulates
% sample paths of multivariate (short-term) interest rate
% processes based on some specified models for capturing the
% dynamics and linked by a copula for the cross-dependencies.
%
% Inputs:
% num_procs -> number of processes to be simulated
% copula -> type of copula (cell, e.g. 'normal' or 't').
%           Possbile copulas for the cross dependencies
%           (stochastic term):
%           1) 'normal'..........Gaussian or normal copula;
%           2) 't'...............t copula;
%           3) 'gumbel'..........Gumbel copula;
%           4) 'clayton'.........Clayton copula;
% copula_param -> vector of parameters for the copulas (e.g.
%                 cov_matrix for gaussian normal copula, or
%                 cov_matrix and DoF for the t copula)
% processes -> type of models (cell, e.g. 'CIR_SR') possible
%              models for the dynamics:
%              1) 'BM_with_drift'...Brownian motion with drift
%              2) 'Vasicek'.........model
%              3) 'CIR_SR'..........Cox, Ingersoll and Ross
%                                   model (square root process)
%
% Outputs:
% out -> matrix of interest rate processes (rows = the
%        different processes, coloums = single values of the
%        processes at a state)
%
%  Programmed by Mag.Rietsch, 2005
```

```
function out = multivariate_interest_rate_processes ...
                (num_procs, copula, copula_param, models, ...
                 start_value, a, b, s, g, ...
                 number_of_realizations, time_period)

delta_t = 1/number_of_realizations;
number_of_random_vectors = number_of_realizations*time_period;

switch copula
    case 'normal'
        cov_matrix = copula_param;
        rand_vec = sqrt(delta_t).* ...
                   mvrnd(number_of_random_vectors, cov_matrix);
    case 't'
        kendalls_tau_matrix = copula_param(1);
        DoF = copula_param(2);
        n = number_of_random_vectors;
        aux_1 = tcopula (n, kendalls_tau_matrix, DoF)
        aux_2 = norminv(aux_1);
        rand_vec = sqrt(delta_t).*aux_2
    case 'gumbel'
        n = number_of_random_vectors;
        params = copula_param;
        aux_1 = gumbel_mv(n,params)
        aux_2 = norminv(aux_1)
        rand_vec = sqrt(delta_t).*aux_2;
     case 'clayton'
        n = number_of_random_vectors;
        params = copula_param;
        aux_1 = clayton_mv(n,params)
        aux_2 = norminv(aux_1)
        rand_vec = sqrt(delta_t).*aux_2;
     otherwise
       disp('unknown model')
end

% multivariate time series models (linked by the copula)
for i=1:num_procs
    model = char(models(i));
    switch model
        case 'BM_with_drift'
           out(i,:) = interest_rate_procs('BM_with_drift', ...
                      start_value(i), number_of_realizations, ...
                      time_period, a(i), b(i), s(i), g(i), ...
                      rand_vec(i,:));
        case 'Vasicek'
           out(i,:) = interest_rate_procs('Vasicek', ...
```

```
                        start_value(i), number_of_realizations, ...
                        time_period, a(i),b(i), s(i), g(i), ...
                        rand_vec(i,:));
            case 'CIR_SR'
               out(i,:) = interest_rate_procs('CIR_SR', ...
                        start_value(i), number_of_realizations, ...
                        time_period, a(i), b(i), s(i), g(i), ...
                        rand_vec(i,:));
            case 'CIR_VR'
               out(i,:) = interest_rate_procs('CIR_VR', ...
                        start_value(i), number_of_realizations, ...
                        time_period, a(i), b(i), s(i), g(i), ...
                        rand_vec(i,:));
            otherwise
               disp('unknown model')
         end
end
end
```

mvrnd.m

```
% Programmed by Martin Rietsch 2005

function out = mvrnd(n,sigma)
% setup
% input checks
if size(sigma,1) ~= size(sigma,2)
   error('The variance-covariance matrix must be quadratic!')
end

% generator
c = chol(sigma);
aux_01 = size(sigma, 1);
z = randn(aux_01, n);
out = c'*z;
```

tcopula.m

```
% tcopula generates n random vectors from a tcopula with the
% kendall's tau correlation matrix and Degrees of Freedom (DoF)
%
% Mag. Martin Rietsch 2005

function out = tcopula (n, kendalls_tau_matrix, DoF)
% setup
[l,k] = size(kendalls_tau_matrix);
for i=1:l
```

```
    for j=1:k
        sigma(i,j) = sin((pi*kendalls_tau_matrix(i,j))./2);
    end
end

% generator
z = mvrnd(n,sigma);
aux_1 = chi2rnd(DoF,1,n);
s = repmat(aux_1,1,1);
aux_DoF = ones(1,n)*DoF;
aux_1 = (sqrt(aux_DoF)./sqrt(s)).*z;

out = tcdf(aux_1, DoF);

end
```

gumbel_mv.m

```
% GUMBEL_MV Multivariate GUMBEL Copula simulation
%
% Algorithm taken from Lindskog (2001)
%
% This function simulates a multivariate Gumbel copula. The
% number of dimensions (L) is equal to the length of "params"
% plus one. "n" is the number of desired samples. The vector
% "params" specifies the L-1 parameters of the multivariate
% copula.

function [out,t]=gumbel_mv(n,params)

tic
L = length(params)+1; % Number of dimensions of the copula
s = rand(n,L-1);
q = rand(1,n);

for j=1:n,
    expr = [num2str(params(1)*q(j)) '- t*' ...
            num2str(params(1)) '+ t*log(t)'];
    aux_0 = solve(expr, 't');
    counter = 1;
    for i=1:size(aux_0,1),
       if isreal(aux_0(i,:)),
          aux_1(counter,:) = aux_0(i,:);
          counter = counter + 1;
       end;
    end;
    aux_2(:,:) = double(aux_1);
    aux_3 = aux_2(aux_2>=0 & aux_2<=1);
```

```
    if (size(aux_3) ~= [1 1]),
       error ('Too many eligible roots of the polynomial');
    end;
    t(1) = aux_3;

    aux_a_1 = s(j,1).*((-log(t(1))).^(params(1)));
    a(1) = exp(-aux_a_1.^(1/params(1)));

    aux_out_L = (1-s(j,1)).*((-log(t(1))).^(params(1)));
    out(L,j) = exp(-aux_out_L.^(1/params(1)));


    for k=2:length(params),
        expr = [num2str(params(k)*a(k-1)) '- t*' ...
                num2str(params(k)) '+ t*log(t)'];
        aux_0 = solve(expr, 't');
        counter = 1;
        for i=1:size(aux_0,1)
           if isreal(aux_0(i,:))
              aux_1(counter,:) = aux_0(i,:);
              counter = counter + 1;
           end;
        end;
        aux_2(:,:) = double(aux_1);
        aux_3 = aux_2(aux_2>=0 & aux_2<=1);
        if (size(aux_3) ~= [1 1]),
           error ('Too many eligible roots of the polynomial');
        end;
        t(k) = aux_3;

        aux_a_k = s(j,k).*((-log(t(k))).^(params(k)));
        a(k) = exp(-aux_a_k.^(1/params(k)));

        aux_out_L_k_1 =(1-s(j,k)).*((-log(t(k))).^(params(k)));
        out(L-k+1,j) = exp(-aux_out_L_k_1.^(1/params(k)));

   end;

   out(1,j) = a(length(params));
end;
toc
```

clayton_mv.m

```
% CLAYTON_MV Multivariate Clayton Copula simulation
%
%
% Algorithm taken from Lindskog (2001)
```

```
%
% This function simulates a multivariate Clayton copula. The
% number of dimensions (L) is equal to the length of "params"
% plus one. "n" is the number of desired samples. The vector
% "params" specifies the L-1 parameters of the multivariate
% copula.

function [out,t] = clayton_mv(n,params)
tic
L = length(params)+1; % Number of dimensions of the copula
s = rand(n,L-1);
q = rand(1,n);

for j=1:n,
   expr = [num2str(params(1)*q(j)) '+ t^' ...
           num2str(params(1) + 1) '- ' ...
           num2str(params(1) + 1) '*t'];
   aux_0 = solve(expr, 't');
   counter = 1;
   for i=1:size(aux_0,1),
      if isreal(aux_0(i,:)),
         aux_1(counter,:) = aux_0(i,:);
         counter = counter + 1;
      end;
   end;
   aux_2(:,:) = double(aux_1);
   aux_3 = aux_2(aux_2>=0 & aux_2<=1);
   if (size(aux_3) ~= [1 1]),
      error ('Too many eligible roots of the polynomial');
   end;
   t(1) = aux_3;
   a(1) = (1+s(j,1).*(((t(1)).^(-params(1)))-1)).^ ...
          (-1./params(1));
   out(L,j) = (1+(1-s(j,1)).*(((t(1)).^(-params(1)))-1)).^ ...
              (-1./params(1));

   for k=2:length(params),
      expr = [num2str(params(k)*a(k-1)) '+ t^' ...
              num2str(params(k) + 1) '- ' ...
              num2str(params(k) + 1) '*t'];
      aux_0 = solve(expr, 't');
      counter = 1;
      for i=1:size(aux_0,1)
         if isreal(aux_0(i,:))
            aux_1(counter,:) = aux_0(i,:);
            counter = counter + 1;
         end;
      end;
```

```
        aux_2(:,:) = double(aux_1);
        aux_3 = aux_2(aux_2>=0 & aux_2<=1);
        if (size(aux_3) ~= [1 1]),
           error ('Too many eligible roots of the polynomial');
        end;
        t(k) = aux_3;
        a(k) = (1+s(j,k).*(((t(k)).^(-params(k)))-1)).^ ...
              (-1./params(k));
        out(L-k+1,j) = (1+(1-s(j,k)).*(((t(k)).^ ...
                       (-params(k)))-1)).^(-1./params(k));
   end;

   out(1,j) = a(length(params));
end;
toc
```

interest_rate_procs.m

```
% interest rate models (processes) for modeling the univariate
% short-term interest rate dynamics for the use of the
% multivariate_interest_rate_processes function only!
%
% all models are nested within
%
% dr = (alpha + beta*r)*dt+sigma*r*gamma*dZ
%
% which is discretized as
%
% r(t)-r(t-1) = a+b*r(t-1)+s*(r(t-1)^g)*Z(t)
%
% Z(t) ~ N.i.i.d(0,delta_t)

function out = interest_rate_procs(model, start_value, ...
          number_of_realizations, time_period, a, b, s, g, Z_t)

delta_t = 1/number_of_realizations;

switch model
    case 'BM_with_drift'
        % (discritized) Brownian motion with drift (generalized
        % Wiener process)
        delta_r(1,:) = a.*delta_t+s.*Z_t;
        r_t(1,:) = start_value + cumsum(delta_r);
    case 'Vasicek'
        r_t(1) = start_value;
        for i=2:number_of_realizations*time_period
            % (discritized) Ornstein-Uhlenbeck process
            delta_r(i) = (a+b*r_t(i-1)).*delta_t + s.*Z_t(i);
```

```
            r_t(i) = r_t(i-1) + delta_r(i);
        end
    case 'CIR_SR'
        r_t(1) = start_value;
        for i=2:number_of_realizations*time_period
            % (discritized) Ornstein-Uhlenbeck process where
            % the conditional volatility of interest rate
            % changes depend on the level of the interest rates
            delta_r(i) = (a+b*r_t(i-1)).*delta_t+ ...
                         s.*sqrt(abs(r_t(i-1))).*Z_t(i);
            r_t(i) = r_t(i-1) + delta_r(i);
        end
    case 'CIR_VR'
        r_t(1) = start_value;
        for i=2:number_of_realizations*time_period
            delta_r(i) = s.*(r_t(i-1)^(3/2)).*Z_t(i);
            r_t(i) = r_t(i-1) + delta_r(i);
        end

    otherwise
        sprintf('The model %s is unknown', model)
        return
end


out = r_t;
```

inflation_process.m

```
% The function inflation_rate_process simulates a sample path
% of a univariate inflation process based on the (regression)
% model:
%
% i(t) = b_0 + b_1*r(t) + e(t)
%
% Inputs:
% b_0 = constant
% b_1 = coefficient
% r = interest rate
% s_e = standard deviation of the stochastic term
%
%
% Outputs:
% out = sample path of the inflation process
%
% Mag. Rietsch, 2005

function out = interest_rate_process (b_0, b_1, s_e, r, ...
```

```
                              number_of_realizations, time_period)

delta_t = 1/number_of_realizations;
e = s_e*delta_t*randn(1,number_of_realizations*time_period);
i = b_0+b_1*r+e;
out = i;
```

fx_simulator.m

```
% fx simulator simulates a sample path
% of an exchange rate
%
% Inputs:
% interest_rates = the interest rates of the two currencies
% involved inflation_rates = the inflation rates of the two
% currencies involved (cointegration) model parameters
%
% Ouputs:
% fx_rates
%
% change history

function out = fx_simulator (a_0, a_1, a_2, a_3, a_4, s_e, ...
               interest_rate_1, inflation_rate_1, ...
               interest_rate_2, inflation_rate_2,  ...
               number_of_realizations, time_period)

delta_t = 1/number_of_realizations;
e_t = s_e*delta_t*randn(1, number_of_realizations*time_period);

s = a_0+a_1*interest_rate_1+a_2*inflation_rate_1+ ...
    a_3*interest_rate_2+a_4*inflation_rate_2+e_t;
out = s;
end
```

Forschungsergebnisse der Wirtschaftsuniversität Wien

Herausgeber: Wirtschaftsuniversität Wien –
vertreten durch a.o. Univ. Prof. Dr. Barbara Sporn

Band 1 Stefan Felder: Frequenzallokation in der Telekommunikation. Ökonomische Analyse der Vergabe von Frequenzen unter besonderer Berücksichtigung der UMTS-Auktionen. 2004.

Band 2 Thomas Haller: Marketing im liberalisierten Strommarkt. Kommunikation und Produktplanung im Privatkundenmarkt. 2005.

Band 3 Alexander Stremitzer: Agency Theory: Methodology, Analysis. A Structured Approach to Writing Contracts. 2005.

Band 4 Günther Sedlacek: Analyse der Studiendauer und des Studienabbruch-Risikos. Unter Verwendung der statistischen Methoden der Ereignisanalyse. 2004.

Band 5 Monika Knassmüller: Unternehmensleitbilder im Vergleich. Sinn- und Bedeutungsrahmen deutschsprachiger Unternehmensleitbilder – Versuch einer empirischen (Re-)Konstruktion. 2005.

Band 6 Matthias Fink: Erfolgsfaktor Selbstverpflichtung bei vertrauensbasierten Kooperationen. Mit einem empirischen Befund. 2005.

Band 7 Michael Gerhard Kraft: Ökonomie zwischen Wissenschaft und Ethik. Eine dogmenhistorische Untersuchung von Léon M.E. Walras bis Milton Friedman. 2005.

Band 8 Ingrid Zechmeister: Mental Health Care Financing in the Process of Change. Challenges and Approaches for Austria. 2005.

Band 9 Sarah Meisenberger: Strukturierte Organisationen und Wissen. 2005.

Band 10 Anne-Katrin Neyer: Multinational teams in the European Commission and the European Parliament. 2005.

Band 11 Birgit Trukeschitz: Im Dienst Sozialer Dienste. Ökonomische Analyse der Beschäftigung in sozialen Dienstleistungseinrichtungen des Nonprofit Sektors. 2006

Band 12 Marcus Kölling: Interkulturelles Wissensmanagement. Deutschland Ost und West. 2006.

Band 13 Ulrich Berger: The Economics of Two-way Interconnection. 2006.

Band 14 Susanne Guth: Interoperability of DRM Systems. Exchanging and Processing XML-based Rights Expressions. 2006.

Band 15 Bernhard Klement: Ökonomische Kriterien und Anreizmechanismen für eine effiziente Förderung von industrieller Forschung und Innovation. Mit einer empirischen Quantifizierung der Hebeleffekte von F&E-Förderinstrumenten in Österreich. 2006.

Band 16 Markus Imgrund: Wege aus der Insolvenz. Eine Analyse der Fortführung und Sanierung insolventer Klein- und Mittelbetriebe unter besonderer Berücksichtigung des Konfigurationsansatzes. 2007.

Band 17 Nicolas Knotzer: Product Recommendations in E-Commerce Retailing Applications. 2008.

Band 18 Astrid Dickinger: Perceived Quality of Mobile Services. A Segment-Specific Analysis. 2007.

Band 19 Nadine Wiedermann-Ondrej: Hybride Finanzierungsinstrumente in der nationalen und internationalen Besteuerung der USA. 2008.

Band 20 Helmut Sorger: Entscheidungsorientiertes Risikomanagement in der Industrieunternehmung. 2008.

Band 21 Martin Rietsch: Messung und Analyse des ökonomischen Wechselkursrisikos aus Unternehmenssicht: Ein stochastischer Simulationsansatz. 2008.

Kolibri 360 GmbH
Ferdinand-Jühlke-Straße 7
99095 Erfurt, Deutschland
produktsicherheit@kolibri360.de

Druck:
CPI Druckdienstleistungen GmbH
im Auftrag der
Kolibri 360 GmbH
Ferdinand-Jühlke-Str. 7
99095 Erfurt